本书得到山西大同大学优秀著作出版基金的资助

中国书籍学术之光文库

协同推进生态文明建设

姬翠梅 | 著

中国书籍出版社
China Book Press

图书在版编目（CIP）数据

协同推进生态文明建设/姬翠梅著．—北京：中
国书籍出版社，2019.12
（中国书籍学术之光文库）
ISBN 978-7-5068-7665-0

Ⅰ.①协…　Ⅱ.①姬…　Ⅲ.①生态环境建设—研究—
山西　Ⅳ.①X321.225

中国版本图书馆 CIP 数据核字（2020）第 002638 号

协同推进生态文明建设

姬翠梅　著

责任编辑	李　新	
责任印制	孙马飞　马　芝	
封面设计	中联华文	
出版发行	中国书籍出版社	
地　　址	北京市丰台区三路居路 97 号（邮编：100073）	
电　　话	（010）52257143（总编室）　　（010）52257140（发行部）	
电子邮箱	eo@ chinabp. com. cn	
经　　销	全国新华书店	
印　　刷	三河市华东印刷有限公司	
开　　本	710 毫米×1000 毫米　1/16	
字　　数	305 千字	
印　　张	17.5	
版　　次	2019 年 12 月第 1 版　2019 年 12 月第 1 次印刷	
书　　号	ISBN 978-7-5068-7665-0	
定　　价	95.00 元	

导　言

德国科学家赫尔曼·哈肯在《协同学：大自然构成的奥秘》中讲到，面临复杂系统，可以从个别组成部分的功能和对系统做整体性研究两角度进行观察，第一种方法有如竞技，探讨个别组成部分的基本规则；第二种方法是协同学，致力于发现结构赖以形成的普遍规律。

与工业化、现代化相伴相生的生态危机，仅以竞技手段研究生态问题运行的基本规则很难认识问题的本质，对愈演愈烈的这一复杂问题进行整体性研究，分析其赖以形成的主客观原因，探寻新的解决思路和路径更为可靠。

社会主义国家的生态问题与资本主义国家的生态问题从表象上看都是资源枯竭、环境污染、生态破坏等，但其根本成因并不相同，资本主义因为私有制导致其发展的反生态性；社会主义公有制是实现人与自然和谐相处的必然选择，但因为现有社会主义国家生产力的落后性，在赶超发达国家理念支配下，在学习西方发展模式中，才出现了严重的生态危机。既然社会主义国家的生态危机是外生的，那么通过转变发展理念、转化发展方式、革新政治体制，充分发挥政府、企业、社会组织与公众等整体力量就可以逐渐消解危机。

基于以上思考，笔者以这样的路径展开研究：

通过阐述马克思主义中的生态思想来揭示资本主义生态危机必然性和社会主义生态危机的外生性。但长期以来，有些学者质疑马克思是否有生态思想。美国生态学马克思主义者福斯特由于提出两个论断而为世界瞩目：当今世界唯有在马克思生态思想指导下才能真正克服生态危机，马克思主义的生态观点直接导源于他的唯物主义。沿着福斯特的思路深度挖掘马克思在《1844年经济学哲学手稿》《共产党宣言》《资本论》等著作中蕴含的生态思想就成为马克思主义学者的使命。

我国作为社会主义国家，从建设之初就有了环保思想的萌芽，经过可持续发展战略到科学发展观的演进，党的十八大以后逐渐形成了成熟的习近平生态文明思想。随着生态文明思想的形成到逐渐成熟，我国生态文明建设实践经历了改革开放前的萌芽、改革开放之初的起步、20世纪90年代的推进、21世纪之初的发展以及新时代快步发展五个阶段。

习近平在讲话中强调，只有制度才能为生态文明建设提供可靠保障。新时代，我国生态文明建设最显著的特征就是制度建设，不仅通过立法、司法、执法方面的革新致力于生态文明国家建设，还通过基本制度、具体制度的制定与完善积极开展生态环境治理。

生态文明建设是个复杂系统，必须融入经济、政治、文化、社会等建设之中，在发展绿色经济、建设环境政治、传承中国优秀传统生态文化、保障和提高民生水平过程中建设美丽中国。

生态环境治理虽已取得一些成效，但形势依然严峻，当前治理最大的障碍就在于政府、市场和社会组织及公众的隔离上，打破线性框架，构建政府为主导、企业为主体、社会组织和公众共同参与的各司其职、协同发力的环境治理体系成为必须。

推进生态文明建设客观上需要建立一个科学合理的考核评价机制，以量化评价体系对山西生态文明建设现状进行分析，提出因地制宜的解决策略；在此基础上依据生态系统理论对山西农业生态安全进行评价，对山西省右玉县生态示范区建设路径进行分析，探索安全、长效的可推广路径。

目 录
CONTENTS

第一章

社会主义与生态

研究生态文明及其建设，需要用马克思主义理论去审视两大关系——资本主义与生态和社会主义与生态。马克思早在《1844 年经济学哲学手稿》中通过异化劳动揭示了以资本逻辑为原则的资本主义社会必然导致人与自然关系的异化。尽管如此，还是有一些学者质疑马克思主义并不包含生态思想。美国著名的生态马克思主义理论家福斯特通过详细研究马克思主义后指出，马克思的生态思想与其唯物主义是相辅相成的，探究马克思的唯物主义自然观和历史观的形成过程就引出了马克思的生态思想。从原则上来讲，社会主义与生态是一致的，之所以在社会主义也存在生态问题，根源不在于制度本身，而在于没有发挥这一制度的优越性。

一、生态含义

"生态"一词源远流长，最早可以追溯至古希腊语"oikos"（指房屋、家庭）。经过历史演绎，直到 19 世纪中叶其才被赋予现代科学意义，"主要指生物之间以及生物与环境之间的相互关系与存在状态，是动物、植物和自然物共同生存和发展的空间。"① 这时的"生态"含义强调的是自然环境，即万事万物存在的载体方式。1866 年德国学者 E. 海克尔提出了"生态学"，专门用于研究生物与环境之间或者生物之间的交互关系，属于生物学的分支学科。海克尔的研究还限定在自然领域，并未涉及人的行为和内容，也并未揭示人的介入对生物及生存环境的影响。

直到 20 世纪中叶，有关"生态"的研究才随着一系列社会问题的出现逐渐拓展至社会、经济、人文等领域，人类也才用全新的视角和方法研究复杂的人与自然关系。1962 年美国作家雷切尔·卡逊《寂静的春天》一书出版，被视为

---

① 王学俭、宫长瑞：《生态文明与公民意识》，人民出版社 2011 年版，第 69 页。

现代环境运动的诞生标志，同时也标志着关于生态的研究从自然学科向社会学科的转变。该书用浅显的语言描述了化工业及其生产出来的杀虫剂对生物的巨大危害和威胁，"将当时能够获得的最好的科学信息与伟大作者的写作技巧融为一体，成功地唤起了公众对该问题的认识。"①

1972年《增长的极限》研究报告的出炉和联合国第一次人类环境会议的召开，世界各国开始关注经济发展与资源环境之间的关系。报告中以丹尼斯·梅多斯为首的科学家针对长期流行的高增长理论进行批判，首次引入世界动态模型来研究人类社会面临的诸多严峻难题，对人类经济增长信念及其传统模式不可持续性的公开质疑，提出了人类将迎来地球在资源供应与生态承载能力上的"极限"。② 这次会议联合国突破了传统的安全和经济议题，第一次如此大规模地、高格调地讨论非传统议题。《人类环境宣言》和《环境行动计划》的通过，以及联合国环境规划署的成立，更使这次会议具有"里程碑"意义。会议后，各国普遍进入了环境法律体系制定及环保机构创设时期。

1991年荷兰自然规划署出版的《生态城市：生态健康的城市发展战略》中，将生态界定为有效率、参与性、有活力以及负责任的统一体。③ 我国学者王如松在编写的《高效·和谐：城市生态调控原则与方法》中认为生态是政治、经济、文化、技术和自然之间的彼此协调与发展。

综合以上分析，笔者认为现代意义上的"生态"含义已经超越原初的自然环境、生物个体研究范畴，成为社会学科的研究对象，特指人、自然及社会等诸多关系的和谐状态。

二、马克思对资本主义反生态性的批判

之所以称之为资本主义社会，就是因为"资本"是一切社会关系构建的中心，或者说"'资本'是资本主义社会的本质范畴，是资本主义社会形态的基本建制"④。

---

① [美]约·贝·福斯特著，刘仁胜，李晶，董慧译：《生态革命——与地球和平相处》，人民出版社2015年版，第54页。
② 郇庆治、高兴武、仲亚东：《绿色发展与生态文明建设》，湖南人民出版社2013年版，第23页。
③ 董宪军：《生态城市论》，中国社会科学出版社2002年版，第122页。
④ 陈学明：《谁是罪魁祸首——追寻生态危机的根源》，人民出版社2012年版，第13页。

（一）异化劳动导致人与自然关系的异化

什么是资本？马克思进行过犀利的揭示："资本不是物，而是一定的、社会的、属于一定社会历史形态的生产关系。"① 作为工业革命产物的资本，其产生伴随着强者对弱者的掠夺和蹂躏。当它迅速崛起，成为建构社会关系的原则时，对自然、社会的存在、发展产生了决定性作用。所以，资本是特定社会形态即资本主义社会的社会关系和存在方式。它最显著的特征就是社会性，即对一切社会存在物的支配性。

1. 人与自然关系的异化

资本的社会性首先表现为"效用性"。以资本为基础的生产，通过劳动过程，在生产商品使用价值的过程中，同时完成资本的增值。效用性会无限延伸，会"创造出一个普遍利用自然属性和人的属性的体系，创造出一个普遍有用性的体系，甚至科学也同一切物质的和精神的属性一样，表现为这个普遍有用性体系的体现者，而在这个社会生产和交换的范围之外，再也没有什么东西表现为自在的更高的东西，表现为自为的合理的东西"②。效用性就是把一切社会存在物都变成有用的体系，社会的一切都围绕生产和交换而展开，除此之外，社会别无他物。

资本对社会的效用依附于资本家对利润的追求。为了实现资本增值，自然便成为有用物，成为工具。自然失去了往日的自在性，只能在资本的抽象范畴里表现自己的存在，"人化自然"逐渐取代"纯粹自然"。资本支配下的人类热衷于对自然界的开发，热衷于赋予自然新的属性和价值。

资本的效用性直接体现为金钱性。在资本家眼里，世界的一切存在物都可以和金钱联系起来，也都可以通过资本转化为金钱。自然作为资本的利用工具，经过蹂躏转化，成为资本家追求的金钱利益。金钱的不断累积，促使资本家有了更为雄厚的资本实力强化对自然的掠夺，结果就是，资本家手中的金钱越积越多，而留给自然界的自在自为的东西却越来越少。

在以资本为中心建构的社会制度和秩序中，人与自然之间从单纯的耕耘收获关系变成了复杂的金钱利用关系，自然的权威和尊严在被挑战，被践踏。当自然沦为交换价值的同时，人也被商品所裹挟，也在渐渐丧失独立思考的本能，其价值、尊严等也在沦为交换价值。资本统治下的社会关系——人与人之间的

---

① 《马克思恩格斯全集》第46卷，人民出版社中文第2版，第922页。
② 《马克思恩格斯全集》第30卷，人民出版社中文第2版，第389页。

关系也变成了赤裸裸的金钱交易，物质交换或非物质往来在意的是直接利益或潜在利益。金钱利益至上甚至在最亲近的家人、朋友等社会关系中蔓延。所以，金钱剥夺了整个世界包括自然、人在内的自身价值。"金钱是以色列的妒忌之神；在他面前，一切神都要退位。金钱贬低了人所崇奉的一切神，并把一切神都变成了商品。金钱是一切事物的普遍的、独立自在的价值。因此它剥夺了整个世界——人的世界和自然界——固有的价值。"①

2. 异化劳动

自然价值被剥夺可以称之为"自然的异化"，人的价值沦为交换价值、人与人之间的金钱交易等可以称之为"人的异化"。"自然的异化"和"人的异化"都不是单线运行的，而是人与自然之间双向互动的结果。那么，人与自然之间异化关系的形成就成为研究的焦点。马克思《1844年经济学哲学手稿》闻名于世的"异化劳动"揭开了这一关系的形成。

工人与劳动产品的异化。工人在资本家的压榨下与工人展开激烈竞争，通过最艰辛的努力和极不规则的间隙维持着不被饿死的状态。对象化的现实是"工人生产的财富越多，他的产品力量和数量越大，他就越贫穷。工人创造的产品越多，他就变成廉价的商品。物的世界的增值同人的世界的贬值成正比"②。这种异象说明劳动已独立于工人之外，成为一种独立的异己的力量。自然的职能不再仅仅是提供生活资料，更重要的是提供劳动资料。工人越是想通过劳动改造自然，但却越来越远离劳动资料的支配权、改造权，同时自然为其直接提供的生活资料也越来越少。工人成为劳动资料和生活资料的双重奴隶，要想获得生活资料，首先需要获得劳动资料，劳动资料的获取以受雇于资本为条件。结果就是工人创造的劳动产品越多，为资本家积累的财富越多，自然越来越成为资本家控制的私人财产。在自然渐渐退出工人的劳动范畴时，工人越来越依赖资本家。

工人与生产行为的异化。产品是工人劳动的结果，工人与产品之间的异化可以从生产过程及生产结束后的表现进行分析。工人看似有选择资本家的自由，但却没有选择资本的自由。为了生存，工人被迫受雇于资本家。工人从事的生产行为不是自愿的，而是强迫的。"它不是满足劳动需要，而只是满足劳动需要

---

① 《马克思恩格斯全集》第3卷，人民出版社中文第2版，第194页。
② 马克思：《1844年经济学哲学手稿》，人民出版社2014年版，第47页。

以外的一种手段。"① 表现在生产过程中，工人只是生产流水线上被迫转动的机器，并不能发挥自己自由劳动的权利，这样的劳动让自己不舒畅。劳动一结束，工人像逃避瘟神一样，远离劳动，在吃喝玩乐等非劳动的状态中彰显自由。有意思的结果是，在应该体现人的智慧的生产过程中，人却像动物一样弱智。当人类摈弃劳动，只剩吃喝等行为时，却简单化为动物机能。这种机能的异化在打破人与自然正常交往中产生。生产劳动原本是工人与自然进行物质交换的基础，工人向自然获取生存生活资料，自然净化工人产生的废弃废物。这种平衡在自然沦为资本获利的工具，在工人沦为资本获利的帮凶后被打破。

人与人的类本质的异化。动物与自身的物质生命活动是直接同一的，动物活动仅限于自身的物质需求，一旦物质需求无法得到满足或动物不再需要物质需求时，意味着动物生命的终结。人虽然也和动物一样，需要从自然获取物质生命延续的资料，但人具有区别于动物的类本质，"人可以进行自由而富有创造性的活动的本质属性"②。人的本质属性通过劳动呈现出来，所以，人比动物具有广阔的生存空间。人本该可以通过改造对象性的自然证明自己的类本质，但因为在资本主义社会出现了工人与其产品的异化、工人与其生产行为的异化，本该是自由创造性的生产活动被贬低为只是维持工人肉体的手段。工人完全听命于资本家，无法体会到劳动的自由和乐趣，也不再进行劳动的批判和反思。这种年复一年的机械性生产活动，使工人丧失了作为人的类本质，趋同于动物的单一的物质生命活动。纯物质性的生命活动只把自然当作原料来源地，已经看不到自然赋予人的精神意义。

人与人关系的异化。实际生产中，人与人的类本质的异化更多地通过人与其他人关系的异化表现出来，在资本主义社会表现为工人与资本家、资本家之间、工人之间关系的异化。资本是工人与资本家关系衔接的纽带，资本家需要工人为其实现资本利益最大化，工人追求工资利益最大化，所以，工人与资本家的关系一开始就打有深深的金钱烙印。资本家之间的关系在于追逐市场利益，但因为已开拓市场的利益有限性，你方唱罢我方登场的利益口水战、诉讼战完美演绎了资本家追求利益的嘴脸。同处工人地位，工人之间本应没有利益之争。但在资本主义条件下，工人把资本家看作衣食父母，却把其他工人当作竞争对

---

① 马克思：《1844 年经济学哲学手稿》，人民出版社 2014 年版，第 50 页。

② 包庆德，艳红：《马克思对资本主义劳动异化的深层生态批判——纪念卡尔·马克思诞辰 200 周年》，《河北大学学报（哲学社会科学版）》2018（4），第 38 页。

手。总之，这些复杂的社会关系都在围绕金钱利益而展开斗争。金钱利益的斗争必然会涉及能够提供资源的自然，为了最有效地获取资源，自然必然成为争夺掠夺的对象。

（二）资本主义私有制是异化劳动的根源

马克思在《1844年经济学哲学手稿》分析了异化劳动的四种表现后，得出了"私有财产是外化劳动即工人对自然界和对自身的外在关系的产物、结果和必然后果"。接着马克思又讲"诚然，我们从国民经济学得到作为私有财产运动之结果的外化劳动（外化的生命）这一概念。但是，对这一概念的分析表明，尽管私有财产表现为外化劳动的根据和原因，但确切地说，它是外化劳动的后果，正像神原先不是人类理智迷误的原因，而是人类理智迷误的结果一样。后来，这种关系就变成相互作用的关系"①。

私有财产是异化劳动的结果，还是私有财产与异化劳动相互作用？马克思的论述矛盾吗？私有财产、私有制、资本主义私有制与异化劳动之间究竟是什么关系呢？

劳动和资本之间的矛盾从非对抗性转换为对抗性是在一定的条件下产生的。

马克思说："无产和有产的对立，只要还没有把它理解为劳动和资本的对立，它还是一种无关紧要的对立，一种没有从它的能动关系上、它的内在关系上来理解的对立，还没有作为矛盾来理解的对立。这种对立即使没有私有财产的进一步的运动也能以最初的形式表现出来，比如在古罗马、土耳其等。所以它还不表现为由私有财产本身规定的对立。但是，作为财产之排除的劳动，即私有财产的主体本质，和作为劳动之排除的资本，即客体化的劳动，——这就是发展到矛盾状态的，因而也是有力地促使这种矛盾状态得到解决的私有财产。"②

"一切生产都是个人在一定社会形式中并借这种社会形式而进行的对自然的占有。"③ 在劳动和资本"无关紧要的对立"中，这种占有表现为一方的占有并不妨碍另一方的占有，从本质说这种占有并非相互排斥、相互否定，所以，占有并非对抗。况且作为劳动者，生产中什么也不占有和劳动本身也是自相矛盾的。马克思高度肯定了这种非异化的私有财产对劳动者的意义"本质的对象对

---

① 《马克思恩格斯选集》第1卷，人民出版社1995年版，第50页。
② 《马克思恩格斯全集》第42卷，人民出版社1979年版，第117页。
③ 《马克思恩格斯全集》第26卷，人民出版社1972年版，第417页。

人的存在"①。

在这样的逻辑下，马克思分析了原始社会劳动者"私有"的性质。在野蛮状态下，当劳动者并未成为完全意义上的劳动者时，是以所有者的身份，依赖对周围自然界物品的直接占有生存下来；当最初的动物本性褪去，劳动者通过家庭、氏族等形式来间接实现着对自然物的占有。总之，野蛮状态下，无论是所有者身份的占有还是简单劳动者身份的占有，他们之间没有对抗性。

这种"无关紧要的对立"在"奴隶制度、农奴制度以及其他从属关系中也是存在的。但是，只有在劳动者是自己使用的劳动条件的自由私有者，农民是自己耕种的土地的自由私有者，手工业者是自己运用自如的工具的自由私有者的地方，它才得到充分发展，才显示出它的全部力量，才获得适当的典型的形式"②。在马克思看来，劳动和资本非对抗性的关系，随着财产归属的变化也在潜在的发生变化。只不过，在奴隶、农奴制度下，因为生产条件的低下，劳动者与劳动条件还是统一的。

劳动者与劳动条件的统一是有局限性的，劳动者很难凭借幼稚的劳动形式大大改善生产条件，扩大劳动对象，也无法把自身劳动提升为社会劳动。所以，劳动者与劳动条件的统一必然被打破，它们之间的分离、破裂以致对抗就成为必要，"这种破裂的最极端的形式（在这种形式下社会劳动的生产力同时会得到最有力的发展）就是资本的形式"③。

在达到这种"最极端的形式"之前，劳动者与劳动条件是如何逐渐分离、破裂的？"劳动是财富之父，土地是财富之母。"④ 劳动者的生产，需要的首要的劳动条件就是土地。在最初的生产中，土地并未与劳动者分离。但是到了最后，几乎每块土地上都有了自己的主人。有些人占有了很多土地，而有些人丧失了土地。丧失土地的人最初并未有其他谋生手段，占有很多土地的人并非有能力完全耕种土地，这样，雇佣劳动首先就在农业中产生了。"只有当一定数量的人丧失对劳动条件——首先是土地——的所有权，并且除了自己的劳动之外再也没有什么可以出卖的时候，这种关系才会出现。"⑤ 马克思在这里的意思显然是土地私有化是农业异化劳动的原因。

---

① 《马克思恩格斯全集》第 42 卷，人民出版社 1979 年版，第 150 页。
② 《马克思恩格斯全集》第 23 卷，人民出版社 1972 年版，第 830 页。
③ 《马克思恩格斯全集》第 26 卷（第 3 册），人民出版社 1972 年版，第 348 页。
④ 《马克思恩格斯全集》第 13 卷，人民出版社 1962 年版，第 24 页。
⑤ 《马克思恩格斯全集》第 26 卷（第 1 册），人民出版社 1972 年版，第 31 页。

资本的最初表现形式就是土地，但在资本主义生产关系产生之前，因为劳动者与劳动条件还未彻底分离，生产还未达到社会化生产的程度，再加上大多数的土地拥有者占有的土地十分有限，所以这些土地拥有者并不能被称为农业资本家，而只是奴隶主或地主。随着阶级对抗性关系的形成，为了长期占有土地，永久维护凭借土地等生产资料获取的统治地位，统治阶级必然建立强有力的制度后盾。私有制就是维护包括土地在内的私有财产的制度总称。土地私有制既维护土地等生产资料归谁所有意义上的私有财产，又维护凭借土地产生的劳动产品如何分配意义上的私有财产。所以，土地私有制才是导致农业异化劳动产生的根本原因。

随着生产的发展，工商业劳动逐渐与农业劳动相分离。拥有大量土地的地主阶级并不满足于土地的微薄利益，开始投资工商业生产活动。从资本主义生产关系的起源来看，这一过程伴随着对土地及其他财富的大量掠夺。失去土地生活资料的人被迫到工厂做工，产生了最初的工业资本家和工人。在第一次工业革命的促进下，工厂生产效率大大提高，工业资本家拥有的财富越来越庞大。经济地位的提升客观上促使资本家们为获取绝对意义上的地位进行政治革命，当资本家打着"民主""自由"的口号建立了资产阶级政权、资本主义制度后，劳动"自由"的含义完全被扭曲。工人表面上似乎有劳动的自由，但这种自由完全被资本主义的旧式分工固定化，生产过程没有任何的自由，完全听命于资本家，劳动产品没有任何自由支配的权力，完全属于资本家。在劳动产品和生产过程的异化中，工人逐渐脱离人的类本质，工人与资本家、工人之间、资本家之间的关系逐渐异化。所以，是资本主义制度导致了劳动者和劳动条件的彻底分离。

马克思强调的异化劳动是私有财产的原因，是从劳动产品分配意义角度上得出的结论。而从劳动者和劳动条件的分离历史进行分析，资本主义私有制是异化劳动产生的根源。况且私有制与异化劳动之间也是相互促进的，异化劳动使资本家拥有的财富越来越多，反过来这些财富使工人越来越受制于资本家，异化现象越来越严重。

三、福斯特对马克思生态思想的揭示

20 世纪 70 年代，西方开始出现研究马克思主义生态思想的思潮，加拿大学者本·阿格尔称之为"生态学马克思主义"，经过 80—90 年代的进一步发展，现已成为西方马克思主义发展的最新流派之一。这一理论基本特点是"通过开

启历史唯物主义理论的生态视阈，并以此为基础对当代资本主义展开生态批判，揭示资本主义制度以及资本的全球权力关系同当代生态危机之间的内在联系，强调解决生态危机的根本途径在于变革资本主义制度及其资本的全球权力关系，建立一个人和社会、人与自然和谐发展的生态社会主义社会"①。

在众多的生态学马克思主义者中，最好地挖掘了马克思主义中的生态思想、在当今世界最具有影响性的是美国俄勒冈州大学的社会学教授，《每月评论》杂志主编约翰·贝拉米·福斯特。

（一）唯物主义与生态学的一致性

福斯特认为在思考马克思主义中有没有蕴含生态思想这一问题时，必须对这一理论的思想起源——唯物主义进行考察。"在最一般的意义上讲，唯物主义认为，任何事物的起源和发展都取决于自然和'物质'，也就是说，取决于独立思想并先于思想而存在的物理实在的水平。"②

为了揭示马克思的唯物主义思想，福斯特采用了英国科学哲学家罗依帕斯卡尔研究唯物主义的三种形式：本体论唯物主义、认识论唯物主义和实践唯物主义。本体论唯物主义主张人类社会依赖生物和物理的存在，强调前者是由后者进化而来；认识论唯物主义主要研究主客体关系，强调它们之间的因果性规律性活动的独立性；实践唯物主义主要研究人与社会的关系，强调在社会形式的转换和再生产中人类实践的作用。以此为参照，福斯特认为马克思的唯物主义特性就是实践唯物主义。不能因为马克思唯物主义的这一特性，就无视马克思关于本体论的观点，即外在世界相对于思维的独立存在。并且"马克思在将唯物主义转变为实践唯物主义的过程中，从来没有放弃过他对唯物主义自然观——属于本体论和认识论范畴的唯物主义的总体责任"③。

之所以有人把马克思的唯物主义与生态思想对立起来，是因为不理解马克思实践唯物主义的特质。第一，实践唯物主义不是机械唯物主义。近代唯物主义有机械论和有机论两种形式，前者导致人与自然的对立和分离，后者强调人与自然是一个有机的统一整体。马克思深刻批判了机械唯物主义排除人、人的思维孤立地静止地片面地解释认识自然的方式，最终会导致唯心主义。在伊壁

---

① 王雨辰：《生态批判与绿色乌托邦——生态学马克思主义理论研究》，人民出版社2009年版，第1页。

② 约翰·贝拉米·福斯特：《马克思的生态学：唯物主义与自然》，高等教育出版社2006年版，第2页。

③ 同上书，第7—8页。

鸠鲁唯物主义影响下，马克思批判继承了有机唯物主义人与自然有机统一的思想，创立了独具特点的实践唯物主义，"强调物质——社会生产条件这个社会前提，以及这些条件如何限制人类的自由和可能性，而且因为，在马克思那里，至少是在恩格斯那里，这种唯物主义从来没有忽视过这些物质条件与自然历史之间的必然联系，也就是与唯物主义自然观的必然联系"①。第二，实践唯物主义以遵循自然规律为前提来解决人与自然之间的矛盾。针对生态中心主义对马克思人类中心主义的批判，福斯特指出，生态中心主义仅仅把生态问题归结为价值问题，仅仅通过生态中心主义价值观代替人类中心主义价值观，是解决不了生态问题的。因为人类中心主义虽然强调人对自然的作用，但并未漠视自然规律，而是在遵循自然规律的基础上充分发挥人的作用。生态中心主义所采用的解决方式实质上割裂了人与自然的相互作用，切断了人与自然的真正关系。第三，实践唯物主义是对近代科学革命反思的结果。生态中心主义认为马克思坚持技术决定论的立场，根本无法解决人对自然的掠夺问题。福斯特指出，马克思的实践唯物主义思想是辩证的，虽然他从生产力发展角度肯定了科学技术的作用，但同时也对近代科学技术进行了深刻反思。马克思在达尔文的进化论、摩尔根的遗传学尤其是李比希的农业化学进行深刻分析的基础上，创立了自己的唯物主义自然观。也就是说，马克思的生态思想"来源于他对 17 世纪的科学革命和 19 世纪的环境所进行的系统研究。而这种系统研究有时是通过他对唯物主义自然观的一种深刻的哲学理解而进行的"②。

所以，"马克思的世界观是一种深刻的、真正系统的生态（指今天所使用的这个词中的所有积极含义）的世界观，而且这种世界观是源于他的唯物主义的"③。只要说清楚马克思唯物主义在马克思整个理论体系中的地位，就等于揭示了马克思的生态思想。接下来福斯特就从马克思唯物主义自然观和历史观两方面引出马克思的生态思想。

（二）马克思唯物主义自然观中的生态思想

福斯特认为马克思的唯物主义自然观可以追溯至他的博士论文《论德谟克利特的自然哲学和伊壁鸠鲁的自然哲学之间的差别》，但其成熟的唯物主义自然

---

① 约翰·贝拉米·福斯特：《马克思的生态学：唯物主义与自然》，高等教育出版社 2006 年版，第 22 页。
② 同上书，第 23 页。
③ 同上书，第 3 页。

观是在系统学习费尔巴哈哲学的过程中完成的。以唯物主义自然观为基础，马克思提出了一系列生态思想。

1. 马克思唯物主义自然观的建构

古希腊最伟大的唯物主义思想家伊壁鸠鲁激发了马克思对唯物主义的研究兴趣，在对比他的自然哲学和德谟克利特的自然哲学的差别中，加深了马克思对唯物主义的深刻理解。伊壁鸠鲁自然哲学中包含的对宗教目的论的批判、对德谟克利特机械论和决定论的超越，对自由的肯定等思想，成为马克思唯物主义思想的萌芽和合理因素。

在福斯特看来，马克思特别赞赏伊壁鸠鲁对宗教目的论的批判和否定。受伊壁鸠鲁的影响，马克思指出在人无法消除的恐惧中，人像动物那样受动，人的恐惧与受动都是宗教带来的，"呼吁把一切超自然的、目的论的原则从自然中赶走"。"伊壁鸠鲁使上帝从世界上消失了"，使基督教的一切支持者都如此痛恨他，咒骂他为"猪"。马克思和恩格斯在《德意志意识形态》指出了基督教教徒对伊壁鸠鲁的痛恨"卢克莱修歌颂伊壁鸠鲁是最先打倒众神和脚踢宗教的英雄；因此从普卢塔克直到路德，所有的圣师都把伊壁鸠鲁称为头号无神论哲学家，称为猪"①。

福斯特指出伊壁鸠鲁的让神从自然界消失深深影响了马克思，这也是马克思唯物主义自然观创立的基石。或者说马克思正是在赞赏伊壁鸠鲁批判宗教的过程中形成了自己的唯物主义自然观。"只要哲学还有一滴血在自己那颗要征服世界的、绝对自由的心脏里跳动着，它就将永远用伊壁鸠鲁的话向它的反对者宣称'渎神的并不是那抛弃众人所崇拜的众神的人，而是把众人的意见强加于众神的人'。"② 对马克思来说，伊壁鸠鲁的唯物主义是自然主义和人文主义结合的一种形式，它虽然强调感觉对认识世界的重要性，但更注重用理性来解释世界。理性的解释就可以排除诸神对认识世界的干预。

尽管这一时期，马克思还是一个青年黑格尔学派，表达形式还带有黑格尔式的思辨色彩，但毫无疑问的是马克思依然果断地走上了唯物主义道路。

福斯特认为，马克思的唯物主义自然观是在肯定伊壁鸠鲁对德谟克利特的原子机械决定论超越基础上逐渐建立起来的。

近代唯物主义的两种形式——决定论和非决定论——的思想渊源分别可以

① 《马克思恩格斯全集》第3卷，人民出版社中文第1版，第147页。
② 《马克思恩格斯全集》第1卷，人民出版社中文第2版，第12页。

追溯至德谟克利特和伊壁鸠鲁。德谟克利特认为宇宙万物的本源是原子和虚空，或者是存在与不在。原子是一种不可分割的物质，具有不同的大小和形状，存在于虚空中。在广阔的虚空中，不同形状的原子彼此聚集在一起，产生了一种旋涡运动。旋涡运动中，相邻的原子不断地流到一起，产生出第一个球形物体——地球。德谟克利特把这种原子的旋涡运动生成宇宙看成是必然的过程。"每件事物都根据必然性产生。因为万物生成的原因是旋涡，他就把这称为必然性。"① 显然，德谟克利特的原子论否定了偶然性的存在以及神创造万物的观念。

伊壁鸠鲁在继承了德谟克利特的原子论的基础上，进行了修正、丰富和发展。他提出原子形状有限论，原子形状的差别不是无限的，只是数不清而已，消除了德谟克利特原子论的一个矛盾。他还给原子增加了重量这个性质，为原子运动提供了依据。恩格斯在谈到这一点时指出："伊壁鸠鲁已经认为各种原子不仅在大小上和形状上各不相同，而且在重量上也各不相同，就是说，他已经按照自己的方式知道了原子量和原子体积了。"② 伊壁鸠鲁提出了"原子运动偏斜说"，强调原子的偏斜就是赋予原子可脱离直线做自由运动，在自由的偏斜运动中与其他原子相碰撞，使原子互相结合在一起，形成各种事物。偏斜运动的提出纠正了德谟克利特过分强调必然性而忽视偶然性的错误，"原子偏离直线并不是特殊的，偶然出现在伊壁鸠鲁物理学中的规定。相反，偏斜所表现的规律贯穿于整个伊壁鸠鲁哲学"③。

福斯特认为马克思对伊壁鸠鲁超越机械决定论的肯定，本质上是对自由的肯定。伊壁鸠鲁曾经说过，人在强制下生活是错误的，人有许多途径可以通向自由，人类所做的事情正是自由的产物。马克思对伊壁鸠鲁所追求的人类自由的必然性和可能性给予高度赞扬，并且把自由视为伊壁鸠鲁哲学体系的核心。伊壁鸠鲁对自由的追求不是要否定必然性，而是反对一切僵硬的决定论，所以，他在寻找真正的自由中同时捍卫了唯物主义。

福斯特指出马克思的博士论文揭示的伊壁鸠鲁在自然哲学上的决定论和在道德哲学上的非决定论的双重属性，对近代唯物主义的发展产生了重要影响。"伊壁鸠鲁的哲学是怎样预示了 17 世纪至 18 世纪欧洲启蒙运动中唯物主义、人

---

① 苗力田、李毓章主编：《西方哲学史新编》，人民出版社 1990 年版，第 40 页。
② 《马克思恩格斯选集》第 3 卷，人民出版社 1995 年版，第 466—467 页。
③ 《马克思恩格斯选集》人民出版社中文第 1 版第 40 卷，第 214 页。

文主义和抽象的个人主义的兴起的。"①

总之，福斯特是通过研究马克思的博士论文来揭示青年时期的马克思已经初步建构了认识论上的唯物主义自然观。

2. 马克思成熟的唯物主义自然观

在福斯特看来，虽然马克思的博士论文表现出坚定的唯物主义自然观立场，但并不能由此认为此时的马克思已经成为一个成熟的唯物主义者，其唯物主义自然观的成熟是在费尔巴哈影响下同黑格尔哲学体系彻底决裂的过程中完成的。

福斯特认为，以往关于马克思与费尔巴哈的研究，更多集中于前者对后者的批判和超越。

在他看来，片面强调马克思对费尔巴哈的批判和超越，结果可能导致马克思主义哲学体系的唯心主义倾向。两者之间关系的研究应该注重体现马克思对费尔巴哈的消化和吸收，因为在马克思主义哲学体系的形成过程中，费尔巴哈无疑起到了特别重要的作用。费尔巴哈的《关于哲学改造的临时纲要》对马克思产生了重要影响，并使其牢固树立了唯物主义自然观。

在《关于哲学改造的临时纲要》中，费尔巴哈从人是自然的产物、自然的一部分的思想出发，批判了黑格尔的唯心主义。在黑格尔哲学体系中，绝对精神是世界的本原。自然只是一种精神存在，是从精神中分离出来并退化为"粗劣的唯物主义"，它本身是不能进行任何有意义的活动的。在黑格尔把自然视为非客观的精神存在的同时，把人类的本质也视为非客观的精神存在。费尔巴哈认为哲学的对象并不是黑格尔的绝对精神，"哲学上最高的东西是人的本质"，"哲学是关于真实的、整个的现实界的科学；而现实的总和就是自然（普遍意义的自然）"②。人的物质器官是自然的产物，人的抽象思维也是自然的产物。正是自然使人具有认知能力，使思维这个本身就存在的活动去思维存在的东西。所以，这一自然一定不是排除了人的自然，而是包含人的自然。并且作为哲学对象的自然，是人所意识到的自然，是对象化的自然。这种与人相联系的自然，自然不同于黑格尔哲学体系的自然。黑格尔的错误就在于"他把细看起来极度可疑的东西当作真的，把第二性的东西当作第一性的东西，而对真正第一性的东西或者不予理会，或者当作从属的东西抛在一边"③。

---

① 约翰·贝拉米·福斯特：《马克思的生态学：唯物主义与自然》，高等教育出版社 2006
　　年版，第 59 页。

② 《费尔巴哈哲学著作选集》上卷，商务印书馆 1984 年版，第 84 页。

③ 同上书，第 77 页。

　　就这样，费尔巴哈用自己的唯物主义自然观彻底打击了黑格尔的唯心主义自然观，彻底同黑格尔决裂。在福斯特看来，费尔巴哈同黑格尔的决裂对马克思具有决定性的意义。因为费尔巴哈让马克思看清了"黑格尔哲学是神学最后的避难所和最后的理性支柱"①，也让马克思深切地感受到黑格尔思辨哲学的模式应该被更加唯物主义的方式所取代。

　　受费尔巴哈关于自然的本质属性及自然是人的基础等观点的影响，马克思认识到了自然的实在性，人必然同自然发生物质上的联系，人离不开自然。"说人是肉体的、有自然力的、有生命的、现实的、感性的、对象性的存在物，这等于说，人有现实的、感性的对象作为自己本质的即自己生命表现的对象；或者说，人只有凭借现实的、感性的对象才能表现自己的生命……饥饿是自然的需要；因此，为了使自身得到满足，使自身解除饥饿，它需要自身之外的自然界、自身之外的对象。"② 马克思还认识到了自然界存在的物质是人生存、生活、发展必不可少的一部分，人的普遍性就在于把"整个自然界变成人的无机身体，自然界，就它自身不是人的身体而言，是人的无机的身体。人靠自然界生活。这就是说，自然界是人为了不致死亡而必须与之处于持续不断的交互作用过程的、人的身体。所谓人的肉体生活和精神生活同自然界相联系，不外是说自然界同自身相联系，因为人是自然界的一部分"③。

　　福斯特认为马克思从费尔巴哈那里除了吸取关于人与自然关系的理解，还继承了其唯物主义中感知特征。费尔巴哈认为人作为具有认识能力的感性实体，具有感觉能力。人通过感官接受对象的刺激，从而产生了感觉。感觉是人第一个可以信赖的东西，是人与世界交流的可靠媒介。人的感觉不仅需要思维和理性，还要上升到精神活动、科学活动。福斯特指出，马克思对费尔巴哈发源于感觉认识论的人本主义唯物论反应热烈。"感性必须是一切科学的基础。科学只有从感性意识和感性需要这两种形式的感性出发，因而，只有从自然界出发，才是现实的科学。"④ 这就为马克思的唯物主义自然观由认识论向本体论转变提供了契机。

　　在福斯特看来，马克思与费尔巴哈的不同之处在于，他力图建立起自然主

---

① 《费尔巴哈哲学著作选集》上卷，商务印书馆 1984 年版，第 115 页。
② 马克思：《1844 年经济学哲学手稿》，人民出版社 2000 年版，第 105—106 页。
③ 同上书，第 56—57 页。
④ 约翰·贝拉米·福斯特：《马克思的生态学：唯物主义与自然》，高等教育出版社 2006 年版，第 87 页。

义、人道主义和唯物主义之间的一致性。马克思强调人不仅是自然存在物，人也是自然的对象性存在物，即受限的存在物。人的欲望对象虽独立于人而客观存在，但这种欲望对象，人可以在不同的历史条件下通过特有的方式来实现。这样马克思就把人类历史视为人类征服欲望对象的历史——人类真正的自然史。那么，人与自然之间矛盾的解决，就与人与人之间矛盾的解决互为条件。只有在完成了自然主义＝人道主义、人道主义＝自然主义的共产主义社会，才能真正解决人与自然之间的矛盾。马克思的共产主义观展现并确证了他的唯物主义自然本体论观点，并把辩证的人与自然的关系、人类史与自然史的关系建立在这种唯物主义自然本体论的基础之上。

福斯特在总结马克思与费尔巴哈关系时指出，马克思正是通过费尔巴哈，让自己完全彻底地同黑格尔唯心主义的哲学体系决裂。费尔巴哈对马克思的影响并不仅仅体现在马克思逐渐成熟的唯物主义自然观中，还体现在马克思日后慢慢成熟起来的历史唯物主义之中。

3. 马克思生态思想源于其唯物主义自然观

一个生态思想必须回答三个问题：如何看待自然界，如何看待人类，如何看待人与自然的关系。马克思唯物主义自然观是如何解释这三个问题的。

在福斯特看来，马克思唯物主义自然观突出了自然的客观实在性和有限性。马克思认为自然是客观存在，不以人的主观意志为转移的。一个存在物如果认为在它之外没有自然界，它就不是真正的存在物，当然也就不能参加自然界的活动。人作为一个存在物，必须认识到自然这一欲望对象是不依赖于人而独立于人之外的。所以，马克思是继费尔巴哈之后坚持了真正的实在论和自然主义的观点。马克思继承了伊壁鸠鲁和费尔巴哈唯物主义关于自然界有限性的观点。强调自然界的一切存在均是短暂的，它必然走向死亡，以此来证明自然界这一不死的存在；真正的世界是有限的，有限不可能变成无限。既然自然既是客观的又是有限的，那么尊重自然的客观性与尊重自然的有限性就紧密联系在一起，尊重自然的有限性就尊重了自然的客观性。马克思的生态思想正是立足于他对自然界特性的正确认识。

福斯特认为，马克思站在唯物主义自然观的视角上，提出了一系列关于人的观点。人的一切产生于自然界，属于自然界，人是自然界的一部分；人既然是自然界的一部分，也就同样具有客观实在性；虽然人也像其他自然物一样客观存在于自然界，但人存在的最大特性就在于"能动性"；人也是感性的存在物，也像自然界其他存在物一样是有限的。福斯特特别指出，不能因为马克思提出了人的特殊性，而忽视了他对人的一般性判断；也不能因为马克思像费尔巴哈那样强调"感觉"，而否认他对人的客观性判断。既然人是客观的有限的，那就应当充分认识到人是受自然客观必然性支配的，人的活动时间和空间都是有限的，遵循客观和有限就成为人改造自然的前提。马克思关于人的特性的阐述构成其生态思想的重要组成部分。

福斯特认为，马克思唯物主义自然观提出了一系列正确认识和处理人与自然关系的基本准则。在物质进化中，人与自然并不冲突，而是相互依存。一方面人是物质世界的一部分，另一方面因为自然为人提供直接的生活资料和生命活动的材料，自然界就变成了人的无机身体。人与自然界的其他存在物之间的关系是完全平等的，"人类不再被假设为占据完全的统治地位，或者最高地位，在'存在之巨链'当中不再居于低等有机物和最高天使（或者上帝）之间固定的中间位置"①。在福斯特看来，马克思的人与自然相互依存的观点有力驳斥了生态中心主义和人类中心主义把人与自然对立起来的观点。马克思强调，在人与自然的相互依存关系中，最基本的关系就是人靠自然界生活。人最基本的是物质生活，自然界会赐予人生活的物质资料；在物质生活之上，人还有精神生活的需求，像植物、阳光、空气等都是自然赋予人的精神食粮。当然自然不会主动地赋予人物质资料，而是需要人去占有、改造自然，在这一改造过程中，自然成了"人化自然"。这里往往产生一种假象"人是控制、支配自然的所有者"。福斯特认为马克思唯物主义自然观就是要破除这种假象：自然总是客观存在的，有自己的客观运行规律，人不可能随心所欲地支配自然。马克思辩证地看待人与自然的关系，并强调自然规律先于人的能动性的客观存在，自然成为马克思生态思想重要的组成部分。

（三）马克思唯物主义历史观中的生态思想

马克思的唯物主义自然观只是初步证明了他的思想中具有生态的蕴意，要想深入系统地揭示马克思的生态思想，就需要详细考察马克思的唯物主义历史观。

---

① 约翰·贝拉米·福斯特：《马克思的生态学：唯物主义与自然》，高等教育出版社2006年版，第16页。

1. 马克思唯物主义历史观的形成

福斯特认为，马克思唯物主义历史观是在分析现实问题，同当时各种社会思潮进行斗争的过程中形成的。"对马尔萨斯土地理论和蒲鲁东企业观点的批判，以及与费尔巴哈直观的唯物主义的决裂，都成为马克思唯物主义历史观和唯物主义自然观发展史上具有标志性意义的时刻。"①

（1）马克思恩格斯对马尔萨斯人口论的批判

马尔萨斯人口论的中心论题所关注的是人口增长与食物增长之间的关系。他认为，人口如果不加以限制就会按几何级数增长，而食物供给只能按算术级数增长。为了解决这一矛盾关系，对人口增长就需要采取一种强硬的控制手段。强硬的控制手段包括预防性限制和积极限制。前者通过抑制婚姻、降低出生率达到限制人口增长的目的，后者通过营养不良、疾病、战争提高死亡率来到达目的。

在福斯特看来，马克思和恩格斯在很早就对马尔萨斯的理论进行过批判，并指出这种理论"是过去一切学说中最粗暴最野蛮的一种学说"，"是一种绝望的学说"。

恩格斯早在《政治经济学批判大纲》就指出了马尔萨斯人口理论前提的错误性，不顾历史条件的变化而认为人口理论适用于任何时间和地点。事实上人口增长会受到社会各种因素的影响，所以其增长根本不可能遵从一个几何模型。恩格斯指出，按照马尔萨斯的逻辑推演，即便地球上只剩下一个人，那人口也已经过剩了。

恩格斯非常尖锐地指出了马尔萨斯理论的宗教自然观本质，马尔萨斯的理论只不过是认为精神和自然之间存在着矛盾并因此使二者堕落的宗教教条在经济上的表现而已。恩格斯进一步指出人和土地的对立是私有制的结果，资本主义强化了这种对立，"土地是我们的一切，是我们生存的首要条件；把土地当作买卖的对象就是走向自我买卖的最后一步；这无论过去或现在都是那样不道德，只有自我买卖的不道德才能超越它。原始的土地占有，少数人垄断土地，所有其他的人都被剥夺了基本的生存条件，这一切就不道德来说丝毫也不逊于后来的土地买卖"②。所以马尔萨斯理论是新教神学与资产阶级经济需要相结合的一

---

① 约翰·贝拉米·福斯特：《马克思的生态学：唯物主义与自然》，高等教育出版社 2006年版，第 117 页。

② 同上书，第 118 页。

种企图。

福斯特指出，其实马克思早在关注对英国济贫法批判的过程中，就已经直接批判了马尔萨斯理论。马尔萨斯认为因为食物的短缺给人造成的苦难既然是不可避免的，那么通过提高生产增加产量来消除贫困或通过改变食物的再分配来消除饥饿的努力都是徒劳的，甚至是适得其反。马尔萨斯虽然对人道主义改良者的改良目标表示同情，但他是反对像英国济贫法试图改善穷人状况的措施的。所以，马克思指出了马尔萨斯理论背后荒谬的逻辑自然法则——"土地不能养活人"。在马尔萨斯理论中"'贫穷的持续增长'不是'现代工业的必然的结果'，而是'英国济贫法'的结果；不是因为慈善机构的不足而是因为它错误的泛滥"①。

在福斯特看来，马克思和恩格斯通过对马尔萨斯理论的批判，逐步阐明人与自然不是天然对立关系，在资本主义的对立，自然法则不是原因，真正的原因是隐藏在自然法则背后的人的法则。这个人的法则就是要维护资本主义对自然和人的剥削制度。

恩格斯在驳斥马尔萨斯理论的过程中，提出了相对过剩人口这个概念。依据马尔萨斯理论，总有"过剩人口"存在，即便是地球上只有一个人时，他也是过剩的。恩格斯指出不是人相对于食物过剩，而是相对于就业的过剩，才导致了工人的贫困。工人并不认为自己是多余的，而资本家才是多余的，因为工人凭借辛勤劳动养活自己，而资本家依靠剥削发财致富。

所以，马克思主义中出现的无产阶级概念是在批判马尔萨斯理论的过程中产生的。无产阶级是什么？就是那些虽与资本家生活在同一个地球，但生活环境却完全不同的人。无产阶级住的房子通风条件极差，毒素、碳酸气等都无法充分排放；房屋周围没有垃圾处理系统，垃圾随意堆积，造成了严重的水和空气污染；污染引起了各种疾病，导致了工人的高死亡率。与无产阶级生活条件截然相反的是同住在曼彻斯特的资产阶级生活的另一个世界。"高等的资产阶级就住得更远，他们住在却尔顿和阿德威克的郊外房屋或别墅里，或者住在奇坦希尔、布劳顿和盆德尔顿的空气流通的高地上，——在新鲜的对健康有益的乡村空气里，在华丽舒适的住宅里，每一刻钟或半点钟都有到城里去的公共马车

---

① 约翰·贝拉米·福斯特：《马克思的生态学：唯物主义与自然》，高等教育出版社2006年版，第120页。

从这里经过。"①

　　依照马克思的观点，无产阶级就是一个遭受工业城市普遍污染和生活条件极其困难的阶级，是一个遭到失去人类本性威胁的阶级，是一个通过解放全人类才能获得解放的阶级。无产阶级这一概念的提出，在福斯特看来是马克思唯物主义历史观形成的关键一步，对他们成熟生态思想的形成具有决定性意义。

　　（2）马克思对蒲鲁东"普罗米修斯主义"的批判

　　马克思担任《莱茵报》编辑时，对林木盗窃的现实问题遭遇到了对物质利益发表意见的难事。他开始认真思考贫困的原因，认为合理的法律与习俗权利的冲突并不能真正揭示统治阶级对贫苦群众实施没收财产的行为，真正的原因在于私有制。对现实问题的思考促使马克思开始了对政治经济学领域的研究。

　　福斯特认为，蒲鲁东对马克思的经济思想产生了重大影响力，包括积极和消极两方面。

　　积极影响力来自蒲鲁东的《什么是所有权?》这部著作。马克思曾经给予它最高的赞誉："蒲鲁东对政治经济学的基础即私有制做了批评的考察，而且第一次带有决定性的、严峻而又科学的考察。这就是蒲鲁东在科学上所完成的巨大进步，这个进步使政治经济学革命化了，并且第一次使政治经济学有可能成为真正的科学。"

　　但对蒲鲁东两年后出版的《经济矛盾体：或贫困的哲学》，马克思采取了完全批判的态度。福斯特这样评价道："就马克思而言，蒲鲁东后期的思想代表了一种直接的对茁壮成长的社会主义运动的理论挑战。从而需要全面的批判。"②在《哲学的贫困》中，马克思对蒲鲁东进行了全面的清算。

　　《经济矛盾体：或贫困的哲学》以天命思想开篇，以"普罗米修斯"的名义来描述社会和表现人的活动。蒲鲁东认为普罗米修斯的所作所为正是人类生活的写照，"普罗米修斯盗取了天火，发明了初期的工艺；普罗米修斯能预知未来，并且企图和丘比特分庭抗礼；普罗米修斯就是上帝。因此，我们就把社会叫做普罗米修斯吧!"③马克思在《哲学的贫困》中提出，蒲鲁东不是通过了解人类，而是求助于像普罗米修斯这样的怪物来说明社会关系是如何起源的。蒲鲁东神话式的说明方法，因为忽视了历史发展及由此产生的历史特殊性，事实

---

① 《马克思恩格斯全集》第 2 卷，人民出版社中文第 1 版，第 327 页。
② 约翰·贝拉米·福斯特：《马克思的生态学：唯物主义与自然》，高等教育出版社 2006 年版，第 145 页。
③ 同上书，第 143 页。

上是陈词滥调的非历史的观点。

就蒲鲁东而言，普罗米修斯社会依照"价值的比例"——商品价格从低到高的排列顺序进行生产。也就是说社会首先生产最基本的需要（因为最廉价），在最基本的需要充足后，再生产比较昂贵的奢侈品。而在马克思看来"在我们这个时代，多余的东西要比必需的东西更容易生产"。马克思指出社会生产什么以及产品如何使用取决于社会生产条件，而生产条件本身最终又建立在阶级对抗的基础之上。那像马铃薯、烧酒等一些明明有害的产品为什么却成了资本主义社会的基石？原因就在于价格低廉。在富有与贫困有显著差别的资本主义社会中，这些粗俗低廉的产品具有了供给贫穷的工人阶级的特权。福斯特指出，马克思对蒲鲁东"社会首先生产最廉价产品"的批判，其实是要进一步分析在资本主义社会工人是怎么生产的，按照什么样的原则来组织生产的。

蒲鲁东继续用神话般语言论证生产过程，"在创世纪的第一天，'普罗米修斯''脱离了自然的怀抱'并且开始劳动；第二天，他施行了分工；第三天，普罗米修斯'发明了一些机器及发现物品新的效用和新的自然力'"[①]。蒲鲁东强调劳动分工是无产阶级与社会对立的本质，解决分工的有效手段就是机器，因为机器的采用可以使分工劳动者恢复原状，保存工人的专业技能，又能解决分工带来的所有弊端。马克思深刻指出："把机器看作为分工的反题，看作使被分散的劳动重归统一的合题，真是荒谬之极。"[②] 这种扬弃机器起源的历史条件观念，只能产生一种错误的机械的目的论，这是"最糟糕的资产阶级意识形态的特征"。

在福斯特看来，按照"普罗米修斯"术语来理解，社会的生产目标就是创造更大的经济价值以及以劳动时间为标准为每个人分配经济报酬。这就是蒲鲁东所讲的建立在现有社会基础之上的劳动社会化和按劳分配原则的普遍化。马克思针对蒲鲁东这一普遍化原则进行深刻抨击，"用劳动时间来确定价值，即蒲鲁东先生当作将来再生公式向我们推荐的那个公式，也无非是现代社会经济关系的科学表现，而这早在蒲鲁东先生以前李嘉图就明确的论证过"[③]。并指出蒲鲁东的观点只是对资本主义所带来的问题的一种不彻底的解决方案。福斯特认为，马克思所希望的是消灭资本主义价值规律指导下的按劳动时间进行分配的

---

① 约翰·贝拉米·福斯特：《马克思的生态学：唯物主义与自然》，高等教育出版社2006年版，第143—144页。

② 《马克思恩格斯全集》第27卷，人民出版社中文第1版，第480页。

③ 《马克思恩格斯全集》第3卷，人民出版社中文第1版，第110页。

制度，建立一种真正根据人的需要进行生产和分配的制度。这种制度"正如许多年之后他在《哥达纲领批判》中所阐述的那样，'按劳分配'原则必定被'各尽所能，按需分配'的原则所取代。因此，所需要的就是坚决打破资本主义的'价值规律'，而不是它的普遍化"①。

在《哲学的贫困》中，马克思对《经济矛盾体：或贫困的哲学》通篇颂扬的天命思想进行批判。"天命，天命的目的，这是当前用以说明历史进程的一个响亮的字眼，其实这个字眼不说明任何问题。它至多不过是一种修辞形式，是冗长地重述事实的若干方式之一。"现实中发生的"羊群赶走人"的现象，就蒲鲁东来讲，这就是天命的历史。马克思论证到，看似天命历史的背后，其实隐藏的是土地私有制的扩展—羊毛生产—耕地变为牧场—农民被迫离开家园—土地越来越私有化的全部历史。马克思一针见血地指出了蒲鲁东天命思想的本质，以神学立场来对待自然和社会。

福斯特指出，马克思正是通过对蒲鲁东普罗米修斯主义的批判来阐述"从物质生产或人类的生存斗争这个立场出发的"唯物主义历史观。

（3）马克思同费尔巴哈直观唯物主义的决裂

费尔巴哈唯物主义反对自然是绝对精神的外化，强调自然的客观实在性，炸裂了黑格尔哲学体系，消除了黑格尔哲学的魔法，使唯物主义重新登上王座。但马克思在用这一理论来讨伐以马尔萨斯为代表的资产阶级政治经济学的过程中，越来越感觉到这一理论无法满足自己的要求。

如何看待自然，费尔巴哈虽然坚持自然的绝对物质立场，但他仅从感性直观的角度谈论自然，只看到了自然的物质基础，而没有看到自然的社会存在性。所以，费尔巴哈谈的"自然"，只是纯粹的"自在自然"，不是"自然的历史"；费尔巴哈也谈论"人"，但在他眼中，"人"只是"人自身"，而不是"社会的人"；费尔巴哈也认识到了自然的异化，但他永远只是在追寻"自然"的真正本质中寻找答案，从来没有把自然看作会随着历史条件的变化而变化的。所以，马克思说："当费尔巴哈是一个唯物主义者的时候，历史在他的视野之外；当他去探讨历史的时候，他不是一个唯物主义者。在他那里，唯物主义和历史是彼此完全脱离的。"②

① 约翰·贝拉米·福斯特：《马克思的生态学：唯物主义与自然》，高等教育出版社2006年版，第148页。
② 《马克思恩格斯全集》第1卷，人民出版社1995年版，第78页。

福斯特认为，马克思对费尔巴哈最为不满的就是把存在与本质混为一谈。对费尔巴哈来说，存在就是本质，两者没有矛盾。马克思借用"鱼"和"水"的关系批判费尔巴哈抹杀了存在和本质之间的区别。"鱼的本质是它的'存在'，即水。河鱼的'本质'是河水。但是，一旦这条河归工业支配，一旦它被燃料和其他废物污染，河里有轮船行驶，一旦河水被引入只要把水排出去就能使鱼失去生存环境的水渠，这条河的水就不再是鱼的'本质'了，它已经成为不适合鱼生存的环境。"鱼的存在在某种意义上被人类实践的结果所异化。所以，在人类的实践过程中，存在与本质常常是矛盾的，不一致的。

马克思认为，费尔巴哈没有注意到，宗教正在自我异化，一个建立在真实世界基础之上的具有双重意义的、充满想象的宗教世界正在形成。这一现象的出现同时也意味着世俗世界具有自我分裂的特征，是必须加以批评和超越的。存在与本质的矛盾，为自然异化开辟了道路，宗教异化是自然异化在基督教神学中的反映。所以，自然的异化并不是神学中所讲的"人类对自然的自我异化"，而是出现在生产过程中的人类对自然的"物质异化"。宗教异化也需要回到现实的世俗世界，回到生产过程本身，通过实践探寻解决办法。

马克思虽然拒绝所有的本质先于存在论，但在谈论到从事实践的人除外。马克思认为"人的本质并不是单个人所固有的抽象物，实际上，它是一切社会关系的总和"。马克思批判费尔巴哈仅从人的自然属性来考察人，所赋予的人的社会性也不过只是一个不以社会物质生产为根基的空洞抽象概念。脱离人的物质生产活动和社会历史的发展，单纯从人的自然属性谈论人的类、人的本质的抽象人本主义将被辩证地取代，转变为纯粹的利己主义和虚无主义。

所以，在福斯特看来，马克思与费尔巴哈的决裂不可避免。"从前的一切唯物主义——包括费尔巴哈的唯物主义——的主要缺点是：对对象、现实、感性、只是从客体的或者直观的形式去理解，而不是把它们当作人的感性活动，当作实践去理解，不是从主体方面去理解。因此，结果竟是这样，和唯物主义相反，唯心主义却发展了能动的方面，但只是抽象地发展了，因为唯心主义当然是不知道真正现实的、感性的活动本身的。"

福斯特认为，马克思正是在批判费尔巴哈唯物主义的过程中形成了自己的新唯物主义。这一理论的核心就是强调实践的作用，"环境的改变和人的活动或自我改变的一致，只能被看作并合理地理解为革命的实践"。注重实践的结果是把自然当作人化自然、历史的自然，把人看作历史的人，这样人与自然、历史与自然就真正地统一起来了。如此，马克思就把人的能动性和自由从唯物主义那里解放出来，同时还保留唯物主义的根基。值得强调的是马克思在统一人与自然的过程中，也告诫我们不要忘记"外部自然界的优先地位"，但这里提到的"自然界"绝不是费尔巴哈说的"自然界"，"先于人类历史而存在的那个自然界，不是费尔巴哈生活其中的自然界；这是除去在澳洲新出现的一些珊瑚岛以外今天在任何地方都不再存在的、因而对于费尔巴哈来说也是不存在的自然界"①。

在福斯特看来，马克思的新唯物主义就是实践唯物主义，体现了自然观与历史观相统一的唯物主义。马克思实践唯物主义就是这样在批判与超越费尔巴哈直观的唯物主义和抽象的人本主义的过程中形成的。

在福斯特看来，马克思的生态思想随着其历史唯物主义的形成逐渐趋向成熟，主要体现在《1844 年经济学哲学手稿》《共产党宣言》《资本论》等著作中。

2. 《1844 年经济学哲学手稿》中蕴含的生态思想

对黑格尔哲学进行清算的《1844 年经济学哲学手稿》（以下简称《手稿》），福斯特认为马克思的生态思想主要体现在以下几方面。

（1）以"异化劳动"为出发点分析人与自然关系的异化

福斯特指出，马克思在《手稿》中提出的异化劳动的四个内容，"所有这一切共同构成马克思的异化劳动概念——都与人类对自然的异化不可分割，包括他们自身的内在自然和外在自然"②。由此可以看出，结合异化劳动分析人与自然关系的异化是马克思生态思想的出发点。马克思的异化概念虽源于黑格尔，但对其的最大改造就是把人与自然关系的异化纳入异化的范畴。马克思认为黑格尔的异化只是在唯心主义领域内发展，只把异化看作脑力劳动的异化，即使在谈到自然界异化问题时，也认为这是自然"自己毁灭自己"，所以，黑格尔并未认识到人的实践活动的自我异化与人类异化的关系。马克思不仅仅超越了黑格尔从唯物主义角度谈异化——人实践活动的自我异化，并且把它视为人类异化的基础，更重要的是把人与自然关系的异化也视为人类异化的内容。

（2）通过人与自然之间的有机联系强调自然的历史性

福斯特引用了马克思在《手稿》中的一段话来说明人与自然是有机联系在

---

① 《马克思恩格斯全集》第 1 卷，人民出版社 1995 年版，第 77 页。

② 约翰·贝拉米·福斯特：《马克思的生态学：唯物主义与自然》，高等教育出版社 2006 年版，第 82 页。

一起的，"在实践上，人的普遍性正表现在把整个自然界——首先作为人的直接的生活资料，其次作为人的生命活动的材料、对象和工具——变成人的无机身体。自然界，就它本身不是人的身体而言，是人的无机的身体"。在马克思看来自然不会直接进入人的历史，通过实践，自然与人类有了不可分割的关系。远古时期，自然通过能满足人生活的天然存在物与人类世界发生关系；当劳动工具出现时，自然通过劳动产品与人发生联系。所以，在马克思看来"人类同自然的关系不仅可以通过生产来调节，而且可以通过更加直接的生产工具（它本身也是人类通过生产活动改造自然的产物）来调节——这使得人类能够通过各种方式改造自然"①。所以，人类在很大程度上是通过生活资料的生产——实践——与自然发生联系的，自然对人类表现出实践的意义。自然就是人类生命活动的结果。但人改造自然往往会超出单纯的经济意义，由此得出的结论就是异化既是人类对自身劳动的异化，也是对人类自身改造自然的积极作用的异化。

　　（3）揭示了"私有财产制度与自然对立的普遍性"

　　福斯特通过探讨马克思对土地与其他自然物的异化来揭示隐藏在这些现象背后的原因。土地与人的关系的改变是通过亚当·斯密所说的"原始积累"开始的。虽然土地异化在封建社会就已出现，但马克思认为只是到了资本主义社会，这种异化才日趋完善。资产阶级在反对地主通过土地压榨农民的过程中，其实也正在变本加厉地通过土地来统治人类。在资本主义"大地产"把社会绝大多数人驱赶到工业怀抱的时候，工人已被榨到完全赤贫的程度。根据马克思的土地异化概念，"它既意味着那些垄断地产从而也相应垄断了自然基本力量的人对土地的统治，也意味着土地和死的事物（代表着地主和资本家的权力）对大多数人的统治"②。马克思在这里指出了土地异化与大城市中工人异化的原因是相同的，都是人为的，是"死的事物"的统治——金钱和私有财产带来的权力。

　　其他自然物的异化也如此。福斯特转引了马克思在《论犹太人问题》中的一段话来证明自己的观点，"在私有财产和金钱的统治下形成的自然观，是对自然的真正蔑视和实际的贬低……托马斯·闵采尔正是在这个意义上认为下列现象是不能容忍的：'一切生灵，水里的鱼，天空的鸟，地上的植物，都成了财

---

① 约翰·贝拉米·福斯特：《马克思的生态学：唯物主义与自然》，高等教育出版社 2006 年版，第 82 页。

② 同上书，第 83 页。

产；但是，生灵也应该是自由的'"①。马克思从托马斯·闵采尔获得灵感，强调把自然物变为私有财产是自然物异化的根源，也是人类异化的根源。

福斯特认为，马克思所揭示的"私有财产制度与自然的对立"还表现在大城市之中。在工业文明的熏人毒气中，阳光、空气等等，甚至动物的最简单的爱清洁的习性，在工人那里也不再成为需要了。工业文明肮脏的阴沟、日益腐败的自然界成了工人的要素。

(4) 提出了消除异化的途径——联合

既然私有制是人与自然关系异化的原因，那么消除异化也就必须以消除私有制为前提。那如何消除私有制呢? 福斯特认为，马克思在《手稿》中第一次引入的"联合"或"联合生产者"的概念就是唯一有效的解决途径。为此，福斯特引用了马克思的一段话来论证土地私有财产的废除将通过"联合"来实现，"联合一旦应用于土地"，"就享有大地产在经济上的好处，并第一次实现分割的原有倾向——平等。同样，联合也就通过合理的方式，而不再借助于农奴制度、老爷权势和有关私有权的荒谬的神秘主义来恢复人与土地的温情脉脉的关系，因为土地不再是买卖的对象，而是通过自由的劳动和自由的享受，重新成为人的真正的自身的财产"②。马克思在这里已经说得明白和透彻，唯有"联合"，才能消除土地上的买卖关系，土地才能成为人的真正财产，人与自然之间的对立才能消除。

马克思提出的"联合"就是共产主义社会。福斯特认为"自然主义"是共产主义社会的一个特征，这里的"自然主义"是与"人道主义"有机结合的"自然主义"。马克思通过对共产主义社会的描述来阐述他的"自然主义与人道主义"相统一的世界观，本身就是一种历史超越，是对异化社会的征服，是其丰富生态思想的体现。

3. 《共产党宣言》中蕴含的生态思想

针对有些人误解《共产党宣言》是反生态的，福斯特说道: "《共产党宣言》尽管具有引起争议的成分，但核心部分已经包含着对唯物主义自然观和唯物主义历史观之间关系的理解，也包含着对人类和自然存在的必要统一这种生态观点的强调。"③ 在阐述《共产党宣言》（以下简称《宣言》）中所包含的生

---

① 《马克思恩格斯全集》第 3 卷，人民出版社中文第 1 版，第 195 页。
② 《马克思恩格斯全集》第 42 卷，人民出版社中文第 1 版，第 85—86 页。
③ 约翰·贝拉米·福斯特:《马克思的生态学: 唯物主义与自然》，高等教育出版社 2006 年版，第 151 页。

态思想时，福斯特采用了反驳方式（不同于《手稿》的正面阐述方式）。

福斯特指出，有些人抓住马克思和恩格斯的一些话，比如对"农村生活的愚昧状态"的描述，对"自然力的征服"和"整个整个大陆的开垦"的赞扬等大做文章。在这些批评者看来，这些话语就是对农村人与自然和谐环境的轻蔑，是马克思反生态的铁证。福斯特告诫这些人，不能断章取义，一定要回到文本，弄清马恩思想的真实内涵。

福斯特详细分析了马克思和恩格斯对"农村生活的愚昧状态"的描述。《宣言》第一部分，他们虽然赞扬了资产阶级的革命功绩——"一切等级的和固定的东西都烟消云散了"，但同时也指出了它所带来的主要矛盾——周期性的经济危机和资本主义掘墓人无产阶级的诞生。正是在这样的背景下，马克思和恩格斯描述了在资本主义社会存在着这样一个事实："资产阶级使农村屈服于城市的统治。它创立了巨大的城市，使城市人口比农村人口大大增加起来，因而使很大一部分居民脱离了农村生活的愚昧状态。正像它使农村从属于城市一样，它使未开化和半开化的国家从属于文明的国家，使农民的民族从属于资产阶级的民族，使东方从属于西方。"①

不能因为使用了"农村生活的愚昧状态"这样的字眼就被贴上反生态的标签。福斯特指出，非常有必要依据马克思和恩格斯的分析仔细考察他们对"愚昧"这个关键词语的表述。首先这一词源于古代雅典"愚人"（idiot），"idiot"又源于另一个单词"idiotes"，"这是指被剥夺了公共生活的公民，他们——不像那些参加公共集会的人——从一个偏狭的立场看待公共生活（城邦生活），因而属于'愚蠢的'（idiotic）"。可见，"愚昧"这个词并不完全是贬义的，也可以做中性词来理解。其次，这个词所表达的真实含义是什么？"马克思和恩格斯在此所表达的并不比在《德意志意识形态》中关于城乡之间对立性劳动分工讨论中所表达的更多。"② 由此可见，他们是用这个词语来揭示"城乡之间对立性劳动分工"。在《德意志意识形态》中马克思和恩格斯发现城乡之间的对立是物质劳动和精神劳动的"最大一次分工"，是一种把一部分人变成受限制的城市动物，把另一部分人变成受限制的农村动物的分工，是把农村人口从世界交往从文明中分离出去的一种分工。

① 《马克思恩格斯全集》第1卷，人民出版社1995年版，第276—277页。
② 约翰·贝拉米·福斯特：《马克思的生态学：唯物主义与自然》，高等教育出版社2006年版，第152页。

城乡之间的对立是怎么造成的？当一部分被剥夺的人被迫进入城市，失去了与自然条件的直接联系时，凭借着自身的唯一资本生存下来，但却像机器一样失去了作为"人"的自由，同时也被剥夺了空气、清洁等让生命延续的直接的自然条件；而另一部分虽然留在农村，可以继续呼吸新鲜空气，但因为缺少与世界文明的联系，生产条件和工具十分落后，他们永远持续着悲惨的生活。"作为城乡生存之间的极端分离的一种结果，社会正逐渐分化为'粗笨的农民'和'娇弱的侏儒'——这剥夺了一部分劳动人口的智力供养，以及另一部分劳动人口的物质供养。"① 马克思强调资本主义造成了城乡的对立，任何反抗资本主义的革命，第一任务就是消除城乡对立。

所以，福斯特认为，当马克思和恩格斯把"城乡之间对立性劳动分工"视为资产阶级文明异化本质的一个主要表现时，实际上是把"农村生活的愚昧状态"视为人与自然关系异化的一个重要标志。怎么才能消除"农村生活的愚昧状态"？在"城乡之间对立性劳动分工"状况下，农村对城市的依赖性大大增加，致使城市人口大幅度上升。马克思和恩格斯在《宣言》第二部分给出了解决方案，"通过把人口平均地分布于全国的办法逐步消灭城乡差别"，这样就可以克服资本主义秩序弊端。实施这种方案必须把"农业和工业结合起来"，实质在于必须改变资本主义生产方式。

福斯特是如何反驳对马克思和恩格斯所赞扬的"自然力的征服"和"整个整个大陆的开垦"指责的。

马克思和恩格斯是在什么背景下赞扬"自然力的征服"和"整个整个大陆的开垦"？同样是在《宣言》的第一部分，在他们赞扬资产阶级的功绩时提出的，"资产阶级在它的不到一百年的阶级统治中所创造的生产力，比过去一切时代创造的全部生产力还要多还要大"②。福斯特指出，就因为他们在这里对"自然力的征服"和"整个整个大陆的开垦"进行赞扬，难道就表明他们忽视资本主义的生态问题，是反生态的吗？

福斯特认为，对"自然力的征服"可以做出不同的解释。既可以理解为人类盲目地开采自然，也可以理解为人类在遵循自然规律的基础上对自然的征服。马克思和恩格斯所讲的"征服"属于哪一种呢？"征服"在这里的意思显然与

---

① 约翰·贝拉米·福斯特：《马克思的生态学：唯物主义与自然》，高等教育出版社2006年版，第153页。

② 《马克思恩格斯全集》第1卷，人民出版社1995年版，第277页。

培根讲的"只有顺从自然，才能驾驭自然"相吻合。所以，他们所赞扬的对"自然力的征服"是以顺从自然、遵循自然规律为前提的。对"整个整个大陆的开垦"，马克思和恩格斯的确进行了赞扬，因为这样的开垦是好事，可以推后马尔萨斯的"饥荒幽灵"。福斯特在这里非常明确地指出，"所有这一切都没有要求一种机械的普罗米修斯主义，其中机器和工业化毫无保留地以牺牲农业为代价而受到推崇"①。

随后福斯特郑重指出："任何读过《共产党宣言》的人都必须意识到：占据了这篇杰作开篇部分的对资产阶级文明的颂扬，只是为了导入对资本主义产生的并且最终导致其崩溃的社会矛盾的思考。"② 事实上，《宣言》后面的论证焦点指向的正是资本主义发展的片面性。在第一部分赞扬了资本主义文明创造的巨大生产力之后，就指出了其片面性的本质带来的一系列矛盾，"现在像一个魔法师一样不能再支配自己用法术呼唤出来的魔鬼了"。马克思和恩格斯在第二部分提出的"对所有权和资产阶级生产关系实行强制性干预的十点措施"，其目的就是来解决资本主义的一系列矛盾的。

福斯特在分析中也承认，"马克思和恩格斯并不是一般地把生态破坏（对无产阶级直接的生活起作用的因素例外，比如，缺乏空气、清洁、健康条件等等）作为反对资本主义的革命运动中——他们认为即将来临——的一个重要因素"③。但他同时指出，关于人与自然关系的思考却是共产主义建设论证的一个显著特征。况且，《宣言》已经展现了马克思主义生态思想的核心内容——所有生态问题都是由资本主义生产方式所引起的。

（四）马克思"新陈代谢"理论中的生态思想

福斯特认为，在《资本论》这部成熟的政治经济学著作中，马克思把唯物主义自然观和历史观进行了完美的结合。书中提出的"新陈代谢"概念很重要，"因为它使马克思把他对资产阶级政治经济学的三个重点内容的批判联结在一起：对直接生产者的剩余产品的剥削，相关的资本主义地租理论，以及马尔萨斯的人口理论，其中每一个重点内容都与另外两个重点内容相互关联"④。正是借助这一概念，马克思对发生在当时资本主义社会的"第二次农业革命"，与之

---

① 约翰·贝拉米·福斯特：《马克思的生态学：唯物主义与自然》，高等教育出版社 2006 年版，第154—155页。
② 同上书，第155页。
③ 同上书，第156页。
④ 同上书，第158页。

相连的农业危机，以及由此产生的环境问题进行批判。这些批判预示着马克思具有许多生态思想。

1. 第二次农业革命与李比希

资本主义主要经历过三次农业革命，第二次农业革命发生在 1830—1880 年，持续时间较短。这一时期土壤肥力的枯竭是整个欧洲和北美资本主义社会主要关注的环境问题，所以，化肥工业的增长和土壤化学的发展是该期间的显著特征，并与德国工业化学家 J. V. 李比希的著作密切相连。

马克思对资本主义农业的批判主要是以第二次农业革命为背景的。当时马克思正在写《资本论》，在回顾 18 世纪 60 年代中期那些农业和地租的早期理论时，他研读了李比希在《化学在农业和生理学上的应用》对 1840 年之前农业知识的评价（强调了肥料的作用和土地的潜在能力）后，特别强调因为人们不去研究土地枯竭的现实的自然原因，将这些分析与他所处的时代分离开来的历史区别。

第二次农业革命与资本主义农业对土地肥力需求的增加紧密相连。为了促进现代土壤科学的研究，英国不仅委托李比希写一本关于农业与化学的著作，还成立了提高工厂管理水平的皇家农业协会。两年后，李比希的《农业化学》出版，该书第一次对土壤中营养物质在植物生长过程中的作用进行了详尽的说明，显示了农业和化学之间的联系。1846 年英国废除了维护土地贵族利益而损害工业资产阶级利益的谷物法，李比希的农业化学被英国大农业利益集团看作增加土壤肥力的有效解决方案。于是生产新化肥的技术推广开来，并在农业中广泛使用，但有趣的是虽然新化肥的最初使用会产生巨大效用，但此后的效果迅速减弱。因为土壤整体肥力的高低受制于主客观两种因素：一是李比希所讲的土壤中的最小养分律；二是资本主义劳动分工发展的制约，尤其是日益加剧的城乡对抗性分工的制约。

因为土壤科学的研究成果并没有从实质上增加土壤肥力，当然也就没有消除欧洲和北美资本主义农业的危机感。19 世纪五六十年代，美国农业的内部矛盾特别突出，主要表现在纽约北部的农场经济和东南部的种植园经济当中。纽约北部因为伊利运河开启后的数十年，来自西部新土地的竞争稳步增加，再加上农场主们为推动理性农业发展采取的措施，土地的衰竭虽然得到了巨大的缓解，但与西部肥沃的土壤状况相比已经达到了衰竭的状况。东南部土壤肥力的巨大衰退很难支撑种植园经济的发展。

与此同时，李比希的研究转向分析土壤贫瘠的根源，展开了对资本主义的生态批判。在 1859 年《关于现代农业的通信》中，他继承了当时美国一位年轻的农业专家乔治·伟林提出的土壤的营养成分被系统地掠夺了的观点。乔治·伟林曾经总结到，由于我们对土地的破坏和浪费，每年我们都在流失我们生命的内在本质……经济问题：不应该是我们每年生产多少，而是为土地储存了多少年生产量。用来掠夺土地肥沃的雇佣劳动，比浪费掉的劳动更加恶劣。在后一种情况中，它只是对当前一代人的损失；而在前一种情况中，它则成为我们的后来者对贫穷的继承。人类只是土地的一个承租人，当他为后来的承租者而降低了土地的价值，他就是在犯罪。李比希还指出永久地失去某些东西的土地不可能增加甚至不可能保持它的生产能力，任何基于掠夺土地的耕种制度都会导致土地的贫瘠。李比希通过研究还发现，美国的农业种植与市场之间的距离相距甚远，那么土壤的构成成分从种植点运往市场也使得土壤肥力的再生更加困难。

在李比希看来，土壤的衰竭还和人类与动物的排泄物无法有效收集并返回农业密切相关。他曾经这样说道，如果对城镇居民的所有固体和流体排泄物的收集是可行的，没有一点损失，并且根据他最初向城镇所提供的农产品而返还于每一个农场主一定份额的排泄物也是可行的，那么，他的土地的生产能力将可能会长久地不受损害地保持下去，并且每一块肥沃土地中现存的矿物元素储备对于不断增长的人口需求来说将是非常充足的。

那么土地的衰竭问题怎么解决呢？李比希给出的对策是只有建立在归还原则基础上（归还土壤的肥力状态）的理性农业才是根本的解决办法。

由此可见，在第二次农业革命中，马克思与李比希一样都感觉到了资本主义农业发展中存在着土地衰竭问题。通过对李比希关于土地衰竭问题思想的吸收和继承，马克思开始系统批判资本主义掠夺式发展对生态的负面影响。并且他已经深信资本主义农业和工业发展的不可持续性。

2. 马克思的"新陈代谢"概念

（1）"新陈代谢"概念的提出

"新陈代谢"概念并不是马克思创造出来的。它源于德语 stoffwechsel，基本含义是物质变换，由德国生理学家 G. C. 希格瓦特 1815 年提出，19 世纪三四十年代被德国生理学家所采用，主要指为了维持生命，生命有机体必须在身体内进行与呼吸有关的物质交换。1842 年李比希在他的《动物化学》一书中把这一概念赋予生物化学的内涵，它"既可在细胞水平上使用，也可在整个有机体的分析中使用"，被用来阐述无机界和有机界之间的联系以及它们内部物质之间的交换。"stoffwechsel"翻译成英文是"metabolism","物质变换"一词构成"新陈代谢"概念所包含的生物生长和衰落的组织过程这个观念的基础。19世纪60年代马克思为了解释人类劳动和环境之间的关系开始使用"新陈代谢"概念,这种用法与能量及其交换的守恒相一致。这一概念还运用于生理学、生态学等领域中,尤金·奥德姆等生态学家把"新陈代谢"运用到所有的生态层次——从单个细胞到整个的生态系统。

"新陈代谢"概念在李希比之后得到广泛使用。福斯特总结到,李希比所奠定的这一概念的使用方法具有深远的意义,"从19世纪40年代至今,新陈代谢概念已经成为研究有机体与它们所处环境之间相互作用的系统论方法中的关键范畴。它抓住了新陈代谢交换的复杂的生物化学过程,通过新陈代谢交换,有机体(或者一个特定的细胞)从它所处的环境中吸取物质和能量,并通过各种形式的新陈代谢反应把它们转化为生长发育所需要的组织和成分"[①]。福斯特还强调指出,这一概念常用来表示一种特殊的调节过程,调节有机体与其环境之间十分复杂的相互交换。

(2)马克思的"新陈代谢"含义

虽然马克思的"新陈代谢"概念源于李比希,但他的使用更加广泛和深远。在福斯特看来,马克思不仅赋予这一概念生态学上的意义,更为重要的是赋予它社会学上的意义。

马克思对"新陈代谢"生态意义上的使用主要包括两方面:自然界内部的新陈代谢和自然与社会之间的新陈代谢。

福斯特在分析马克思的新陈代谢断裂理论时,引述了马克思关于"人自身的代谢废物"的论述。这里的人自身代谢完全是从生理意义上讲的,任何人都要摄取一定量的食物维系生命存在,同时排泄出身体无法吸收的成分——废物代谢。这是人这一生命体存续的客观规律,也是所有的生命体延续的必要条件。马克思还注意到无机界也存在新陈代谢过程,如机器由于自然力的作用发生的生锈甚至解体,农业生产中的土地由于机械和化学条件的介入产生的内在变化等。所以,在马克思看来,无论是发生物理或化学变化的无机界,还是发生生理变化的有机界,都存在无机物、有机物自身的新陈代谢或者自身与环境之间的物质交换。在福斯特看来,马克思虽然认识到了自然界内部的新陈代谢规律,

---

① 约翰·贝拉米·福斯特:《马克思的生态学:唯物主义与自然》,高等教育出版社2006年版,第178页。

但他的新陈代谢断裂理论，主要研究的是自然和社会之间的新陈代谢。

通过研究《资本论》，福斯特指出，马克思在对劳动一般过程进行定义的过程中，使用了"新陈代谢"（物质变换）概念来描述人与自然的关系："劳动首先是人与自然之间的过程，是人与自身活动来引起、调整和控制人和自然之间的物质交换过程。人自身作为一种自然力与自然物质相对立。为了在对自身生活有用的形式上占有自然物质，人就使他身上的自然力——臂和腿、头和手动起来。当他通过这种运动作用于他身外的自然并改变自然时，也就同时改变他自身的自然……［劳动过程］是人和自然之间的物质变化的一般条件，是人类生活的永恒的自然条件。"① 劳动过程是人有目的地改造自然以满足自身需求的过程，这一过程是一切社会形态所共有的特征，最基本的要素包括劳动、劳动对象和劳动资料。一般劳动过程是相对于具体劳动过程而言的，是抽象出具体劳动过程中的共性而形成的，是只从生产使用价值角度来论述的。在这里，马克思用"新陈代谢"概念揭示了劳动过程的本质——人生活的自然条件，揭示了人与自然之间的关系实质——物质交换过程。由此可见，马克思在《资本论》中，将"新陈代谢"概念置于劳动过程的分析体系中。既然关于劳动过程的研究是整个资本主义生产体系分析的核心，那么"新陈代谢"概念即是他"整个分析系统的中心"。

所以，福斯特是以马克思所讲的一般劳动过程为切入点来揭示自然与社会的新陈代谢的，这一过程主要是为了满足劳动者的目的，但还要给人类以自由的空间，同时还要受自然定律的支配，真正体现了"新陈代谢"概念的生态意义。

"在广义上使用这个词汇，用来描述一系列已经形成的但是在资本主义条件下总是被异化地再生产出来的复杂的动态的、相互依赖的需求和关系，以及由此而引起的人类自由问题——所有这一切都可以被看作与人类和自然之间的新陈代谢相联系，而这种新陈代谢是通过人类具体的劳动组织形式而表现出来的。"② 福斯特指出，这就是马克思所赋予的"新陈代谢"概念的社会意义。

"资本主义条件"是相对于人类一般劳动过程而言的具体的劳动过程和劳动方式，它把一切都卷入生产和再生产过程，把一切都变为商品，包括人和自然

① 《马克思恩格斯全集》第23卷，人民出版社中文第1版，第208页。
② 约翰·贝拉米·福斯特：《马克思的生态学：唯物主义与自然》，高等教育出版社2006年版，第175—176页。

自身以及人与自然之间的交换，统统依照商品规则进行核算和交换。于是，围绕人的各种需要、人的能力的大小、自然的开发力度、自然对人的满足程度等等就建立了一系列完整的交换制度和体系，或者说一般意义上物质交换制度的完备形态是在资本主义社会第一次形成起来的。这样循环的物质交换需要经济的循环生产，所以，马克思在《关于阿·瓦格纳的笔记》中分析到，经济循环与物质交换紧紧地联系在一起，而物质交换又同人与自然的新陈代谢密切联系在一起。由此得出，经济循环同人与自然的新陈代谢紧密相连。马克思在分析中还强调，在化学过程中，在由劳动调节的物质变换中，到处都是等价物相交换；在物质变换的普遍性背景下，资本主义经济中的正常的经济等价物的形式交换只不过是一种异化的表现而已。福斯特认为，马克思在此表达的观点与他在《政治经济学批判手稿（1857—1858）》中的论述相一致。在后者中，马克思也谈到，在一般商品生产中，才形成普遍的社会物质交换，全面的关系，多方面的需求以及全面的能力的体系。

福斯特对马克思"新陈代谢"概念生态意义和社会意义的揭示还有更深刻的意义。通过揭示建立在唯物主义基础之上的自然自身内部以及人与自然之间的新陈代谢关系，目的是以历史唯物主义的方法来批判资本主义社会对人与自然新陈代谢关系的异化；通过揭示"新陈代谢"概念的生态意义来论证遵循自然规律的先在性，目的是进一步批判资本主义社会在经济循环生产中由于破坏自然规律造成了严重的生态问题。

马克思通过使用"新陈代谢"概念并赋予其社会意义，目的就是分析在资本主义条件——大土地所有制下的独特生产方式——自然与社会之间的物质变换过程造成的结果就是新陈代谢断裂。

3. 马克思的新陈代谢断裂

马克思对资本主义土地衰竭问题进行深入研究时得出结论：在相互依赖的社会新陈代谢的过程中存在着不可挽回的断裂，导致土壤再生产的必需条件持续被切断，进而打破新陈代谢的循环。福斯特认为马克思的新陈代谢断裂理论主要体现在《资本论》第一卷和第三卷的两段论述中。

他首先指出，马克思在《资本论》第三卷《资本主义地租的产生》中，分析大规模的工业和农业致使土壤和工人限于赤贫状态时这样精辟论述道："大土地所有制使农业人口减少到不断下降的最低限度，而在他们的对面，则造成不断增长的拥挤在大城市中的工业人口。由此产生了各种条件，这些条件在社会的以及由生活的自然规律决定的物质变换的过程中造成了一个无法弥补的裂缝，于是就造成了地力的浪费，并且这种浪费通过商业而远及国外（李比希）……大工业和按工业方式经营的大农业一起发生作用。如果说它们原来的区别在于，前者更多地滥用和破坏劳动力，即人类的自然力，而后者更直接地滥用和破坏土地的自然力，那么，在以后的发展进程中，二者会携手并进，因为农村的产业制度也使劳动者精力衰竭，而工业和商业则为农业提供各种手段，使土地日益贫瘠。"①

其次，福斯特又引用了《资本论》第一卷关于"大规模的工业和农业"的讨论时对资本主义农业进行批判的一段精辟论述，"资本主义生产使它汇集在各大中心的城市人口越来越占优势，这样一来，它一方面聚集着社会的历史动力，另一方面又破坏着人和土地之间的物质变换，也就是使人以衣食形式消费掉的土地的组成部分不能回到土地，从而破坏土地持久肥力的永恒的自然条件。……但是资本主义生产在破坏这种物质变换……的状况的同时，又强制地把这种物质变换作为调节社会生产的规律，并在一种同人的充分发展相适合的形式上系统地建立起来……资本主义农业的任何进步，都不仅是掠夺劳动者的技巧的进步，而且是掠夺土地的技巧的进步，在一定时期内提高土地肥力的任何进步，同时也是破坏土地肥力持久源泉的进步……因此，资本主义生产发展了社会生产过程的技术和结合，只是由于它同时破坏了一切财富的源泉——土地和工人"②。

显然，以上来自《资本论》中的两段论述都是围绕人和土地之间的新陈代谢断裂这个资本主义社会的中心问题展开的。前一段论述更强调，由于土壤构成成分的被掠夺，由自然规律所决定的社会新陈代谢出现了无法弥补的裂缝，并且这一裂缝随着商业的发展波及海外，大规模的工业和农业的联手，再加上商业提供的各种手段，土地更加贫瘠。后一段论述更强调资本主义的城乡敌对分工导致了人与土地之间新陈代谢的绝对断裂，但资本主义还在强制性地通过掠夺劳动者和土地技巧的进步恢复土壤的肥力，其实这种双重掠夺破坏了创造社会一切财富的源泉。

福斯特认为，马克思在李比希的基础上，深度分析了资本主义大规模的工业和农业发展导致的土地贫瘠问题，以及远距离的商业贸易致使土地构成成分的疏离问题已变得不可修复。除此之外，马克思还有更大的超越性贡献。

马克思还重点关注了城市污染与土壤衰竭之间的新陈代谢断裂——虽然李

① 马克思：《资本论》第3卷，人民出版社1975年版，第916—917页。
② 同上书，第552—553页。

34

希比也曾提到过这一问题，但并没有重点研究。如在伦敦，因为 450 万人的排泄物找不到更好的处理方式或使用途径，只好花很多钱来污染泰晤士河。马克思在这里揭示了以衣食消费形式进入城市的土壤构成成分在城市人的生活中流失和浪费了，同时还造成了城市的严重污染，这种严重的断裂问题在资本主义社会无法解决。

马克思使用新陈代谢断裂，还对资本主义社会普遍存在的其他生态问题进行批判，森林砍伐问题、土地沙漠化问题、气候变化问题、森林中的鹿群的消失问题、物种的商品化问题、污染问题、工业排污问题、有害物质的污染问题、循环利用问题、煤矿资源耗竭问题、疾病问题、人口过剩和物种进化问题，等等①。

在新陈代谢断裂问题上，马克思的最大超越在于，这种情况不是仅仅发生在英国一个国家或地区，而是存在于整个资本主义社会，并且具有全球性的特征。马克思曾经揭示，美国土地为了获得充足的鸟粪，挑起了盲目的掠夺鸟粪大战。

4. 马克思对新陈代谢断裂原因的分析

通过分析马克思恩格斯的著作，福斯特认为他们从资本主义农业生产—资本主义生产方式—资本主义私有制三个层面，层层递进揭示了新陈代谢的断裂原因。

（1）资本主义农业生产

当英国土地肥力持续下降的时候，李比希受英国科学促进协会的委托来研究农业和化学之间的关系，目的是为改变现状找到一种技术上的解决办法。但化学肥料的使用并没有带来预期的效果，无情的现实让李比希认识到，仅仅靠化学技术的提升是无法根本解决人与土地之间的新陈代谢断裂问题的。李比希发现虽然英国已意识到土地肥力持续下降的事实，但资本主义农业仍在成比例的发展，后果是土地更贫瘠。那么推动新陈代谢断裂的这个动力就是资本主义农业本身。

马克思不仅认可李比希的分析，还进行了更深层次的思考。"掠夺教会地产，欺骗性地出让国有土地，盗窃公有地，用剥夺方法、用残暴的恐怖手段把封建财产和克兰财产变为现代私有财产——这就是原始积累的各种田园诗式的

---

① 约翰·贝拉米·福斯特：《历史视野中的马克思的生态学》，《国际社会主义》2002 年夏季号。中译文《国外理论动态》2004（2），第 35 页。

方法。这些方法为资本主义农业夺得了地盘，使土地与资本合并，为城市工业造成了不受法律保护的无产阶级的必要供给。"① 伴随着血腥和镇压产生的资本主义农业，一开始就是资本与土地的结合。一方面表现为直接生产者或拥有者的土地被剥夺，另一方面表现为拥有许多土地的农业土地所有者或资本家的产生。资本控制下的土地是这样完成生产的：土地的实际耕作者是雇佣工人，与工厂中的工人相比只是工作场所的不同；土地所有者自己经营土地，但更普遍的是由一个专门生产部门的投资来经营——农场主；农场主为了得到土地上使用资本的许可，要在固定的期限内支付给土地所有者一定的货币额——地租。地租是土地所有权在经济上借以实现价值增值的形式。除了雇佣工人获得少得可怜的工资之外，农场主作为土地的直接经营者至少也要获得平均利润，更重要的是超级利润。投资土地还需要较长时间才能收回的固定资本，农作物收成受自然条件的影响也较大，还有与市场距离的远近等诸多因素都会影响农场主的利润的高低。于是，资本主义农业生产具备了掠夺土地自然力和工人劳动力的双重特性。所以，土地与社会之间新陈代谢的断裂不仅是不可避免的，而且是愈演愈烈的。

（2）资本主义生产方式

资本主义生产具有的特点是农业和工业分离，农村和城市分离以及远距离的甚至遍布全球的贸易。李比希把对土壤贫瘠的研究与远距离贸易研究结合在一起，通过研究，他提出了"归还定律"。如果土壤的某些养分被拿走了，土壤也可能再生产出来，但如果谷物中心与市场相距数百里甚至数千里，土壤养分已被运往远离它的出生地，那么它们就永久被失去了。李比希把以土壤衰竭为主要内容的新陈代谢断裂的根源归结为城乡对立带来的远距离贸易的观点，马克思完全认同。

马克思在接受了李比希的观点后，对资本主义社会新陈代谢断裂的批判集中于对城乡对立产生的远距离贸易即市场世界化的批判。马克思和恩格斯在《共产党宣言》中详尽分析了资本主义生产方式不断扩张，开拓了世界市场，一切生产和消费都成为世界性的了。他们还进一步指出："这些部门拿来加工制造的，已经不是本地的原料，而是从地球上极其遥远的地区运来的原料，它们所出产的产品，已经不仅仅供本国内部消费，而且供世界各地消费了。旧的需要为新的需要所代替，旧的需要是用国货就能满足的，而新的需要却要靠非常遥

---

① 马克思：《资本论》第 1 卷，人民出版社中文第 1 版，第 801 页。

远的国家和气候悬殊的地带的产品才能满足了。"① 由于远距离的生产和运输，无疑对土地的构成成分产生极大影响，以"衣食形式消费掉的土地的组成部分不能回到土地"了。

在马克思看来，土壤养分的流向是具有方向性的——城市，这是由资本主义城乡分离的生产引起的。"大土地所有制，却使农业人口减少到一个不断减少的最低限度，并在相反的方面，引起一个不断增长的工业人口汇集在大城市内。"② 越来越多的人口集中于城市，带来的后果就是城市中产生的废物和排泄物还有不完善的污水处理系统会导致土壤养分的流失。这种单向性流动使得地球生物圈内的土壤养分不可能得到良性循环。

（3）资本主义私有制

当时，马克思已经认识到资本主义的土地所有者—地租—农场主式的农业生产，城乡分离—远距离贸易的资本主义生产方式，这些仅仅是导致自然内部、自然与社会之间新陈代谢断裂，整个资本主义社会自然异化的表面原因。所有这些表象都是由资本主义私有制决定的。

"资本的形成和增值，财富积累在私人手里，是资产阶级赖以生存和统治的基本条件。"③ 资本这个词有双重含义，直接表示资产的物质维度和资产能产生附加值的潜能。就经济学家来讲，更强调后者。在资本主义社会，资本就是资本家为了生产目的的实现而积累的资产储备，最重要的特征就是能增值。资本的逻辑从形式角度来讲就是资本，从经验世界的角度来讲是物，它本身没有能动性，但事实上它已然是全球投资能力最强的形式。所以资本的逻辑必须通过资本的人格化才能在经验世界产生影响，也就是说通过人的实践活动才能实现。马克思从资本逻辑的角度出发来分析资本主义社会，指出资本的真正目的不是生产出满足人需要的产品，而是一味地追求利润，这一过程必然导致土地的异化、自然的异化，必然导致新陈代谢断裂。

资本追求利润，必须以雇佣劳动的存在为前提。雇佣劳动是怎么形成的？当然从剥夺农民的土地开始。为了使一切剥夺或盗窃等行为合法化，资本主义国家通过了一系列的制度，包括雇佣制度。这样，土地——人的重要的物质资料——就靠资本家硬的和软的剥削手段与人分离了。无数的彻底破产的无产阶

① 《马克思恩格斯全集》第20卷，人民出版社1958年版，第469—470页。
② 马克思：《资本论》第3卷，人民出版社1975年版，第916页。
③ 《马克思恩格斯全集》第4卷，人民出版社1958年版，第478页。

级的存在开始受雇于资产阶级，受雇于资本主义社会，资本家对他们的剥削成
了一种合乎逻辑的结果。所以福斯特总结道：资本主义私有制的建立是以异化
土地、劳动者等一切形式为前提的。

5. 马克思的可持续发展思想

福斯特认为："在人类与土地的自然关系中，马克思对资本主义农业以及新
陈代谢断裂的观点，导致他得出较为宽泛的生态可持续性概念——他认为这种
观点对资本主义社会来说具有非常有限的实用性，因为资本主义不可能在这个
领域应用理性的科学方法，但是，这种观点对生产者联合起来的社会来说却是
不可缺少的内容。"① 从这里可以看出，马克思坚持认为资本主义社会因为资本
的本性，不可能实现生态的可持续发展，但可以在生产者联合起来的社会中达
到这种状态。这显然与现代社会倡导的可持续发展思想相吻合。

马克思的可持续思想主要体现在解决土地衰竭问题上，"特种土地产品的种
植对市场价格波动的依赖，这种种植随着这种价格波动而发生的不断变化，以
及资本主义生产指望获得直接的眼前的货币利益的全部精神，都和供应人类世
世代代不断需要的全部生活条件的农业相矛盾"②。这里，马克思指出完全依赖
市场的资本主义农业生产根本不符合人类世世代代所需要的农业发展的要求。
土地是人类依赖的永恒财产，是不能出让的生产条件和再生产条件，必须维持
其效力，以供世世代代所需要。

在解决思路上，马克思吸收了一些前人或同时代人的观点。除受李比希的
"理性农业""归还原则"影响外，马克思还受到了苏格兰政治经济学家詹姆
士·安德森的"可持续农业"的启发。安德森不仅分析了土地贫瘠的原因是由
于未能采取可持续的农耕方法造成的，还提出了只要耕作方法合理和可持续，
贫瘠土地的生产力也有可能提高到最肥沃土地生产的水平。福斯特指出，李比
希和安德森的观点虽然提出过，但他们并没有深入研究，马克思不仅大大推进
了他们的思想，而且让设想变得更加清晰和系统。

在马克思看来，可持续的农业发展是完全有可能实现的。"从一个较高级的
社会经济形态的角度来看，个别人对土地的所有权，和一个人对另一个人的私
有权一样，是十分荒谬的。甚至整个社会，一个民族，以至一切同时存在的社

---

① 约翰·贝拉米·福斯特：《马克思的生态学：唯物主义与自然》，高等教育出版社 2006
年版，第 182 页。
② 《马克思恩格斯全集》第 25 卷，人民出版社中文第 1 版，第 697 页。

会加在一起，都不是土地的所有者。他们只是土地的占有者，土地的利用者，并且他们必须像好家长那样，把土地改良后传给后代。"① 这里，马克思表达了三层意义：土地私有化是十分荒谬的，是农业新陈代谢断裂的根本原因；任何时代，不论是整个民族还是个人都只是土地的占有或利用者，这种状态必须被超越——恢复土地公有制；社会中的每一个人要像家长对待孩子一样善待土地，把改良好的土地一代一代传下去。

有人认为，马克思给出的解决农业发展问题的途径是简单地扩大生产规模。福斯特特别指出，马克思已经充分认识到了大规模发展农业的危害性，"历史的教训是（这个教训也可以从另一角度考察农业时得出）：资本主义制度同合理的农业相矛盾，或者说，合理的农业同资本主义制度不相容（虽然资本主义制度促进农业技术的发展），合理的农业所需要的，要么是自食其力的小农的手，要么是联合起来的生产者的控制"②。从中可以看出，农业是否合理，关键不在规模的大小，资本主义制度下的农业大规模发展与合理的农业之间的矛盾冲突是天然的，它对农业的破坏性也是最大的。合理农业所需要的是如何解决好人类与土地之间的相互作用问题。人类与土地之间的良好关系只有在自食其力的小农手里存在，或只有建立联合起来的土地公有制才能实现。

在福斯特看来，马克思的可持续发展思想不仅用于解决农业中的新陈代谢断裂问题，而且把这一思想拓展于所有领域。如马克思和恩格斯十分关心煤炭储量的耗竭问题，在一次恩格斯给马克思的信中就谈到，像煤炭、矿山、森林等能源储备的浪费情况，你比我知道得更清楚；马克思曾经批判过对森林的破坏，"对森林的破坏从来就起很大的作用，相比之下，对森林的护养和生产，简直不起作用"③。福斯特认为，在马克思看来，造成整个生态系统的新陈代谢断裂与农业中新陈代谢断裂问题的原因是一样的——资本主义私有制，所以给出的解决方式也是相同的。

综合以上分析，可以得出结论：马克思运用"新陈代谢"思想来分析资本主义存在的自然界内部的、人类与自然之间的断裂问题，并把其原因归结为资本主义私有制，恢复新陈代谢，消除断裂，实现可持续发展，终极的解决途径是改变资本主义生产关系、消灭资本主义私有制。系统化的现实操作路径是，

---

① 《马克思恩格斯全集》第25卷，人民出版社中文第1版，第875页。
② 同上书，第139页。
③ 《马克思恩格斯全集》第24卷，人民出版社中文第1版，第272页。

还原人类真正的生产目的——不是为了利润，而是为了人的真正的自然的普遍的需要；消除异化劳动，改变大多数人——工人阶级在生产中的地位；实现农业和工业的结合，消除城乡对立；有意识有计划的生产代替盲目的无计划性生产；让劳动者联合起来，协调合作生产；建立社会主义公有制来取代资本主义私有制。进行社会主义革命，社会主义社会完全取代资本主义社会才能从根本上为这些系统化路径开辟道路，所以，马克思设想的人与自然关系的和解是与生产关系的革命性变革结合在一起的。

四、社会主义的生态性

既然资本主义是反生态性的，那么人类摆脱生态危机的出路就寄托于用社会主义制度来取代资本主义制度。社会主义与生态之间存在着怎样的联系？美国生态马克思主义者詹姆斯·奥康纳认为，回答这一问题同样离不开马克思主义的指导。马克思的生态思想不仅正确揭示了"资本主义与自然"的关系，而且也为正确理解"社会主义与自然"的关系提供了帮助。他赋予自己的使命是在阐述马克思关于资本主义与生态相矛盾的基础上，进一步论述马克思的社会主义与生态之间的一致性。

（一）社会主义生态危机的外在性

探讨社会主义与生态之间的一致性，首先要回答的一个关键性问题是，社会主义国家为什么也存在生态危机，苏联为什么也对自然造成了那么大的破坏？奥康纳没有回避这一难题，反而认为"提出这种疑问是很合理的"，更为重要的是他力图用马克思主义的观点对这一关键问题做出令人信服的解释。

1. 社会主义带来的生态危害小得多

奥康纳指出，在主流学术界和大众媒体中，一般认为以苏联为代表的社会主义体系与以美国为代表的资本主义体系是两种独立的存在模式，其实，这两种存在模式相互影响且非常深刻。20 世纪对全球环境造成最大伤害的是资本主义体系挑起的世界性战争，尤其是破坏性最大的战争——第一次世界大战（以下简称"一战"）和第二次世界大战（以下简称"二战"）。二战期间，美国向日本广岛投放的两颗原子弹对全球土地、海洋、大气与淡水造成了巨大的污染。战争结束后，这样的威胁并没有消除。在资本主义与社会主义的长期冷战中，美国仍在加大研制核武器，实验对全球生态环境造成的破坏是无法估量的。还有，美国在越南的好战性政策不仅对亚洲也对全球带来了生态威胁。20 世纪 80 年代，美国为了支持它的盟友，在中美洲农业用地上喷洒了大量的杀虫剂和化肥，结果使中美洲大部分地区成为生态重灾区；为了对付南非的一个军事战略基地，美国毅然决然地破坏了这个地区的农业用地，等等。

当然，苏联社会主义国家的战略扩张也对生态构成了威胁，但与资本主义国家之间的战争和资本主义国家对殖民地国家的侵略所带来的生态破坏相比，要小得多。所以，奥康纳得出结论，"坦率地讲，社会主义革命的生态危害性要比资本主义相互间的对抗以及它们的反革命行为的危害性小得多"①。

2. 社会主义生态危机原因的外在性

在奥康纳看来，社会主义国家发展经济的原因主要在于防御西方国家安全的需要。以苏联为代表的社会主义国家，就生产力本身来讲，与资本主义并没有多大区别，只是"前者通常没那么先进而已"。所以，整个社会主义处于资本主义体系控制下的全球"落后"地区。社会主义为了竭力赶上资本主义国家，一开始所走的是一条粗放式的发展道路，并且这种发展模式也是从西方引进的。非批判性地从西方引进技术、生产系统、劳动控制，尤其是生产、技术等观念虽对社会主义国家经济发展带来了变化，但同时也产生了对环境的破坏。因为要对抗资本主义强大的阵营，所以，社会主义国家中经济增长具有了压倒一切的特点。在资本主义体系进行全球经济扩张中，社会主义国家已被不知不觉地纳入世界性资本主义市场中，"全球化"力量在东方国家一样奏效，仅仅根据技术、消费品的数量，或者交换价值的多少来衡量社会的进步。

虽然在社会主义国家发展经济的要求下，也产生了同资本主义国家类似的环境问题，但因为它们的财产关系、法律关系、生产关系和政治体制都是大不相同的，所以社会主义国家关于环境破坏的原因和影响也是有区别的。虽然在社会主义阵营内部，生产力、生产关系和生产条件在形式上的变种有很多，但所有的社会主义国家，主要生产资料都是国有化的。从原则上说，国有化可以使国家减少资源浪费、降低环境污染，还可以通过政治法令把巨额资金投资于治理污染或迁移工业污染源等。"对生产资料的国有化或采取国家所有制就意味着社会主义国家具有中央计划和政党/官僚政治统治的特征。"② 中央计划的执行对环境本身来讲也是有益的，因为它可以原则上消除生产的社会化与私人占有之间的矛盾，使供给与消费之间大体平衡，再加上计划下的企业也不需要为

---

① 詹姆斯·奥康纳：《自然的理由——生态学马克思主义研究》，南京大学出版社 2003 年版，第 408 页。
② 同上书，第 410 页。

了市场份额展开资本主义式的竞争，企业在市场中生存的外化性成本——排污——就会基本根除。所有社会主义国家都在宪法中明文规定，工人阶级享有对生产资料的占有、使用、收益和处分的所有权。劳动者与生产资料的直接结合，从原则上可以根本消除资本主义条件下两者分离带来的对劳动力和自然力的双重剥削现象。

奥康纳指出，中央计划对生态也有消极作用。其主要表现为"鼓励进行大规模的生态上不合理的采矿、建筑和工程活动，并将能源的生产和输送集中起来"[1]。对有些社会主义国家来讲，并没有完全利用中央计划达到对生态的很好保护，而是出现了相反情况。原因并不在于中央计划本身，而在于社会主义国家非批判性地接受了西方发展模式，当然也就吃下了这一模式带来的恶果。

所以，相对于资本主义生态危机的"内生性"来说，社会主义生态危机是外在的——不具有必然性。

（二）社会主义"资源受限"模式对生态的优越性

在奥康纳看来，社会主义与资本主义的经济模式是不同的，前者是"资源受限"经济（经济学意义上），后者是"需求受限"经济。这两种经济模式有比较大的区别，对生态环境带来的影响也是大不相同的。

从资源消耗和污染速度来讲。"需求受限"经济指的是经济增长主要受需求限制的经济。这种模式中，自由市场完全起作用，生产所需的资源完全通过市场机制进行资源配置。资源流向竞争中占优势的大企业，不具有优势的企业被淘汰出局。没有资源压力的大企业在资金充裕条件下快速发展，为了追加更多的利润，需要不断地挖掘市场需求。此模式因为成长速度非常快，对资源的消耗非常大，对环境的污染也很大。"资源受限"经济指的是经济增长主要受资源约束的经济。这种模式中，主要是计划体制起作用，资源配置也主要靠计划，资源开采和配置速度相对来讲较慢，所以企业乃至国家的增长速度相对缓慢，资源消耗也较低，污染也较小。

从技术革新和提高劳动生产率来讲。"需求受限"模式中，劳动者并未充分就业，社会存在大量的相对过剩人口，并且还有更多的劳动者在机器的排挤下随时可能变成失业人口；迫于市场秩序的压力，企业需要不断组织技术革新，提高劳动生产率来保持在市场的份额；技术革新下的生产会加速对生态的破坏。

---

[1]　詹姆斯·奥康纳：《自然的理由——生态学马克思主义研究》，南京大学出版社 2003 年版，第 413 页。

"资源受限"经济要求充分的就业,这虽然制约了企业通过技术革新来提高劳动的积极性,但也避免了资本主义国家工业经济中普遍存在的高污染技术,也就降低了对环境的破坏。

从企业意识和社会意识的角度来讲。"需求受限"经济中企业的投资者、管理人员、技术人员、工人等都十分关心市场和技术的变化,他们时时刻刻会感觉到生存和发展危机,所以有强烈的外化企业成本的冲动,这种强烈的企业意识忽视了企业对社会的责任。"资源受限"模式中国家企业的管理、技术人员以及工人虽然并不十分关心市场,但既有强烈的企业意识,更有负责任的社会意识,不会通过排污外化企业成本。

从销售方式和消费模式的角度来讲。"需求受限"模式维系经济的正常运转往往借助于广告投放、款式更新、产品细化、升级换代、过度包装、信用购买等销售方式的多样性来刺激需求,这种"销售努力"不仅浪费了大量的资源而且带来了严重的污染;销售努力刺激了市场化的个性消费、多样消费,消费品的迅猛增加也加大了对环境的污染。"资源受限"模式因为没有太多的广告、包装、款式和型号变化等销售花样,所以在这方面的问题就小得多;劳动者凭借工资来实现对需求商品的满足,更多的商品采用集体消费模式,那么消费的资源就比资本主义经济要少。

从经济增长是手段还是目的来讲。"需求受限"模式遵循的原则是"积累或死亡",对于企业和整个资本主义国家来说不断扩大生产、再生产的唯一目的就是完成资本积累,实现最大利润,如果积累受限或没有积累,企业或国家就等同于走向死亡。这一原则决定了增长、再增长就是目的本身。虽然"资源受限"模式也把经济增长看作一个十分重要的目标,但从原则上来讲,经济增长是为了使用而不是为了利润,增长仅是一种手段而不是目的,在一定意义上,增长也是赶超西方的一种手段。所以,"资本主义对资源的榨取/污染的残酷性和无计划性也许并不是社会主义经济的一个内在组成部分"[①]。

奥康纳在比较"资源受限"与"需求受限"两种模式的诸多差别中,得出了社会主义经济具有资本主义经济无法达到的保护环境的种种优越性。

奥康纳在论证中还反复强调,他的分析侧重的是"应然"意义而非"实然"意义,因为社会主义经济在实践中显然还未达到这样的要求。同时他还反

---

① 詹姆斯·奥康纳:《自然的理由——生态学马克思主义研究》,南京大学出版社 2003 年版,第 416 页。

复论证社会主义国家之所以也出现和资本主义国家相类似的生态危机,"这并不是如资本主义社会中那样是由自身的制度所决定的,而是由于这些国家的一些人没有真正发挥这一制度的优越性反而迷恋于资本主义制度而造成的"①。

(三) 实现社会主义与生态学的结合

既然社会主义国家出现的生态危机不是由其制度造成的,那么也就说明马克思设想的社会主义与生态之间有着本质的联系——一致性。那么需要解决的问题是怎么把全球兴起的生态运动与社会主义运动,即把生态学与社会主义结合在一起。

在奥康纳看来,随着全球性生态危机的出现,环保、城市、劳工、农民以及其他社会运动的兴起,经济危机解决方案的提出,将会引发全球性的生态运动。但在劳工、社区以及环保运动的绝大多数领导者看来,社会主义运动与生态运动始终是矛盾的。社会主义者认为生态主义者仅仅是一种禁欲主义的意识形态,是反生产主义者,进行运动的目的只是确保中上等阶层舒适的生活体系不被打破;生态主义者认为社会主义完全是生产主义者,为了生产,会盲目地无限地促进增长,结果就是"商家和其他一些团体在'工作对环境''土地的资本化和经济增长对社区的价值'以及'经济发展对可持续社会'等对立因素之间作了一些虚假的选择,并将其作为进行分化和征服的便利方案"②。

西方社会主义者找到了补救劳动条件的两种方法——对财富、收入进行平等分配和提高生产水平,生态主义者也找到了补救自然条件的两种方法——对财富、收入进行平等分配和实现慢增长或零增长。也许,围绕前一种方式他们之间可能达成联盟,但围绕后一种方法他们之间是完全对抗的。所以,奥康纳抱怨道:"对于绿色主义者来说,社会主义是问题的一部分,而不是一种解决方法;对于工党和社会主义者来说,绿色主义也是问题的一个部分,也不是一种解决方法。"③

奥康纳在思考,有没有一种办法把生态学与社会主义统一起来,也就是既能保持较高的增长速度又不会造成对生态环境的破坏? 他认为二者是可以统一的,唯一出路就是重新定义"生产主义"。

---

① 陈学明:《谁是罪魁祸首——追寻生态危机的根源》,人民出版社 2012 年版,第 262 页。
② 詹姆斯·奥康纳:《自然的理由——生态学马克思主义研究》,南京大学出版社 2003 年版,第 424 页。
③ 同上书,第 425 页。

"生产主义"指的是以什么样的方式来生产。资本主义粗放型的生产方式只会加大绿色主义与社会主义之间的鸿沟，集约型的生产方式必然要取代粗放型的生产方式。一个社会就可以通过像集约型或者其他各种途径来达到更高的生产率水平。比如在农村，可以大力发展有机农业，这样就可以避免反复喷洒农药和杀虫剂造成对土地的污染；在城市，可以大力发展公共交通，减少对私家轿车的使用，减轻对城市环境的污染；还可以大力发展循环产业，加强对原材料的再使用和循环使用；还可以实现劳动和土地的非商品化，较少对土地自然力和劳动力的破坏等等。

奥康纳还特意指出，其实生态学与社会主义之间是可以互为前提的，只是一些后马克思主义者解构了社会主义，而把两者对立起来。实现二者的结合，现在更为重要的并不是急于寻找能够囊括他们各自主张的新范畴，而是沿着马克思的理论路径把他们的内在本质揭示出来。"换种略为不同的表达方式来说，结论就是，我们需要'社会主义'至少是因为应该使生产的社会关系变得清晰起来，终结市场的统治和商品拜物教，并结束一些人对另一些人的剥削；我们需要'生态学'至少是因为得使社会生产力变得清晰起来，并终止对地球的毁坏和解构。"①

---

① 詹姆斯·奥康纳：《自然的理由——生态学马克思主义研究》，南京大学出版社 2003 年版，第 439 页。

第二章

我国生态文明建设指导思想与实践探索

我国的生态文明建设之路是在实践中形成的。虽然经历了传统计划经济体制下环境保护的艰难曲折探索，但是通过不断总结经验教训，我国逐渐走上了生态文明建设道路。

一、"四个现代化"目标指导下的环境保护萌芽

中华人民共和国成立之后我国生产发展水平十分低下，面对国际各种封锁以及国内严峻挑战，发展不仅仅是一个经济问题，更是一个政治问题。社会主义建设初期，我国认识到赶上发达国家必须实现"四个现代化"。在重工业优先发展战略下，毛泽东虽提出了一些生态思想，但在国家十分落后，人民最基本的物质生活尚未得到满足的情况下，环境保护仅处于萌芽状态。

（一）毛泽东的生态思想

党的十八大之前，学界很少挖掘毛泽东的生态思想，但随着我党生态文明建设思想及实践的逐步深化，才开始研究这一内容。

1. 毛泽东关于人与自然关系的论述

毛泽东十分重视人与自然关系的研究。在长沙求学期间，他开始关注这一问题；新民主主义革命时期，毛泽东以马克思主义为指导，在实践的基础上对人与自然的辩证关系进行了系统阐述；社会主义建设初步探索时期，在深入分析社会矛盾的基础上，依据我国国情，提出了"向自然界开战"来发展经济；20世纪60年代，在总结社会主义建设经验的基础上，进一步深化了对二者关系的认识。

在人的本源问题上，毛泽东坚持了马克思的唯物主义观。毛泽东认为，地球上的生物是由非生命物质演化来的，人是自然界的产物。劳动在猿进化为人的过程中起了决定性作用。在人的发生、发展问题上，毛泽东采用了具体和历史相统一的方法，同样坚持了马克思的历史唯物主义观。人像自然界一样，有

一个产生、发展、消亡的过程，这是人发展的客观规律。

人必须遵循自然法则。"人类者，自然物之一也，受自然法则之支配，有生必有死，即自然物有成必有毁之法则。"① 人在依赖自然界为其提供基本物质资料的过程中，会受到客观规律的制约。人要想在实践中取得预期结果，一定要让自己的想法符合自然，如果与自然相背，就会导致实践的失败。毛泽东在这里强调了客观规律的先在性，以及人的实践活动一定要按客观规律办事。

毛泽东还强调人类实践的目的是改造世界，作为一个马克思主义者，应该立足实践，辩证处理好认识世界和改造世界的关系。"一个马克思主义者如果不懂得从改造世界中认识世界，又从认识世界中改造世界，就不是一个好的马克思主义者。一个中国的马克思主义者，如果不懂得从改造中国中去认识中国，又从认识中国中去改造中国，就不是一个好的中国的马克思主义者。"②

随着实践的发展，在人与自然关系上，毛泽东还认为人既是自然的奴隶，又是自然的主人。当人还没有认识客观规律，人的活动只能受规律的制约和束缚，人是自然的奴隶。当人认识了规律，并能灵活运用规律改造世界时，人成为自然的主人。当然，认识规律的过程也不是一帆风顺的，需要不断的实践、认识、再实践、再认识。错误的认识并不可怕，它往往是正确的先导。在社会主义社会，人民也能够成为自然界的主人。

社会主义初步建设时期，毛泽东认为国家的工作重心将转向经济建设，提出了"向自然界开战"的观点。"团结全国各族人民进行一场新的战争——向自然界开战，发展我们的经济，发展我们的文化，使全体人民比较顺利地走过目前的过渡时期，巩固我们的新制度，建设我们的新国家。"③ 在这里，毛泽东以比喻的形式强调在社会主义建设时期发展经济和文化成为更加复杂艰巨的一项任务。为此我们需要在战术上重视自然，战略上藐视自然。毛泽东制定的战略战术成为解决经济发展中各种矛盾、各种困难的重要精神武器和保障。随着发展实践的推进，关于社会主义建设规律还知之甚少的情况，毛泽东提出，"我们应在今后一段时间内，积累经验，努力学习，在实践中间逐步地加深对它的认识，弄清它的规律"④。

---

① 《毛泽东早期文稿》，湖南人民出版社 1990 年版，第 194 页。
② 《毛泽东文集》第 2 卷，人民出版社 1993 年版，第 344 页。
③ 《毛泽东选集》第 7 卷，人民出版社 1999 年版，第 216 页。
④ 《毛泽东选集》第 8 卷，人民出版社 1999 年版，第 303 页。

2. 毛泽东关于人与自然关系论述的二重性

毛泽东关于人与自然关系的论述是对马克思人与自然关系思想的继承和发展。虽然他的相关论述为正确看待人与自然关系提供了理论依据，但由于受到客观现实因素的影响和自身认识能力的局限，其论述还有明显的不足。

在思考人与自然关系时，毛泽东充分运用了马克思的唯物主义自然观、历史观和辩证法的统一。他在回答人的本源问题上，始终坚持唯物主义自然观的立场——人是自然界进化的产物；在分析的人的发展时，始终坚持唯物主义历史观的立场——人具有历史性；在围绕人与自然这一关系进行分析时，始终辩证地看待问题——客观规律和主观能动性以及认识世界和改造世界都是辩证统一的。另外，实践观也是毛泽东思想的显著特征，毛泽东关于人与自然关系的分析是以人类从事的最基本实践活动——生产活动为基础的。

但从以上毛泽东关于人与自然关系的论述中，会强烈地感受到他在尊重自然的同时，有高估人的主观能动性、强调征服自然和控制自然的色彩。这一特征给实际生产造成了极大的破坏。比如，在大跃进时期，为了积极响应"以钢为纲"号召，全国大炼钢铁，小电站、小锅炉等纷纷设立，但由于小企业技术条件落后，再加上滥伐滥采，短时期内就对生态环境造成了极大的破坏。这一时期，因为过度强调"以粮为纲"，导致大范围的毁林现象；三年困难时期，因为粮食严重短缺，也引发了大面积的毁林种粮行为。如1958—1959年，广东省广宁县两年就毁林开荒20多万亩①。惨痛的实践告诉我们，关于人与自然的关系，既要看到二者的对立也要看到二者的统一；既要充分发挥人的主观能动性，也要重视客观规律的先在性；既要重视经济社会发展，也要重视环境保护。

3. 毛泽东思想中的生态蕴意

毛泽东虽然没有提出生态文明这样的词语，但在他的思想体系中蕴含着丰富的生态观念，如植树造林、增产节约、保持水土、兴修水利、控制人口等。

中华人民共和国成立后，为了解决我国森林覆盖率十分低下的局面，毛泽东开始关注荒山荒地，希望通过有计划的绿化改变现状。1949年，他提出了"保护森林，并有计划地发展林业"的方针；1955年多次强调要绿化荒山、村庄，在一切宅旁、路旁、村旁等地都要绿化；1956年发出了绿化祖国的伟大号召。1958年毛泽东更是十分重视绿化，"绿化，四季都要种。今年彻底抓一抓，

---

① 广东省地方志编纂委员会编：《广东省志·林业志》，广东人民出版社1998年版，第277页。

做计划，大搞"①。

毛泽东认为林业既是社会建设的重要资源，又对改善气候十分重要。中华人民共和国成立之初，在同林业部门负责同志谈话时说："林业真是一个大事业，每年为国家创造这么多财富，你们可得好好办哪!"② 之后，他在多个场合，多次实地调研中强调发展林业对工农业生产的重要意义。

勤俭节约是中华民族的传统美德，节约有利于提高资源能源的使用效率和实现再创造。中华人民共和国成立后，毛泽东把节约与生产放了同等重要的地位，并把它们充分地结合起来。"着重节约那些本来可以减少的开支，但不要减少那些必不可少的开支。着重反对浪费，从这里可以得到一笔很大的钱。"③1951 年在全国发起了通过增产节约运动促进经济建设，并把增产节约与反贪污、反浪费和反对官僚资本主义结合起来。

面对水灾旱灾频发严重影响经济社会发展和人民生命财产安全的情况。中华人民共和国成立后，毛泽东意识到兴修水利关系着治国安邦。1950 年在淮北发生惨不忍睹的灾情后，他立即批示修建淮北水利工程，从根本上治理淮河；1951 年修建的官厅水库——我国第一座大型水库，在防洪兴利方面发挥了巨大作用；同年开工兴建的引黄灌溉济卫工程为根治黄河隐患，开创了变害河为利河的新纪元等。

在毛泽东的生态思想中始终贯彻着一种方法论——统筹兼顾。《论十大关系》提出了充分调动一切积极因素，处理好重工业和轻工业、农业，沿海工业和内地工业等十大关系，就很好地体现了这一方法；《关于正确处理人民内部矛盾的问题》谈论的 12 个问题中，第 7 个就是关于"统筹兼顾、适当安排"的，"这里所说的统筹兼顾，是指对于六亿人口的统筹兼顾。我们作计划、办事、想问题，都要从我国有六亿人口这一点出发，千万不要忘记这一点"④。在社会主义初步建设中，毛泽东就已意识到了需要统筹增产与节约、植树造林与环境保护、兴修水利与经济发展等关系。

中华人民共和国成立后，毛泽东提出的生态观点具有十分重要的理论和实践意义。首先，毛泽东生态思想是毛泽东思想的重要组成部分。长期以来，关于毛泽东有没有生态思想存在着一些争议。有些人武断地认为毛泽东提出"向

---

① 《毛泽东论林业》新编本，中央文献出版社 2003 年版，第 44 页。
② 同上书，第 41 页。
③ 《毛泽东文集》第 5 卷，人民出版社 1996 年版，第 335 页。
④ 《毛泽东文集》第 7 卷，人民出版社 1999 年版，第 227—228 页。

自然开展"是反自然的。事实上，经过以上分析可以看出毛泽东有丰富的生态思想，研究这一思想有助于更好地从整体论的角度把握毛泽东思想体系。其次，毛泽东生态思想是对马克思生态思想的继承和发展。人与自然关系问题是马克思主义关注的焦点问题，毛泽东继承了马克思关于人与自然关系的观点，并在基础上依据中国国情和实践进行了中国化发展。第三，毛泽东生态思想是中国特色社会主义理论体系生态思想部分的理论基石。改革开放以来我国提出的环境保护基本国策、可持续发展观、科学发展观，党的十八大以来形成的新时代习近平生态思想都是以毛泽东的生态思想为理论渊源的。

（二）中华人民共和国成立后的"四个现代化"任务

中华人民共和国成立后，党和人民面临着诸多严峻考验。与生态文明建设关系最胶着的当属经济建设。新中国继承的是一个千疮百孔的烂摊子：农村土改没有完成，严重束缚着生产力的发展；社会生产效率低下、没有工业体系；生产萎缩、失业人数众多；物价飞涨、人民生活困苦等等。党和政府有没有能力解决这个烂摊子，直接关系着中国共产党能否在政治上站稳脚跟。

面对严峻的膨胀压力和猖獗的投机倒把，市场更加混乱。党和政府采取必要的行政手段和有力的经济措施，完成了经济领域的两次大战："银元之战"和"米面之战"。这两战不仅从根本上稳定了物价，而且为恢复和发展工农业生产创造了条件。1950年冬到1952年底，党在占全国人口一半多的新解放区进行的废除封建土地制度的改革，在中国历史乃至世界历史上都具有划时代的意义——废除了在中国延续数千年的封建土地制度，完成了数亿农业人口与土地长期分离的异化状态。土改激发了农民的政治热情和生产积极性，农村生产力得以解放，农业迅速恢复和发展。

经过三年努力，到1952年国家经济得到了全面恢复和初步发展。中央决定执行第一个五年计划，并完成向社会主义的过渡。在过渡时期的总路线中，"工业化"是主体。工业化是强国的必由之路，是建立强大的军事和国防力量的基础，是提高农业生产效率和发展现代农业的基石。但在分散落后的小农经济的基础上是不可能建立起社会主义大工业的，再加上民族资本力量弱小，其中工业资本比重还较低，私营工业还缺少重工业基础，所以，民族资本和私营资本都很难担当实现工业化的重任。为此，只能主要依赖已有的，再加上改建、扩建、新建的国营工业。对农业、手工业、资本主义工商业的改造与实现工业化是相辅相成的，前者生产效率的提高可以为后者提供更多的生产原料、生活资料和丰富资金，后者可为前者提供效率更高的机器设备等。在苏联的援助，主要靠我国的自力更生，以发展重工业为主的第一个五年计划，奠定了我国现代工业发展体系的基础。

"建立巩固的现代化国防，建设一支强大的现代化、正规化的革命军队，来保卫人民革命和国家建设的成果，保卫国家主权、领土完整和安全，是党在中华人民共和国成立后提出的一项重大任务。"① 特别是在经历了抗美援朝战争，在同高度现代化装备的美军较量后，建设现代化国防的愿望更加强烈。社会主义建设初期，党在军队中进行了一系列调整和改革。如，加强了党对军队的领导，制定了军队建设的相关法律和条例，创办了军事院校和科学院，调整了军队编制，加强了国防工业建设，发展了国防尖端技术等。这些调整和改革使我国军队正规化和国防现代化建设进入一个新时期。

中华人民共和国成立初期，我国的科学研究事业仍处于初创阶段，与世界其他国家科学技术的迅猛发展相比差距还十分大，党中央深切意识到了发展科学技术的重要性和紧迫性。随即进行了两大部署：马上召开关于知识分子问题的会议，肯定了知识分子在社会主义建设中的地位和作用；发出了"向现代科学进军"的动员令，编制了追赶世界先进科技水平的《1956—1967年科学技术发展远景规划纲要》。随后国家成立科学规划委员会，组织科学家进行重要科学技术的研制，我国科技事业进入了有计划的发展阶段。

在社会主义建设的初步探索中，由于对困难估计不足和建设规律的重要性认识不够，实际建设中出现了冒进现象。经过20世纪60年代初期党中央对经济的调整、巩固、充实和提高，国民经济调整工作取得了巨大成就，提出新的奋斗目标的时机已经成熟。1964年12月，在第三届全国人大第一次全体会议上，周恩来宣布："在不太长的历史时期内，把我国建设成为一个具有现代农业、现代工业、现代国防和现代科学技术的社会主义强国，赶上和超过世界先进水平。"② 并确定了两步走的战略构想，"第一步，经过三个五年计划时期，建立一个独立的比较完整的工业体系和国民经济体系；第二步，全面实现农业、工业、国防和科学技术的现代化，使我国经济走在世界的前列"③。

"现代农业、现代工业、现代国防和现代科学技术"——四个现代化目标的提出基于以下思考：它们之间是相辅相成的，现代农业可以为现代工业发展提

---

① 中共中央党史研究室：《中国共产党的九十年》，中共党史出版社2016年版，第441页。
② 同上书，第536页。
③ 同上书，第536页。

供充足的农业资源和建设资金，现代工业可以为现代农业发展提供现代化的农业装备和生产效率，现代国防建设以现代化的工业建设为基础，这些方面的建设都以现代科学技术的发展为前提和基础。

中华人民共和国成立之后，面对多年战争留下的创伤（包括对自然的创伤），虽然应该加强修复自然、环境保护等建设内容，但对于一个千疮百孔的国家来讲，更应该抓牛鼻子，抓主要矛盾。所以，能够赶超发达国家的四个现代化才是建设的重点。四个现代化尤其是科学技术的现代化建设"并不存在一个明确的生态环境考量或生态主义维度"①。

（三）环境保护的萌芽

我国虽然以四个现代化的实现作为发展目标，但也并不能由此否认中华人民共和国成立之后党中央没有把环境作为一个议题加以思考。中华人民共和国成立之初，在毛泽东生态思想指导下我国开启了一些与环境有关的建设。

增产节约是中华人民共和国成立后的经济建设主线。围绕"增产节约"，中共中央、国务院颁布了多次指示，主要有《关于一九五七年开展增产节约运动的指示》（1957 年）、《八届八中全会关于开展增产节约运动的决议》（1959年）、《关于开展以保粮、保钢为中心的开展增产节约运动的指示》（1960 年）、《关于厉行增产节约和反对贪污盗窃、反对投机倒把、反对铺张浪费、反对分散主义、反对官僚主义运动的指示》（1953 年）。从这些指示可以看出，党中央认识到了节约在生产中的重要性，厉行节俭就可以达到增产的目的。落实在实际生产中就是注重建立物质供应和建设需要之间的平衡关系；注重投入和产出之间的关系，以尽可能少的投入获得最大的产出；注重物力财力的精打细算，提高物质资料的使用效率；注重企事业单位职工编制的严格控制，加强现有工作人员合理调配和使用；加强经济核算，降低企事业单位的管理费用。

社会主义建设初期，毛泽东提倡植树造林、绿化全国。围绕这一主题，中央出台了《保护森林暂行条例（草案）》（1951 年）、《关于在全国大规模植树造林的指示》（1958 年）、《关于确定林权、保护山林和发展林业的若干政策规定（施行草案）》（1961 年）、《森林保护条例》（1963 年）等文件。从这些文件可以得出，党中央在当时已经意识到乱砍滥伐对生产生活的危害，制止这一现象成为当时恢复林业经济正常秩序的重要措施；党中央也认识到了森林不仅是

---

① 郇庆治：《改革开放四十年中国共产党绿色现代化话语的嬗变》，云梦学刊 2019（1），第 14 页。

重要的建设资源，还是改善环境和美化国家的重要保障。

中华人民共和国成立初期，党中央就已认识到"三废"（废水、废气、固体废弃物）的危害性。为了解决"三废"问题，出台了一系列的文件。比如《工业企业设计暂行卫生标准》（1956 年）、《注意处理工矿企业排出有毒废水、废气问题的通知》（1957 年）、《关于工业废水危害情况和加强处理利用的报告》（1960 年）、《国家计委、国家建委关于官厅水库污染情况和解决意义的报告》（1972 年）。通过这些文件可以看出：党中央希望通过加强工厂企业的合理设计和工业废水的利用处理来预防污染；提出了对现代生产还具有重要指导意义的"三同时"要求——工厂建设和"三废"利用要同时设计、同时施工和同时投产。

除此之外，中央还出台了《关于今冬明春大规模地开展兴修水利和积肥运动的决定》（1957 年），希望通过兴修水利来治理水灾旱灾，保护人民生命财产安全；《关于积极保护和合理利用野生动物资源的指示》（1962 年），希望通过保护野生动物来减少对它们的伤害，通过合理使用野生动物资源达到物尽其用的效果。

为了落实环保精神，中央还设立了一些专门机构。最重要的是 1971 年国家计划委员会成立的"三废"领导小组——中央的第一个环保机构，两年后，国务院成立了环保领导小组筹备办公室。这些环保职能机构的设立，为环保事业的顺利起步提供了重要的组织条件。

在中共中央、国务院及相关职能部门出台一些具有环保功能法规和文件的同时，一些地方城市、一些企业也采取了一些环保措施。比如，北京、天津、上海等省级行政单位成立了治理"三废"的办公室；武汉、哈尔滨等工业较为集中的城市还对当地"三废"污染进行了调查，并拟定了相应的整改措施。

纵观中华人民共和国成立之后党中央关于环境保护出台的相关政策和采取的系列措施，呈现出以下特征：一是没有明确的生态或环境保护政策，绿化祖国、植树造林等口号指示更多源于生产生活的自发或潜在的自觉；二是节约是该阶段的主要政策指示，但实行的原因更多源于物质供应和财政收支的紧张，并服务于发展社会主义经济、扩大社会主义积累的增产核心任务的需要；三是更多从意识层面认识到了"三废"的危害，但并未付诸实际；四是兴修水利的决定虽源于防洪防涝减少损失的自觉，但更是扩大农业生产提高单位产量的有效措施。

改革开放之前，我国真正开启环境保护事业的标志性事件是 1972 年我国政府派代表团参加的斯德哥尔摩人类环境会议和 1973 年召开的第一次全国环境保护会议。

联合国第一次环境会议于 1972 年 6 月 5—16 日在瑞典首都斯德哥尔摩召开。会议由来自世界 113 个国家的代表及各主要国际组织的代表共 1300 人参加，目的在于讨论如何共同面对和解决人类活动造成的环境问题。这次会议是自联合国创建以来第一次如此大规模地、高规格地讨论非传统议题（并非安全和经济问题），是具有"里程碑"意义的一次全球环境合作会议。"国际社会就环境问题召开的第一次世界性会议，标志着全人类对环境问题的觉醒，是世界环境保护史上第一个路标。"①

在斯德哥尔摩人类环境会议影响下，我国于 1973 年召开了第一次全国环境保护会议，会议通过的《关于保护和改善环境的若干规定》明确提出要把环境保护与发展经济统一起来。两年后国务院印发了《关于环境保护的 10 年规划意见》，进一步要求把环境保护看作国民经济的一个部分并制定年度规划和长远规划。规定和意见虽然已明确将环境保护纳入国民经济发展计划，但在当时环境保护并未得到足够重视。

二、环境保护基本国策指导下的生态文明建设起步

改革开放之初到 20 世纪 80 年代末，我国经济开始快速发展。与此同时，环境问题也凸显出来。党中央开始以国际性视野思考经济建设与环境保护之间的关系，逐渐把环境保护上升为基本国策，由此我国开启了具有特色的生态文明探索之路。

（一）环境保护基本国策的确立

1978 年后，统筹兼顾的方法被进一步纳入社会主义建设当中。我国开始思考经济增长与社会发展的关系，经济建设与居民生活的关系；开始探索从单纯的经济增长转向经济社会兼顾发展，从忽视消费的经济建设转向人民生活日益改善的经济发展；在这一探索过程中，环境保护开始受到重视，并逐渐成为中央政治话语体系的一部分。从中共中央批转国务院环境保护领导小组《环境保护工作汇报要点》可以得到证明，"消除污染，保护环境，是进行社会主义建

---

① 曲格平：《从斯德哥尔摩到约翰内斯堡——人类环境保护史上的三个路标》，环境保护 2002（6），第 11 页。

设，实现四个现代化的一个重要组成部分"①。

改革之初，体现中央生态环保意识与政策水平得以提升的第一个官方文件是1981年2月国务院颁布的《关于在国民经济调整时期加强环境保护工作的决定》。该决定有几个亮点：一是明确了"三同时"原则——防污设施必须与主体工程同时设计、同时施工、同时投产，希望从源头上预防或解决企业污染问题；二是提出了"谁污染谁治理"的原则，明确企业治污责任，利用经济杠杆，对污染企业进行惩罚，对合理处理"三废"的企业进行奖励；三是运用统筹规划方法，通过工业、城镇与人口的合理布局和分配来创建良好的生产生活环境。从该文件可以看出，虽然并没有提到把环境保护作为基本国策的字眼，但实际上已经包含了"基本国策"的许多措施要求。

一般认为，把环境保护作为基本国策始于1983年12月我国召开的第二次全国环境保护会议。李鹏在讲话中提出，环境保护是中国现代化建设中的一项战略任务，是一项基本国策。提升为基本国策，意味着党和政府把环境保护列入社会主义建设优先考虑的事项。"国策地位的确立，使环境保护从经济建设的边缘地位转移到中心位置，为环保工作的开展打下了一个坚实基础。"②

1984年国务院颁布的《关于环境保护工作的决定》中明确提出："保护和改善生活环境和生态环境，防治污染和自然环境破坏，是我国社会主义现代化建设中的一项基本国策。"这是党和政府以权威文件的形式确定了环境保护作为基本国策的地位。该决定在协调环境保护与经济发展原则指引下，做了如下决定：成立国务院环境保护委员会，国务院各部委各部门负责做好本系统的环保相关工作，地方各级政府成立环保机构专人负责环保工作，新建扩建改建项目必须符合"三同时"原则，治理老企业的污染，鼓励企业采用综合利用的政策，保证环保投资资金。该决定最大的亮点除了明确环保在我国建设中的地位外，就是成立环保专门机构和明确专职人员负责环保工作。

1987年召开的党的十三大，提出了我国正处于并将处于社会主义初级阶段的著名论断。社会主义建设在坚持这一基本国情的基础上，以马克思主义基本原理为指导，探索具有中国特色的建设道路。在党中央高屋建瓴的认知下，党的十三大提出了"注重效益、提高质量、协调发展、稳定增长"的经济发展战

---

① 《中共中央批转〈环境保护工作汇报要点〉的通知》（1979年12月31日），《新时期环境保护重要文献选编》，第2页。

② 曲格平：《中国环境保护四十年回顾及思考（回顾篇）》，环境保护2013（10），第14页。

略。社会主义经济建设不仅要转到依靠科技进步和劳动者素质的提高上来，还要在发展中协调处理好经济效益、社会效益与环保效益之间的关系。大会充分肯定了开展环保工作带来的环保收益，指明了环保在经济发展中的重要性。

1988 年的《政府工作报告》首次将加强"环境保护"这项基本国策作为中央政府今后五年的建设目标和任务。报告在肯定了近几年环保工作取得一定进展的基础上，强调了当前的环保任务还很艰巨，提出了经济、城乡与环境建设的"三同步"原则——同步规划、同步实施和同步发展，要十分珍惜自然资源和合理利用矿产资源，严厉打击破坏生态的各种行为，积极开展环境综合治理，大力提倡植树种草绿化等有益环境的活动，逐步实现生态系统良性循环的目标①。

为了建立环境保护工作新秩序和努力开拓中国特色的环保道路，第三次全国环境保护会议于 1989 年 4 月在北京召开，会议产生了三大成果：一是通过了未来几年环保工作开展的指导性文件——《1989—1992 年环境保护目标和任务》和《全国 2000 年环境保护规划纲要》；二是形成了三大环境政策——坚持预防为主、谁污染谁治理、强化环境管理；三是出台了环境保护的八项管理制度——"三同时"制度、环境影响评价制度、排污收费制度、城市环境综合整治定量考核制度、环境目标责任制度、排污申报登记和排污许可证制度、限期治理制度和污染集中控制制度②。

通过以上对"环境保护基本国策"提出过程的梳理，可以得出以下结论：一是在改革开放初期党中央在重启现代化进程之时就把环境保护确立为基本国策是富有远见卓识的；二是在 20 世纪 80 年代，面对我国生态环境面临比较严峻的形势，在没有先进的绿色科技支撑、国家财力物力十分有限的条件下，不可能靠技术和投入解决问题的情况下，最直接最有效的办法就是靠党中央采取行政等手段来强化环境管理。强化环境管理政策成为环境保护基本国策中最具特色的内容。

（二）生态文明建设初步探索

在环境保护基本国策指导下生态文明建设开始起步，其实践探索主要表现在：环境保护法律框架初步形成，生态环境保护的基本制度基本建立、专业化的生态环保机构开始设立。

---

① 《1988 年国务院政府工作报告》，www. gov. cn，2019 年 7 月 22 日。
② 曲格平：《中国环境保护四十年回顾及思考（回顾篇）》，环境保护 2013（10），第 14 页。

1. 环境保护法律框架初步形成

改革开放最初的十年，我国环境保护的立法快速发展，其中最具代表性的法律是《中华人民共和国环境保护法（试行）》及《中华人民共和国环境保护法》。

（1）《中华人民共和国环境保护法（试行）》

《中华人民共和国环境保护法（试行）》于 1979 年 9 月第五届全国人大常委会第十一次会议原则通过，这是我国第一部环境保护的法律。这部环保专门法律从 1977 年开始拟定到 1979 年的人大通过，仅用了两年的时间。该法律由当时负责环保工作的国务院环保领导小组办公室负责起草的一切事宜，包括立法调研、拟定草案、征求意见、修改草案等。在当时对环保还很陌生的情况下，党中央借鉴西方发展经验，意识到需用法律手段来开展环保工作，使该法在环境保护法制发展史上具有里程碑的意义。

该法共 7 章 33 条。总则主要进行了原则性规定，主体部分包括"保护自然环境、防治污染和其他公害、环境保护机构和职责、科学研究和宣传教育、奖励和惩罚"五部分。从整体上看，该法的立法理念较为先进，在经济生产中来协调经济与环境的关系，在防污治污的过程中来保护自然。在制订国民经济计划时，必须对环境的保护和改善统筹安排（第 5 条），合理使用土地，开发矿藏资源，保护水质、森林、牧草、野生动物等（第 10—15 条）。这些条款蕴含着党中央当时就有了具有现代意义的"大环保"理念。

但该法还有一些不太完备的地方。比如立法定位模糊，该法由人大常委会"原则"通过并"试行"。也就是说该法经过两年的准备，体系、内容等还不成熟，但考虑到其对解决我国日益严重环境问题的迫切性，可以试行。这为该法的法律地位之争留下了隐患。一般认为它是基本法，但实际上"从形式上看，《试行法》由全国人大常委会通过，在立法体系上不是基本法，其与相关法律的沟通和统领作用难以发挥；从内容上看，《试行法》的制度设计具体且比较零散，与后来制定的环境单行法并无明确分工，也没有体现基本法应有的高度"①。再如立法技术不成熟，第 3 条明确了该法所保护的环境范围有大气、水、土地、矿藏等，但第 25 条规定了食品安全的一个内容，显然食品并不属于该法所涵盖的环境范围，导致内容上的前后矛盾；在附则部分并没规定该法的生效时间等。

---

① 吕忠梅：《〈环境保护法〉的前世今生》，政法论丛 2014（5），第 52 页。

虽然该法有立法定位上的争议，立法技术也有不成熟的表现，但它作为我国环保史上第一部专门法律的开拓性意义是不能抹杀的。

（2）《中华人民共和国环境保护法》

在试行法被人大常委会原则性通过后，就进入了修订日程。1980年成立了修订领导小组，聘请了北京大学牵头的一些知名高校的专家学者。但进展十分缓慢，几经停顿。最终于十年后——1989年在七届全国人大第十一次常委会上获得通过。

《中华人民共和国环境保护法》共6章47条。总则部分原则性规定了制定依据、环境含义、适用领域、环保和经济相协调的原则、环保教育事业、单位和个人的环保义务、全国环保工作的主管部门等，主体部分包括环境监督管理、保护和改善环境、防治环境污染和其他公害、法律责任几部分。与试行法相比，该法有一些显著进步：一是整体立法技术更为成熟，结构更合理、体系更完整、表述更规范；二是内容的安排更加科学，比如明确了环境监管主体和职责，全国环境监管由国务院环境保护行政主管部门负责，地方由各级人民政府环境保护行政主管部门负责；明确了环境质量的责任主体，地方各级人民政府对本辖区的环境质量负责；详细规定了违反法律的情形和应承担的法律责任，承担责任的形式也较为多样化——警告、罚款、刑事责任等；建立了环境监管的一些基本制度，如制定环境质量标准、环境监测制度、环境影响评价制度、"三同时"制度等。该法的颁布施行，标志着环保法制史上的重大进步，解决环境问题的法律手段得到了进一步完善。

在该法修订的过程中，我国还陆续修订、制定了相关法律和规范。其中最为关键的就是1982年《宪法》，"在原有环境保护条款基础上，增加了国家改善生活环境和生态环境、保障自然资源合理利用、加强植树造林和保护林木等规定，为我国建立专业化的资源节约和环境保护体系奠定了法律依据"①。除此之外，一系列环境保护单行法规相继出台。污染防治法主要包括《海洋环境保护法》（1982年）、《水污染防治法》（1984年）、《大气污染防治法》（1987年）；资源保护法主要包括《森林法》（1984年）、《草原法》（1985年）、《土地管理法》（1986年）、《矿产资源法》（1986年）、《野生动物保护法》（1988年）；另外还有一些条例办法相继出台，主要有《征收排污费暂行办法》（1982年）、

---

① 高世楫、王海芹、李维明：《改革开放40年生态文明体制改革历程与取向观察》，改革2018（8），第51页。

《结合技术改造防治工业污染的几项规定》（1983 年）、《对外经济开放地区环境管理暂行条例》（1986 年）、《水污染防治法实施细则》（1989 年）、《环境噪音污染防治条例》（1989 年）等。

在中央通过加强法律手段解决环境问题的过程中，地方人民代表大会和政府也制定了大量的环境保护地方性法规、规章和标准。

从《宪法》的修订到《环境保护法（试行）》修订，从《环境保护法》的施行到各环保单行法的出台，从中央法律规范到地方规章制度的制定实施，充分说明改革开放的头十年是我国环保立法的"第一个黄金期"。这一时期为我国初步建构了一个环境保护的法律框架。

2. 生态环保基本制度基本建立

随着环境保护法律框架体系的初步构建，防治污染、保护环境的一些基本制度也开始形成，主要有"三同时"制度和环境影响评价制度。

（1）"三同时"制度

作为环保制度史上最早建立的"三同时"是我国环保中最基本的一项制度，是预防污染的一项法宝。1989 年《环境保护法》第 26 条明确了这一制度，"建设项目中防治污染的设施，必须与主体工程同时设计、同时施工、同时投产使用"。

"三同时"制度"从程序上保证了将污染破坏防治纳入开发建设活动的计划之内，是一项符合我国国情、具有中国特色的环境保护法律制度，是落实环境保护防治措施、控制新污染产生和生态破坏、防止项目建成后给环境带来新的污染和破坏等的关键，是加强环境保护管理的核心"①。从近些年《全国环境统计公报》公布的"三同时"执行情况来看，绝大多数企业已有、新建、扩建的项目都严格执行了这一制度。从理论上讲，严格执行该制度会从源头上有效预防企业污染，但事实是有些企业的排污量反而在增多，污染事故也频频发生。

究其原因，该制度在行政审批和企业实施中往往存在一些问题。比如在行政审批管理程序上容易产生地方保护主义；"三同时"验收的关键在于技术把关，即对企业的环保设施进行实质性验收，但在实际操作中往往变成主管部门的形式性验收。符合审批的去污设备在设计时排污承载量基本是固定的，但企业投产后，往往因为变更生产计划或扩大生产，污染物往往超出原先承载量。

①　陈庆伟、梁鹏：《建设项目环评与"三同时"制度评析》，法制经纬 2006（23），第 45 页。

　　"三同时"制度在学界也引发了争论。有学者从发展循环经济的角度提出质疑，认为该制度"重环境设施配套管理，轻自然资源科学利用；重污染物达标排放，轻污染废物综合利用，重政策性执行管理，轻经济性、效益性、科学指导"①。认为应该把循环经济理论融入"三同时"制度中，以期达到对这一制度的改良，这样就可以更好调节源头资源利用和生产末端治理的关系。

　　有学者认为"三同时"制度作为环境防治的支柱性制度，激进的废除替代性观点太过超前，融入新的理论对"三同时"制度进行改良的观点虽较为可取，但具体融入改良办法还需在实际操作中来探索。其实该制度还可以进行原则性的变通执行——企业"三同时"义务的相对豁免。在企业满足特定条件——委托第三方治理或者自身采用清洁生产工艺或设备后，经过企业申请，环保部门审批和公示后批准执行。政府可随机对企业豁免条件的执行情况进行监督，还可采用强化信息公开和加强信用管理等措施来规范企业的豁免条件。为了保证企业豁免的有效执行，还必须明晰企业、政府和环境服务机构的法律责任②。

　　（2）环境影响评价制度

　　环境影响评价制度起源于环境质量评价。全国第一次环保大会召开后，为科学评价我国环境状况，当时一些专家学者在北京西郊、官厅水库等地展开了环境质量评价研究，这为我国环境影响评价制度的建立积累了经验。该制度最初规定于1979年《环境保护法（试行）》第6条，之后颁布的相关法律、规范和政策不断对该制度的内容、范围、程序、评价方法进行规范。2002年我国通过了《环境影响评价法》，在第2条明确了这一制度，"是指对规划和建设项目实施后可能造成的环境影响进行分析、预测和评估，提出预防或者减轻不良环境影响的对策和措施，进行跟踪监测的方法与制度"。

　　作为一项环境管理方面的基本制度，环境影响评价制度随着我国社会主义建设经验的不断丰富而完善。评价对象不断拓展：20世纪80年代关注的主要是大中型建设项目；90年代拓展到对流域开发、开发区建设、城市新区建设和旧区改建等区域性开发方面；进入21世纪，拓展对象进一步提升为国务院有关部门、省级及设区的市级关于区域、流域、海域开发和土地利用、工业农业发展等方面。评价内容不断丰富：80年代侧重末端治理，关注"三废"影响范围和

①　雷霆、王芳：《循环经济理论与"三同时"法律制度的融合》，经济问题探索2004（6），第19页。

②　唐绍均、蒋云飞：《论环境保护"三同时"义务的履行障碍与相对豁免》，现代法学2018（2），第169—181页。

程度；90 年代增加了对区域的环境承载能力及污染物排放总量控制的评估；进入 21 世纪增加了是否循环经济或低碳经济、产业共生等内容，规划与战略环境影响评价的内容也更丰富等。

环境影响评价制度自创建以来就为防治污染等发挥了十分重要的作用，但面对依然严峻的环境压力，继续发挥这一制度的优势，还需要加以完善。第一，完善战略环境影响评价（政策、规划及计划的评价）制度。政策、规划及计划在一国经济发展中具有特殊的地位，是工程项目落地的最可靠依据。我国的环境影响评价虽也涉及战略内容，但从整体上来讲这方面的评价仍不完善。建立完善的战略环境影响评价制度，设定科学有效的程序以及相应的监督、保障、问责等机制真正发挥它的作用。第二，完善公众参与环境影响评价制度。公众在参与项目环境影响评价中发挥了重要作用，但目前公众的参与在适用项目范围、主体身份界定、环境信息公开等方面还需完善，适度扩大公众环境影响评价项目适应范围，在利益二元结构中合理界定参与环境评价的主体，进一步落实环境信息公开制度等将有助于提高这一制度的作用。

改革开放初期，环境管理除了采用"三同时"和环境影响评价制度外，还制定了排污收费和许可证制度、限期治理制度和污染集中控制制度等。这些制度的制定及实施基本上构建了生态文明建设制度体系的根基。

3. 专业化环保机构开始设立

随着环境保护基本国策地位的确立，1984 年国家环境保护局成立，虽然这一机构隶属当时的城乡建设环境保护部，但专业化环保机构的设立也是我国生态文明建设史上的一大进步。

专业化环保机构的设立经历了较为漫长的探索过程。中华人民共和国成立初期，虽然毛泽东的节约、绿化、造林、兴修水利等生态思想都基本得到了贯彻，但它们的落实往往是通过对应化的机构来展开的，并没有纯粹的开展环保工作的机构。这时的环保，更多是在"环境卫生"观念指导下实施的，采取举措的机构也主要是卫生部门。20 世纪 60 年代前期暂时兴起的防治工业污染主要是各级地方政府成立的"三废"治理利用办公室之类的环保机构，直到 1971年，国家计划委员会才成立了"三废"利用领导小组——这是党中央成立的第一个环保机构。1973 年国务院成立了环境保护领导小组筹备办公室，1974 年去掉"筹备"字样，正式成立，主要负责我国工业污染防治工作，扩大了"三废"领导小组的职责范围。环境保护领导小组办公室主要由当时的国家基本建设委员会代为管理，实际是处理环境问题的临时机构。按照国务院精神，北京等省级行政区新建或重构了像"三废"利用领导小组这样的环保机构。除此之外，70年代我国还成立了跨地域的环保机构——官厅水库水资源保护领导小组，还初步形成了涵盖从中央、省、市三级行政单位的环保组织网络。以上的"三废"利用领导小组或环境保护领导小组基本隶属同级政府，而缺乏上下级隶属关系。

1988年，国家环境保护局从城乡建设环境部独立出来，成为直属于国务院的副部级部门。从此以后，环境管理成为国家的一个独立部门。"以后的环保总局、环境部是在此基础上的延伸和发展。"① 随着国家环保机构的专业化和独立化，上行下效，各省、市、区也建立相应的机构。环保行政的制度化充分说明国家从管理层面上对环境保护的重视。

纵观这一时期的环保政策主要呈现以下特征：在改革开放初期党中央在重启现代化进程之时就把环境保护确立为基本国策是富有远见卓识的；环境保护相关性立法步伐加快；一些基础性的环境保护制度开始建立；开始设立专业化机构和人员专门负责生态环境保护工作。这些举措初步建构了我国生态环境保护制度建设和有效保障的基础。但值得注意的是，该阶段虽在"开发与保护"并重方针指引下，力求加大资源的开发利用，但更多体现的是其经济价值；处理工业"三废"及遏制新污染的目标任务在实际治理中并未取得理想效果。究其原因，根源在于改革开放初期的发展观和发展战略上。

三、可持续发展战略指导下的生态文明建设推进

20世纪90年代社会主义现代化进程速度加快，尤其是1992年邓小平南方讲话后，经济突飞猛进。但粗放型发展方式带来了非常严重的环境问题，再加上城镇化进程的加快以及生育高峰的出现，人口、资源、环境与经济之间的矛盾异常突出。面对严峻的社会现实，党中央提出了可持续发展战略，生态文明建设在该战略指导下继续推进。

（一）可持续发展战略的提出

可持续发展战略既考虑当代人的发展要求，又考虑后代人的发展需要。它的提出有着深刻的国际国内背景。

---

① 曲格平：《中国环境保护四十年回顾及思考（回顾篇）》，环境保护2013（10），第15页。

1. 提出背景

西方发达国家现代化建设取得巨大进展的同时，问题也伴随而生。面临的最大问题是环境危机，严峻的社会现实引起西方社会对发展理念的思考。第38届（1983年）联合国大会批准成立世界环境与发展委员会，1987年该委员会发表了《我们共同的未来》的研究报告。报告包括共同的关切、共同的挑战与共同的努力三部分，系统阐述了人类发展面临着环境、能源与发展之间的矛盾问题，其核心思想是实现可持续发展。

在可持续发展视野下思考和应对生态环境问题一时成为国际社会的共识，这为1992年联合国环境与发展会议的召开奠定了基础。这次大会也可以说是斯德哥尔摩人类环境会议的自然延续，因为国际社会需要审视《人类环境宣言》和《环境行动计划》的落实成效；这次会议也是一次全新的大会，因为它是用新的理念来反思新出现的环境问题。大会有来自全球183个国家代表团、70个国际组织参加，我国时任国务院总理的李鹏率团参加并做了大会发言。大会获得了丰硕成果：通过了《关于环境与发展的里约热内卢宣言》，制定了《21世纪议程》，勾勒了可持续发展蓝图；成立了可持续发展委员会，与环境规划署分工协作、共同致力于世界环境问题的解决；签署了《联合国气候变化框架公约》和《联合国生物多样性公约》，前者构成了此后20年国际社会的一条环境政治主线。

虽然就"可持续发展"概念来讲，各国都在做着最有利于自身的解释，但这次会议的突破性意义在于：发达国家与发展中国家共同致力于（承担共同但有区别的责任）全球环境问题的解决；各国通过采取调整产业结构、革新生产技术等方式来发展稳态循环低碳的绿色经济；各国共同努力探寻一种以适度消费、社会公平与生态正义为特点的生存生活方式。

从我国国内来看，20世纪90年代现代化建设突飞猛进，但生产仍以粗放型发展方式为主——高投入、高消耗、高排放。高投入主要表现为重复性的项目不断批复投产，企业不断投入资金扩大生产规模，生产过程中不断投入更多的人财物力等；高消耗主要指生产中能源资源的利用率较低，浪费现象严重；高排放主要表现为企业生产废水、废气、废渣等废弃物没有经过处理直接排放到大气、河流或土壤中，造成了非常严重的污染。这一时期，我国城镇化建设速度明显加快，大量农业劳动力向城市转移，给城市环境带来了巨大压力；同时还迎来了中华人民共和国成立以来的第三次生育高峰等。降低工业污染、改善城市生活环境、缓减城市人口压力、治理土地沙化退化等成为亟须解决的问题。

面对巨大矛盾和压力，党中央在经济发展、建设规划、环境管理、技术革新、宣传教育等方面进行了调整。虽然还没有提出"可持续发展"概念，但已经有了此方面的思考。人口、资源、环境与经济等各种因素是相互影响相互制约的，经济单方面的突飞猛进是不合适的，是会带来其他方面的惨痛教训的。因此需要协调它们之间的关系，并兼顾当前发展与未来发展的总体利益，其实质就是"可持续发展"的理念，这与国际社会的倡导完全吻合。

2. 提出过程

里约环境与发展会议后，我国为了积极履行环保国际义务，党中央和国务院批准了《关于出席联合国环境与发展大会的情况及有关对策的报告》。该报告提出了我国积极应对环境与发展方面问题的十大对策：实行持续发展战略、防治工业污染、开展城市环境综合整治、提高能源利用效率、推广生态农业、加强环境科学研究、运用经济手段保护环境、加强环境教育、强化环境管理、制订行动计划①。这十条针对性对策表明了我国愿同世界各国一起共同致力于全球环境保护的信心和决心。

1993 年八届全国人大第一次会议上，李鹏在政府工作报告中再次表明了中国政府对待环境保护国际合作的态度，指出"我们一贯主张加强国际合作，推动经济发展和环境保护"②。同年，国务院第 16 次常务会议通过了《中国 21 世纪议程——中国 21 世纪人口、环境与发展白皮书》。该议程从我国具体国情出发，提出了如何促进人口、资源、环境与经济协调发展的措施方案。其主要包括可持续发展总体战略、社会可持续发展、经济可持续发展、资源的合理利用与环境保护四部分内容。此意义在于可持续发展思想开始正式进入我国政治议程，并成为指导经济社会发展的重要战略思想。可见，我国希望通过可持续发展战略的实施履行好环境保护的基本国策，实现环保目标。

1995 年党的十四届五中全会召开，江泽民在《正确处理社会主义现代化建设中的若干重大关系》讲话中提出："在现代化建设中，必须把实现可持续发展作为一个重大战略。要把控制人口、节约资源、保护环境放到重要位置，使人口增长与社会生产力的发展相适应，使经济建设与资源、环境相协调，实现良

---

① 《党中央国务院批准我国环境与发展的十大对策》，石油化工环境保护 1992（4），第 62—63 页。

② 中共中央文献研究室：《十四大以来重要文献选编》（上），人民出版社 1996 年版，第 196 页。

性循环。"① 至此，经济与人口、资源、环境之间的关系成为社会主义现代化建设中要处理的重大关系。这一重大关系的解决思路也充分体现在我国的"九五"计划和 2010 年远景目标建议中。在整个"九五"计划实施期间，经济发展的同时如何控制人口、节约资源、保护环境成为实施可持续发展战略的核心内容。

在 1996 年召开的第四次全国环境会议上，江泽民把可持续发展战略从最初的处理环保与经济关系的一个战略措施提升到关系国家长远发展的战略高度。"环境保护很重要，是关系我国长远发展的全局性战略问题。在社会主义现代化建设中，必须把贯彻实施可持续发展战略始终作为一件大事来抓。可持续发展的思想最早源于环境保护，现在已成为世界许多国家指导经济社会发展的总体战略。经济发展，必须与人口、资源、环境统筹考虑，不仅要安排好当前的发展，还要为子孙后代着想，为未来的发展创造更好的条件，绝不能走浪费资源和先污染后治理的路子，更不能吃祖宗饭、断子孙路。"② 1997 年党的十五大上，江泽民在讲话中将可持续发展战略作为经济发展战略的一部分加以强调的同时进行了重点突出的详尽布局，这一战略思想在我国进一步深入展开。

（二）生态文明建设继续推进

在可持续发展战略指导下，20 世纪 90 年代的生态文明建设继续推进。其主要表现在：生态环保立法进程加快、生态环保制度继续完善、经济增长方式发生重大转变。

1. 生态环保立法进程加快

这一时期我国加快了环境资源领域的立法修法工作，最具代表性的是：《固体废物污染环境防治法》的出台和对《刑法》环保内容的修订。

（1）《固体废物污染环境防治法》的颁布与修订

《固体废物污染环境防治法》于 1995 年八届全国人大第十六次会议通过。该法的颁布是我国环境法制发展史上的一大创举，标志着结束了固体废物污染防治长期无法可依的状态。制定该法时，贯彻始终的指导思想是"防治结合，以防为主"。围绕这一指导思想，该法遵循固体废物污染防治的"三化"原则——减量化、资源化和无害化。减量化指尽量不产生或少产生固体废物，资源化指提高对固体废物的回收、循环和综合利用，无害化指对固体废物做到无

---

① 中共中央文献研究室：《十四大以来重要文献选编》（中），人民出版社 1997 年版，第 1463—1464 页。

② 《江泽民文选》第 1 卷，人民出版社 2006 年版，第 532 页。

污染的处理。这既是我国对固体废物长期处理的经验总结，也是对其他国家处理方式的吸收借鉴。其还遵循对固体废物全程控制的原则，对固体废物的处理不能纯粹依靠最终的处置过程，而应该贯穿它产生、排放、收集、贮存、运输、处理的全过程和各环节。

该法实施后，固体废物的无害化处理和综合利用水平都得到了明显提高。但随着我国工业化、城镇化水平和人民生活水平的提高，固体废物污染防治又面临许多问题，所以该法于 2004 年进行了修订。修订主要在于强化政府责任、增加防止过度包装、防治农村固体废物污染、改革固体废物的进口管理方式、完善危险废物的管理措施、强化法律责任等。此后又进行了三次修订，2013 年修订了第 44 条第 2 款，2015 年修订了第 25 条第 1、2、3 款，2016 年修订了第 44 条第 2 款和第 59 条第 1 款。目前，该法第五次修订草案已获国务院常务会议审议。此次修订的目的在于强化工业固体废物产生者的责任，完善排污许可制度及建立生活垃圾分类处理体系。

(2)《刑法》关于环保内容的修订

1997 年八届全国人大第五次会议对《刑法》进行了修订，其中最大变化是在第 6 章增加了第 6 节关于"破坏环境资源保护罪"的规定。这是我国环保法制史上的一大重大突破，意味着对环境破坏的处置增加了刑事处罚的强制性方式。以往一些环保法律中，也有对破坏环境与资源这类犯罪行为刑事方面的规定，有的只是笼统性的"依法追究刑事责任"，但在实际中并未有效执行。"破坏环境资源保护罪"包括污染、破坏环境的犯罪和破坏资源的犯罪两类。涉及第338—345 条等多项具体罪名：重大环境事故罪，非法处置进口的固体废物罪，非法捕捞水产品罪，非法猎捕、杀害珍贵、濒危野生动物罪等，非法占用耕地罪，非法采矿、破坏性采矿罪，非法采伐、毁坏珍贵树木罪，破坏森林资源罪。

除此之外，20 世纪 90 年代还出台和完善了一系列环境法规。出台了《环境噪声污染防治法》（1996 年）、《大气污染防治法实施细则》（1991 年）、《关于严格控制从欧共体进口废物的暂行规定》（1994 年）、《化学品首次进口及有毒化学品进出口环境管理规定》（1994 年）、《建设项目环境保护管理条例》（1998 年）等；完善了《水污染防治法》（1996 年）、《海洋环境保护法》（1999 年）等。还有，在该时期我国也较重视资源的综合利用，于是出台了一系列关于资源综合利用和再生资源回收的规章和文件。

2. 生态环保制度继续完善

党中央加强了对生态环保的监管，采用了更为严格的命令性控制手段，主要有污染物排放总量控制制度、排污许可证制度等。

（1）污染物排放总量控制制度

1996 年国务院通过了《关于环境保护若干问题的决定》，其中一个核心词汇是控制污染物排放总量。该决定以 1995 年全国 12 种主要污染物排放放总量为基数来确定 2000 年全国总量控制目标，这一目标成为"九五"期间的重要考核指标。那么什么是总量控制？宏观上讲，指的是在一定的时间、区域范围内，以环境容量为依据，对污染物尤其是重点污染物限制一定的排放范围，对排放范围严格控制，以期实现预期的环保目标。总量控制其实可以分为容量总量控制和目标总量控制，我国实施的主要是目标总量控制。

到 1999 年底，污染物排放总量控制目标基本实现。全国 12 项主要污染物排放总量不仅超额完成 2000 年规定的控制值，而且平均减少率高达 43.3%。实践表明，污染物排放总量控制是一种控制环境污染的有效手段，是改善环境质量和实现可持续发展的重要途径。

但在该制度的实施中还存在一些问题，比如控制对象的相对减少难以有效反映我国环境污染的现状。污染物排放总量控制也是"十五"——"十三五"规划的目标计划，但控制对象从原来的 12 种逐渐减少为 4 种，其中重要的是监控化学需氧量和 SO_2 两种指标。控制这 2 种指标的主要目的是解决大气和水资源的污染，但我国土壤的污染问题也十分严重且难以有效控制。解决办法是在坚持目标总量控制的基础上，增加容量总量控制。我国地域辽阔，全国各地因为生产的差异性，排放的主要污染物也会有差异性，实行统一的目标总量控制很难在每个地区达到理想的控制效果。可以在重点监控的地区区分重点污染物和一般污染物，对重点污染物进行容量总量控制可以达到更好的效果。

还有污染物排放总量控制目标的公平分配问题。我国法律明确规定："国家实行重点污染物排放总量控制制度。重点污染物排放总量控制指标由国务院下达，污染物排放总量控制指标由省、自治区、直辖市人民政府分解落实。"分解落实一般采用等比例削减的"一刀切"方式，即以各地区历史排放量为基础进行一定比例的削减；辅之以政府的直接分配，即依据一定的核算方法来核算各地区或企业的排放指标。这些措施的确操作简单高效，但产生的问题是往往设备优良、工艺先进、治污能力较强的地区或企业获得的排污指标较少，而设备老化、工业落后、治污能力较弱的地区或企业获得的排污指标较多，导致的结果是大大影响了一些地区或企业的技术革新性，治理效果较差。是不是可以在现有分解落实的方法中考虑引入竞争机制进行有"差异性的公平"分配？因为每个地区或企业的生产能力、治污能力是有差异的，可以让这些地区或企业依据自身条件提出排污计划，然后对污染物排放总量的指标进行横向性的公平博弈，上级部门根据博弈结果分配排污指标。在政府的正激励和负激励措施指引下，提高减排效率。

（2）排污许可证制度

排污许可证制度是一项从地方试点逐渐推向全国的制度，是一项从水污染物排放许可逐渐推向全面实施排污许可的制度。规范该制度的权威性文件最初体现在20世纪80年代的《水污染物排放许可证管理暂行办法》和《水污染防治法实施细则》中，但它的推广性实施是在90年代。作为一项重要的环境保护制度，它指的是环保部门针对各个排污单位的身份、排污设备、排污技术等进行审核后，依法发放排污许可证。许可证既是环保部门对排污单位提出的要求，也是排污单位合法排污的许可证。

这一制度的实施具有重要的现实意义。一是有利于分解落实污染物排放总量指标，实现环保目标总量控制。许可证是分化削减污染物排放总量的主要行政管理手段，环保部门可依据分解原则、方法、程序等层层分化减排任务，然后具体落实到各地区、各行业、各单位的排污许可中。这一手段可以促进环境管理从浓度控制向总量控制的转变。二是有利于规范排污行为，减轻随意排污对环境的损害。环保部门依据排污单位的实际情况，依法对其排放污染物的种类、浓度、数量、时段、速率及排放时段等进行明确规定并以书面形式——许可证确定下来。排污单位只能在许可证许可的范围内进行排污，否则即是违法。环保部门可对其违反许可范围的行为进行行政处罚。三是有利于规范监管部门的管理，减少行政违法性。环保部门对排污单位进行行政管理的依据就是其核发的许可证，监管人员到现场检查时以许可内容为参照，检查排污设备、排污的种类、数量、时段等是否符合规定。既可以提高行政工作效率，又可以避免检查的随意性和任意性，大大提高政府的公信力。

但排污许可证制度在实际执行中还存在一些问题。比如目前我国对该制度的重大改革是实行综合化、一证式管理，这就要求必须与相关管理制度尤其是环境影响评价制度、"三同时"制度等相互协调、密切配合，然而它们之间的协调、衔接还不够充分。从时间节点来看，环境影响评价制度、"三同时"制度与排污许可证制度涵盖了对企业的生产前、生产中、生产后的全程管理。环境影响评价直接影响到环保部门对排污许可证的审核和发放，我国现有相关政策文件对它们之间的协调虽已进行了原则性安排，但实际执行力较弱，因为它们之间的冲突（规范性文件、技术准则）是实质性的。可以在梳理、比较、整合环境影响评价与排污许可证规范性文件的基础上综合平衡协同内容来解决它们之间的冲突；可以在用环境影响评价中的标准校对排污许可证数据的同时，把实际核定的排污结果反馈给环境影响评价，使其预测的数据更为合理，这样两种制度中的技术体系和标准就会趋于一致。

20世纪90年代，除了以上两项制度外，行政问责机制、公众参与机制、排污权交易制度也开始起步；还对排污收费制度进行了改革，开征了 SO_2 排污费；对环境影响评价制度也进行了一些改革——分类管理、招标制、责任约束机制、区域环境影响评价等。总而言之，该阶段的生态环保制度与改革开放之初相比较为完善。

3. 经济增长方式发生重大转变

1995年党的十四届五中全会通过的《关于制定国民经济和社会发展"九五"计划和2010年远景目标的建议》中明确提出，为了实现跨世纪的奋斗目标，必须实现两个根本性转变：经济体制从计划向市场转变，增长方式从粗放型向集约型转变。经过多年的改革与发展，人们已逐渐认识到计划经济体制和粗放型经济增长方式的弊端。这两大转变在同一时间提出来说明两者不可分割，市场经济体制的正在形成为积极推进增长方式的转变提供了充分的可能性，两者的共同推进可以最大限度地释放发展的动力。

粗放型和集约型是按增长方式的实质内容（生产要素的分配和使用方式）来分的。粗放型增长方式主要依靠资金的高投入、资源的高消耗来维系经济的高增长，集约型增长方式主要依靠提高劳动者素质和生产技术水平来实现高增长。这一转变的基本要求是从增加投入、追求数量扩张的单纯式速度增长，转变到依靠科技进步和劳动者素质上来。

实现增长方式的转变是我国经济发展的必然要求。从消费结构方面来讲，人们对新一代消费品像住房、交通工具等有了更多的追求。新的消费品需要新科技的研制开发和劳动者素质的提升，客观上推动了增长方式的转变。从生产过程方面来讲，对产品的加工要求大大提高，需要更加精细复杂的加工工艺和流程。加工内容的变化必然要求生产形式、组织方式、管理方式等随之发生变化，对生产的专业化、协作化等要求越来越高。强调技术的专业、劳动者的生产能力及管理成本的降低其实就是集约型增长方式的延伸性特征。从工业发展阶段来讲，经过十多年的改革开放，我国产业结构已进行了调整，城镇化进程正在加速，与国际的交流与合作也日益增强，面对竞争越来越激烈的国际社会，转变增长方式可以更好地与国际接轨。除此之外，当时社会许多矛盾和问题的解决，以及资源短缺的基本国情都迫使我国必须转变增长方式。

经济增长方式转变以来的实际效果出现了两种现象，在数量指标如增长速度、投资规模等方面几乎都超额实现，但在质量指标如结构优化、技术创新、资源节约等方面进展缓慢。还有经济增长中出现了一些像收入差距过大、城乡发展不平衡、环境急剧恶化等异常尖锐的问题。现实问题的客观存在，单靠转变经济增长方式是难以解决的。所以党的十七大报告中提出了加快经济发展方式转变的重要性和紧迫性，并提出了转变的思路："要坚持走中国特色新型工业化道路，坚持扩大国内需求特别是消费需求的方针，促进经济增长由主要依靠投资、出口拉动向依靠消费、投资、出口协调拉动转变，由主要依靠第二产业带动向依靠第一、第二、第三产业协同带动转变，由主要依靠增加物质资源消耗向主要依靠科技进步、劳动者素质提高、管理创新转变。"①

转变经济发展方式的提出，并不意味着要取代经济增长方式的转变，而是因为前者具有比后者更加丰富的内涵。从内容上看，前者虽涵盖了后者的核心内容——依靠技术革新和劳动者素质的提高，但却比后者的内容更广更深。从外延来看，经济发展方式转变的思路是针对每一个现实问题提出的解决之策，比经济增长方式更具有拓展性和落实性。

纵观此阶段的生态文明建设，主要呈现以下特征：可持续协调发展的原则贯穿于经济社会发展及资源利用环境保护等领域；生态环保制度继续完善，不仅实施了污染物排放总量控制制度和排污许可证制度，还改革了环境影响评价制度等；强调资源的高效利用，实现经济增长方式从粗放向集约转变；还有注重产业结构的调整，比如强调逐步改变我国以煤为主的能源结构，加快发展清洁能源建设；开始运用市场机制，制定开征资源利用补偿费、提高排污收费标准等制度来保护环境。

虽然该阶段的生态文明建设取得了一定成效，但依然受到一些问题的影响和制约：地方政府仍以单纯追求 GDP 指标为导向，党中央虽然强调要实现可持续发展，但在地方具体落实中，政府官员还是以追逐短期经济利益为根本，因为考核政绩的指标仍以经济为主或唯一标准；环境保护投资水平仍然较低，虽然这一阶段在环境保护方面的投资已迅速增长，但还不能满足经济发展对其提

---

①　胡锦涛：《高举中国特色社会主义的伟大旗帜为夺取全面建设小康社会的新胜利而奋斗》（十七大报告辅导读本），人民出版社 2007 年版，第 22 页。

出的客观要求，更无法解决历史积累的环境问题；环境保护手段仍然十分滞后。这一时期，虽然也采用了一些经济手段、法律手段来控制污染，但主要运用的还是行政手段。

四、科学发展观指导下的生态文明建设发展

随着可持续发展战略的推广实施，资源的利用效率有所提高、环境状态有所改善，但受制于传统发展理念及模式的主导，经济现代化提升的同时城乡大面积的污染持续蔓延。党中央积极应对现实问题，努力从发展理念上实现根本扭转。科学发展观的提出回答了"什么是发展，怎样发展"这一时代性课题。在贯彻落实科学发展观的过程中，越来越认识到生态文明与物质、精神、政治文明一样重要，顺理成章的结果是党的十七大提出"建设生态文明"。这一提法标志着生态文明开始成为国家建设视野中必不可少的组成部分，其含义、范畴及意义远远超过了环境保护。

（一）科学发展观的提出

进入 21 世纪，党中央的发展理念更为成熟，尤其是科学发展观的提出。党的十七大首次将"生态文明"建设作为全面建设小康社会的新要求，这为生态文明建设实践提供了重要的政治基础。

1. 提出过程

十六大报告在提出全面建设小康社会奋斗目标的同时，将"可持续发展能力不断增强，生态环境得到改善，资源利用率显著提高，促进人与自然的和谐，推动整个社会走上生产发展、生活富裕、生态良好的文明发展道路"[1] 作为其目标之一。2003 年召开的十六届三中全会通过的《关于完善社会主义市场经济体制若干问题的决定》中，第一次完整提出了科学发展观：坚持以人为本，树立全面、协调、可持续的发展观，促进经济社会和人的全面发展，统筹城乡发展、统筹区域发展、统筹经济社会发展、统筹人与自然和谐发展、统筹国内发展与对外开放。[2] 科学发展观的提出既使全面建设小康社会有了新的指导思想，也使环境保护和经济可持续发展被统合在新的理论视野中，具有十分重要的意义。

---

① 中共中央文献研究室：《十六大以来重要文献选选编》（上），中央文献出版社 2005 年版，第 15 页。

② 同上书，第 465 页。

科学发展观提出后，全国积极贯彻落实。2004 年温家宝在省部级主要领导干部树立和落实科学发展观专题研究班结业典礼上的讲话中强调，应该"在全社会进一步树立节约资源、保护环境的意识；形成有利于节约资源、减少污染的生产模式和消费方式，建设资源节约型和生态保护型社会"①。这是"两型社会"提出的雏形。它的提出不仅提升了人们对节约资源和保护环境的认识，而且为改变浪费、污染为特点的传统生产、生活方式指明了方向。

2005 年胡锦涛在中央人口资源环境工作座谈会上的讲话中指出了发展"循环经济"的意义，"发展循环经济，实现自然生态系统和社会经济系统的良性循环，为子孙后代留下足够的发展条件和发展空间"②。同时强调在建设资源节约型社会的过程中，要建立"环境友好型社会"。胡锦涛号召为了发展循环经济、建设"两型社会"需要"在全社会大力进行生态文明教育"。可以看出，"生态文明"概念最初主要应用于环境教育领域。2007 年，温家宝在长江三角洲地区经济社会发展座谈会上的讲话中指出："长三角地区不仅要经济繁荣发达，而且要加强社会建设，促进社会事业全面发展，正确处理公平与效益的关系，妥善处理各方面的利益关系，让全体人民共享改革发展成果。努力推进物质文明、精神文明、政治文明、生态文明共同进步。"③ 这实际上已经将"生态文明"看作一种可以与其他文明并行的独立形态，为党中央十七大上正式提出建设"生态文明"奠定了基础。

2007 年召开的十七大，胡锦涛在阐释全面建设小康社会新要求时首次提出"建设生态文明"，并进一步从产业结构、循环经济、生态观念等角度阐述了建设生态文明的要求："建设生态文明，基本形成节约能源资源和保护生态环境的产业结构、增长方式、消费模式。循环经济形成较大规模，可再生能源比重显著上升。主要污染物排放得到有效控制，生态环境质量明显改善。生态文明观念在全社会牢固树立。"④ 胡锦涛的发言无疑体现了党中央对生态环境问题和可持续发展问题的认识升华，标志着生态文明理念开始全方位地进入国家政治建

---

① 中共中央文献研究室：《十六大以来重要文献选编》（上），中央文献出版社 2005 年版，第 767 页。

② 同上书，第 850 页。

③ 中共中央文献研究室：《十六大以来重要文献选编》（下），中央文献出版社 2008 年版，第 1056 页。

④ 中共中央文献研究室：《十七大以来重要文献选编》（上），中央文献出版社 2009 年版，第 16 页。

设的视野。

2. 生态文明的科学内涵

十七大提出"生态文明"后，学界关于它的内涵进行了广泛探讨。

（1）"生态文明"概念争论

围绕这一概念，学界产生了"形态论""要素论"等争论。

"形态论"（有学者称为超越论）认为，生态文明是人类文明发展的一个阶段，是与渔猎文明、农业文明及工业文明前后相继的文明形态，这种划分是按照文明发展的历史时期进行的阐释，代表性的学者有申曙光、余谋昌等。"要素论"（有学者称为修补论）认为生态文明是社会形态内部的构成要素，是与物质文明、精神文明及政治文明并存的文明要素，这种划分是按照文明发展进程中的构成成分进行的阐释，代表性学者有张云飞、方世南等。

（2）争论原因

产生激烈争论的原因非常复杂，但可以从以下几个角度进行思考。

首先，从概念本身进行分析，"生态文明"是"生态"加"文明"的合成词。这两个原生词本身就具有复杂性。"文明"自身就有一般化和历史化的两种解释，有的从开化、进步意义上使用，有的从生产生活方式意义上理解，有的是把两种混合起来运用。"生态"可以从美好姿态、生物生活习性原初意义上理解，还可以从自然环境、人与自然关系、和谐状态等现代化意义上理解。

其次，从合成词内部关系分析。一般而言，组成合成词的原生词之间应该逻辑一致。当"工业文明""物质文明"这类词产生后并未引发更多的学术争论，因为"工业"与"文明"或者"物质"与"文明"的逻辑是一致的。"文明"相对于"野蛮"，强调人的价值和作用，"工业"相对于"农业"，也同样彰显人的创造力量。"物质"从更宏观的意义上讲与"贫穷"相对，后者到前者的转变起决定作用的仍是人。但是"生态"与"文明"的逻辑并非一致，因为"生态"是基于形式的或彻底的生态中心主义，而"文明至少在某种程度上只能是超脱自然的或反生态的——致力于摆脱纯自然性力量及其规律的控制并以人类社会的方式生存与生活"①。

第三，从"生态"所需的研究方法分析。生态学与其他自然科学（比如物理学）的研究有诸多不同，其中重要区别是物理学强调在单纯环境下（实验室）

_____

① 郇庆治：《生态文明概念的四重意蕴：一种术语学阐释》，《江汉论坛》2014 年第 11 期，第 5 页。

借助机器设备得出较为一致性的实验结果，而不需要考虑更多的周遭环境；而生态学研究的是自然状态下各种关系，且各种关系处于不断变动当中。所以，物理学研究更多采用的是机械还原论的方法，而生态学则需要采用整体性复杂性的非线性方法。当把生态学的研究方法等同或简化为机械还原法时，对"生态"及"生态文明"自然有了不同程度的理解。

第四，从人类的思维模式分析。一般而言，存在一般到个别和个别到一般两种截然不同的思维模式，分别称之为分析法和综合法。分析论者认为工业文明呈现的现代性是人类社会的永恒状态，之所以在工业文明发展中出现环境危机只是因为忽视了环境污染防治，只要采取一些必要措施就可以渡过危机。拥有此种思维模式的往往认为生态文明与物质、精神及政治等文明一样，同属于工业文明的范畴。综合论者认为造成生态危机的原因复杂，工业化的生产生活方式是根源。只有摆脱工业文明，才能彻底解决危机。拥有此种思维模式的往往认为生态文明并非工业文明的结构层次，而是对其的跨度和超越。

（3）生态文明含义

要想对生态文明含义进行更加清晰、准确的界定，必须考虑以下一些因素。

首先，问题产生背景。在工业社会以前，生态危机是可控的或并未严重影响人类的生产生活或并未构成社会的突出矛盾，但经过工业社会掠夺式发展，人与自然之间的关系越发紧张，已然成为社会进一步发展的瓶颈或影响人类追求更好生活的障碍。所以，大规模大范围的"生态文明"讨论是以工业社会快速发展为前提的。

其次，语词使用语境。从"生态文明"概念提出过程来看，我国不仅早于国际社会，而且研究持续深入。刘思华教授在1986年提出"社会主义生态文明"后，1987年深刻阐述了在社会主义制度下人民群众的物质需要、精神需要、生态需要的实现过程，就是社会主义物质文明、精神文明、生态文明三大文明建设过程①；1988年进一步论述了生态文明建设的重要性；1991年提出建设社会主义生态文明的新命题；接下来又从文明形态变革的高度，认为生态文明是现代经济社会发展的中心议题。在学者们的深邃远见及政治呼吁下，国家战略性的"生态文明"政策于2002年出台。所以，"生态文明"是个具有中国特色的专有名词，有其特定的使用国界。

---

① 刘思华：《理论生态经济学若干问题研究》，广西人民出版社1989年版，第273—277页。

第三，体现批判反思性。产生生态危机的原因很多，但根本性在于资本主义工业文明及制度。美国生态学者詹姆斯·奥康纳指出在资本追逐利润的过程中，不仅存在马克思所揭示的"价值与剩余价值的生产与实践"之间的矛盾（导致经济危机），还存在"社会再生产的资本主义关系及力量"之间的矛盾（导致生态危机）。所以，"生态文明"应高扬马克思主义对资本主义社会的批判精神，不断反思工业发展模式，探寻替代性解决方案。

第四，体现整体性发展思维。马克思主义认为自然、人及社会是辩证统一的整体，它们之间的协调发展是社会文明发展的基本规律。虽然资本主义不断进行这些关系的调整，维持较稳定的发展状态，但因为资本主义社会剩余价值规律的决定性作用，人、社会与自然之间的永恒协调性无法在社会内部建立。唯有进行社会制度的替代，才能从根本上消解它们之间的原则性障碍，才能真正按照自然生态规律、社会经济规律及人自身发展规律实现三者的和谐发展。

第五，体现社会主义本质属性。马克思主义理论指出，只有进行生产者的联合，才能消灭资本主义的异化劳动及私有制，也才能真正进行资本主义社会物质变化关系的合理调节，真正解决资本主义社会对自然的绝对控制和支配，才能真正实现自然生态和社会经济的和谐发展。这也正是社会主义本质的基本内涵。

基于以上分析，积极吸收以往生态文明概念中的有益成分，笔者认为"生态文明"指的是社会主义劳动者联合起来，按照自然生态规律、社会经济规律及人自身发展规律，体现人、社会与自然的辩证统一关系，在对资本主义工业文明批判和反思基础上进行制度性替代，实现人与自然、人与社会、人与人和谐发展的新型社会形态。

（二）生态文明建设进一步发展

在科学发展观指导下，21世纪前10年的生态文明建设进一步发展。主要表现在：资源环境立法修法密集开展、生态环保制度体系继续完善、经济绿色循环低碳发展的推进等方面。

1. 资源环境立法修法密集开展

这一时期，资源环保法制建设取得了新进展，最具代表性的是出台了《可再生能源法》《循环经济促进法》等。

（1）《可再生能源法》

可再生能源是相对于不可再生能源（像煤炭、石油）而言的，指的是自然界中可以不断再生、重复利用、永续使用的能源，主要包括太阳能、风能、水能等能源。

在我国发展可再生能源是十分必要的。一是因为我国能源资源有限，尤其是石油、天然气等优质能源储备不足，对外依存度较高。二是改善能源结构的需要。经济发展中能源供给过度依赖煤炭，随着煤炭资源开采量的减少，前瞻性地寻找替代性能源十分必要。三是缓解环境压力的客观需要。粗放型经济增长方式以煤炭等能源的大量消耗为特征，不仅浪费了能源，而且给环境造成了巨大压力。四是发展新兴产业，促进经济发展。可再生资源的研制、开发、利用可以形成一个重大产业链条，成为一个新的经济增长点。

2005年十届全国人大常委会第十四次会议通过的《可再生能源法》，为推进我国可再生能源的开发利用提供了可靠的法律保障。本法共8章33条，主体部分包括可再生能源调查与开发利用规划、产业发展指导与技术支持、推广与应用、价格管理与费用分摊、经济激励与监督措施、法律责任等。在政策支持和法律保障下，可再生能源产业得到快速发展，目前我国已发展成为世界上最大的可再生能源市场，这不仅优化了产业结构、提高了我国能源安全水平，还在一定程度上改善了生态环境。

在加快可再生能源开发利用的同时，也存在一些发展可再生能源的问题。比如，可再生能源电力的消纳问题。弃风弃光限电现象2010年开始出现，之后快速发展，后来经过一系列国家政策的引导和调整，问题有所缓解。但这一问题一直是制约光伏、风电产业发展的重要障碍。为解决该问题，2019年5月国家发展改革委等印发了《国家发展改革委　国家能源局关于建立健全可再生能源电力消纳保障机制的通知》。该通知提出的主要解决办法是建立健全可再生能源电力消纳保障机制——可再生能源电力消纳责任权重，这一机制的核心是确定各省级的可再生能源电量在电力消费中的占比目标。为了消纳目标，国务院能源主管部门按年度设定了最低消纳和激励消纳两种机制，规定了政府部门、电网企业、电力用户等协同承担消纳责任，提出了国家、省级两层次的消纳责任完成情况的监测和考核机制。该通知的贯彻落实将有助于促进可再生能源的持续健康发展，进一步推动能源革命和消费革命的发展。

（2）《循环经济促进法》

为落实2005年胡锦涛提出的发展循环经济的理念，《循环经济促进法》经过三年的讨论修改后，于2008年获全国人大常委会通过。

本法共7章58条。总则第2条就明确了循环经济的含义"是指在生产、流通和消费等过程中进行的减量化、再利用、资源化活动的总称"。本法最具亮点的是制定了发展循环经济的 9 条基本制度：循环经济规划制度，抑制资源浪费和污染物排放的总量调控制度，以生产者为主的责任延伸制度，循环经济评价和考核制度，对高耗能、高耗水企业的监督管理，对产业政策的规范和引导，减量化优先的原则，激励机制，法律责任追究制度。

其中"以生产者为主的责任延伸制度"最具典型性，该制度指"将生产者单纯的产品质量责任依法延伸到产品废弃后的回收、利用、处置环节，相应对其产品设计和原材料选用等提出更高的要求。生产者责任延伸限于在技术上和经济上可行的范围内"①。被列入强制回收名录的产品或企业，生产者必须对废弃产品或附属包装物负责回收，可以利用的，企业负责利用；不可利用的，企业负责进行无害化处理。"以生产者为主"指的是可以把对产品废弃后的回收、利用、处理等责任延伸至与生产有关的企业或人。如生产者可以委托销售者和其他组织对回收名录中的废弃产品或附属包装物进行利用或处置，后者应遵守委托合同，依照法律规定执行；对消费者而言，应将回收目录中的产品或包装物交给生产者或其委托的销售者或替他组织进行利用或处置。

该法出台后，在一定程度上提高了资源的综合利用效率，促进了循环经济的发展。但随着国际国内经济发展情形的变化，它已不能很好地发挥作用，需要对其进行完善。目前，立法机关已启动相关程序对其进行修订。在完善中，需要进一步明确本法的立法目的、界定调整对象来提高其实施效果。本法第 1 条明确规定了立法目的："为了促进循环经济发展，提高资源利用效率，保护和改善环境，实现可持续发展，制定本法。"可见，本法有两个立意，解决资源短缺问题和促进循环产业发展，所以条款内容既涵盖资源的规定，又包括废物的处置，以及推动产业的规定。这些内容显然与关于资源能源、废物处置等法律如《节约能源法》《固体废物污染环境防治法》等条款内容重复，浪费了立法资源；还有如果本法的根本在于促进循环产业发展，那么发展这一产业的核心制度是什么？虽然条款设计了多项制度，但缺乏核心性的制度，带来的影响是实施效果非常有限。所以，建议在修订本法时，先明确要解决的核心问题是什么，然后在梳理边界法律规范时，给出清晰的调整对象，这样既可以避免立法资源的浪费，还可以使本法有的放矢；另外加强发展循环经济的理论研究，总结发展的经验教训，提炼出核心性的制度，提高法律的实施效果。

---

① 别智：《发展循环经济　促进节能减排——〈循环经济促进法〉规定的管理制度和经济措施分析》，环境保护 2008（21），第 60 页。

除此之外，进入 21 世纪后的头十年，我国还制定了《防沙治沙法》（2002年）、《放射性污染防治法》（2003 年）、《清洁生产促进法》（2003 年）、《城乡规划法》（2007 年），修订了《大气污染防治法》（2000 年）、《野生动物保护法》（2004 年）、《渔业法》（2004 年）、《土地管理法》（2004 年）等法律规范。总之，该阶段的资源能源生态环境立法修法工作密集开展，为我国节约资源能源、保护环境提供了较为充足的法律依据。

2. 生态环保制度体系继续完善

这一时期，随着市场经济体制的初步建立，政策性的市场机制也迅速发展，最具代表性的制度是公众参与制度和环境信息公开制度。

（1）公众参与制度

鼓励公众参与生态环境保护是提升生态文明建设质量的重要举措。我国从20 世纪 90 年代就开始注重公众对环保事业的参与，但因为缺乏强有力的法律支撑，参与机制并未真正形成。直到 2006 年《环境影响评价公众参与暂行办法》的发布，才为公众参与环境保护提供了可靠的法规依据和详尽的政策指导。

本暂行办法共 5 章 40 条，主体部分包括公众参与的一般要求、公众参与的组织形式、公众参与规划环境影响评价的规定等内容，这样的框架结构及条款内容总的来讲阐述的是公众参与环境保护的制度。简单来讲，该制度指的是公民依法有权通过一定的程序或途径有序参与环境保护相关的决策活动。

为了更好地规范环境影响评价中公众的参与以及保障公众参与环境保护的知情权、参与权、表达权和监督权，该暂行办法于 2019 年 1 月 1 日起废止，由2018 年 4 月生态环境部审议通过的《环境影响评价公众参与办法》替代实施。本办法共 34 条，不仅扩大了公众参与的范围、完善了公众参与原则，而且完善了对建设单位进行环境影响评价的信息公开流程、上级主管部门对环境影响报告审批前的信息公开流程等。该办法的颁布将有助于进一步规范公众的参与行为，完善公众参与环境保护的制度，更好地发挥公众对环境保护的作用。

该制度在实际执行中却困难重重，尤其是公众参与程度十分有限，有限的参与也仅仅是停留在较浅的层面且难以持久；还有在环境公共利益受损时，我国法律的保护力度也十分有限；同时我国环保 NGO 的力量非常薄弱，对政府的规划或项目决策影响不大，对企业有损生态环境的行为也很难进行对等谈判等。重要的解决办法就是政府、企业、公众严格遵照执行《环境影响评价公众参与办法》。但问题在于如果企业或主管部门没有遵照执行办法中规定的实质内容或有序流程，将会产生什么样的实质后果，该办法并没有明确内容。参与与保护相辅相成，也就是说公众的积极参与是建立在环境公益损害能够获得法律保护的基础之上的，否则将落幕于形式上的参与。环境影响评价是专业性非常强的一项工作，环保 NGO 的进一步发展既可以为公众参与提供专业性的指导，又可以让参与真正成为对等式的谈判。

（2）环境信息公开制度

所谓"环境信息公开"指的是"依据和尊重公众知情权，政府和企业以及其他社会行为主体向公众通报和公开各自的环境行为以利于公众参与和监督"①。环境信息公开制度制定的目的是便于政府、企业或其他可能危害环境的行为主体、公众之间的关于环保信息的协商和沟通，形成政府、企业和公众等多方主体参与的环境保护。

2007 年 2 月国家环保总局通过的《环境信息公开办法（试行）》，与国务院 2007 年 1 月通过的《政府信息公开条例》统一于 2008 年 5 月 1 日开始施行。两者的同步实施并非是时间上的纯粹巧合，而是有更直接的意义。鉴于现实的环境压力，公众对环境信息的公开具有强烈的意愿，《政府信息公开条例》的施行可以更好地推进环境信息的公开和透明，一定程度上意味着国家解决环境问题的决心②。《环境信息公开办法（试行）》共 4 章 29 条，主体部分包括政府环境信息公开的范围、方式和程序，企业环境信息公开的范围、奖励措施，以及环保部门的监督与责任。

该办法实施以来，各地纷纷进行环境信息公开的有益探索。总体上看，全国环境信息公开程度和范围有了大幅度提升，但各地呈现的效果并不相同，或者说环境治理较好的地方，环境信息公开的程度较高，否则较低。造成这种结果的影响因素很多，有来自企业自身因素的影响，如企业规模、经济效益、财务状况、行业性质都与环境信息的公开成正相关关系，即经营状况较好的企业更愿意公开与环境有关的信息。

影响环境信息的公开程度还与政府自身密切相关，那哪些因素会影响政府这一行为呢？从政府决策、政策来源方面分析，每年人大、政协代表的提案反映的都是当年的社会热点焦点问题，如果他们的提案中集中反映环境问题或表达公众对环境信息的强烈诉求时，政府就会加大环境治理，同时也会公开较多

---

① 任玲、张云飞：《改革开放 40 年的中国生态文明建设》，中共党史出版社 2018 年版，第 120 页。

② 黄艳茹、孟凡蓉、陈子韬、刘佳：《政府环境信息公开的影响因素——基于中国城市 PI-TI 指数的实证研究》，情报杂志 2017（7），第 149—150 页。

的环境信息。从同级政府争相竞争角度分析，地方政府往往选择与自身发展条件、状况相似的其他地方政府进行类比。当对方创设了新的政府决策时往往争相效仿，尤其在现阶段各地环境状况排名频频更新的情况下，为了向上级政府部门展现自身的优势，地方政府会选择较多的环境信息进行公布。从促进地方经济发展来讲，为了获得更多的招商引资机会，地方政府也会加大环境基础设施建设，加强环境治理，并且也会提高环境信息的公开率。

提高政府环境信息公开程度可以通过上级政府对地方政府的规范性引导来加强，也可以通过每年地方人大代表、政协委员的关于环境信息公开方案的优化来加强，还可以通过优化同级政府之间的良序竞争来加强。

3. 经济绿色循环低碳发展的推进

科学发展观提出后，绿色发展、循环发展、低碳发展开始进入社会主义现代化建设的视野。

"绿色发展"指的是一国经济结构尤其是产业结构调整或转型后的作为物质载体的绿色产业以及支撑绿色产业发展的绿色技术等。"循环发展"是"循环经济"的拓展和延伸，循环经济指的是"物质闭环流动型经济，也就是在人、自然资源和科技的大系统内，资源投入、企业生产、产品消费、残余物处置的环节构成一种尽可能减少自然资源投入和废弃物排出的生态环境友好循环"。① "低碳发展"以"低碳经济"概念为基础，低碳经济指的是"一种致力于减少二氧化碳排放、减少石化燃料能源使用和扩大清洁能源使用比例的低耗能、低排放、低污染的经济发展模式"。② 这些概念的提出是为了解决高污染、高能耗、粗放型的经济增长方式。

顺理成章的结果是，2012 年 7 月胡锦涛在中央党校的省部级主要领导专题研讨班讲话中，明确提出了"三个发展"的思想内容，并将其作为落实科学发展观和推进生态文明建设的重要内容。从经验概念的提出到上升为科学发展观的贯彻要求，意味着党中央对现代化与生态结合的认知达到了一个新高度。"三个发展"更为深远的意义正像十八大报告中所指出的那样，"着力推进绿色发展、循环发展、低碳发展，形成节约资源和保护环境的空间格局、产业结构、生产方式、生活方式，从源头上扭转生态环境恶化趋势，为人民创造良好生产

---

① 郇庆治、高兴武、仲亚东：《绿色发展与生态文明建设》，湖南人民出版社 2013 版，第 12 页。
② 同上。

生活环境，为全球生态安全作出贡献"。

随着"三个发展"被纳入党中央的政治视野，围绕绿色、循环、低碳概念开展了一系列工作。如 2009 年环保部与人民银行联合印发《关于全面落实绿色信贷政策进一步完善信息共享工作的通知》，进一步规范了信息交流范围和保送方式，当年产生的直接影响是 4 万多条环保信息直接进入人民银行征信管理系统；大力发展循环经济，截至 2009 年底，"已有 26 个省市，33 个产业园区，钢铁、有色、电力等 84 个重点行业，再生资源利用、再生资源加工、废弃包装物等 34 个重点领域开展了循环经济试点工作"[①]。又如，随着低碳政策的贯彻落实，国家环保总局于 2007 年分两批制定了 190 多种"双高"（高污染、高环境风险）产品目录。

纵观 21 世纪前十年的生态文明建设，主要呈现以下特征：前所未有地提升了生态文明建设的战略地位，科学发展观指导下的"两型社会"构建成为这阶段的主要目标，提出了通过"绿色发展、循环发展、低碳发展"的手段来加快经济发展方式的转变，围绕生态文明建设进行了资源环境密集的立法修法工作、完善了包括公众参与环保、环境信息公开在内的监管体制、市场机制、领导机制、影响评价机制等制度。

五、习近平生态文明思想指导下的生态文明建设快步发展

党的十八大以来，习近平关于生态文明建设发表了一系列讲话，这些讲话逐渐形成了内容丰富、逻辑清晰的思想体系。习近平生态文明思想是习近平新时代中国特色社会主义思想的重要组成部分，是马克思主义生态思想在当代的发展，是我国生态文明建设的指导思想。

（一）习近平生态文明思想

习近平历来重视生态环保工作。在地方工作期间，不仅认真贯彻执行环境保护的基本国策、可持续发展战略、科学发展观，而且结合地方实际创造性地提出"绿水青山就是金山银山"的科学命题。党的十八大以来，习近平的生态文明思想更加清晰和系统。

1. 形成过程

党的十八大报告明确把生态文明建设提升到国家战略布局的高度，"必须更

---

① 赵凌云、张连辉、易杏花、朱建中等著：《中国特色生态文明建设道路》，中国财政经济出版社 2014 年版，第 130 页。

加自觉地把全面协调可持续作为深入贯彻落实科学发展观的基本要求，全面落实经济建设、政治建设、文化建设、社会建设、生态文明建设五位一体总体布局，促进现代化建设各方面相协调，促进生产关系与生产力、上层建筑与经济基础相协调，不断开拓生产发展、生活富裕、生态良好的文明发展道路"①。

十八大还专题论述了"大力推进生态文明建设"，强调"把生态文明建设放在突出地位，融入经济建设、政治建设、文化建设、社会建设各方面和全过程，努力建设美丽中国，实现中华民族永续发展"②。这不仅强调了生态文明建设关乎中华民族未来发展的重要意义，而且强调了生态文明建设的实践指引。只有把生态文明建设与经济增长方式、发展方式的转变、产业结构的调整、循环经济的发展等经济建设统一起来，只有把它同生态环境保护法律法规和基本制度的完善等政治建设统一起来，只有把它同加强生态文明的宣传教育和全社会形成社会主义生态文明观等文化建设统一起来，我国才能真正实现中华民族的永续发展。

十八届三中全会通过的《中共中央关于全面深化改革若干重大问题的决定》中，将加快生态文明制度及制度体系建设作为生态文明建设的重大问题，进一步明确了建设生态文明的基本实践路径，体现了党中央对如何建设生态文明的理论升华。

十八大以来，在贯彻党中央生态文明建设精神的过程中，习近平围绕生态文明建设提出了一系列新理念、新思路、新战略、新目标、新任务，形成了系统完整成熟的生态文明思想，科学回答了当代中国"为什么要建设生态文明""建设什么样的生态文明"和"如何建设生态文明"等重大问题。

2017 年召开的十九大把生态文明建设提升到了国家战略目标的高度，"坚持和发展中国特色社会主义，总任务是实现社会主义现代化和中华民族伟大复兴，在全面建成小康社会的基础上，分两步走在本世纪中叶建成富强民主文明和谐美丽的社会主义现代化强国"③。把"美丽中国"建设列为社会主义现代化强国的奋斗目标，并制定了建设战略路线图：到 2020 年打赢污染防治攻坚战；2020—2035 年生态环境根本好转，美丽中国的目标基本实现；2035—2049 年生

---

① 胡锦涛：《坚定不移沿着中国特色社会主义道路前进 为全面建成小康社会而奋斗——在中国共产党第十八次全国代表大会上的报告》，人民出版社 2012 年版，第 9 页。

② 同上书，第 39 页。

③ 习近平：《决胜全面建成小康社会 夺取新时代中国特色社会主义伟大胜利——在中国共产党第十九次全国代表大会上的报告》，人民出版社 2017 年版，第 19 页。

态文明全面提升，美丽中国的社会主义现代化强国基本实现。这不仅体现了党中央对生态文明建设地位的提升，更为重要的是对如何建设进行了明确的规划。

十九大还在以下方面创新性地发展了生态文明建设。一是当社会主义建设进入新时代，随着社会主义主要矛盾转变为"人民日益增长的美好生活需要和不平衡不充分的发展之间的矛盾"，满足人民日益增长的对美好生态环境的需求成为新时代社会主义生态文明建设的目的。二是关于党和政府治国理政的重大议题置于"习近平新时代中国特色社会主义思想"框架之下，习近平关于生态文明建设的一系列阐述也就成为这一思想框架的重要组成部分。所以，十九大最大的贡献就是提出了"习近平新时代中国特色社会主义思想"，"习近平生态文明思想"也随之提出。三是确定"人与自然和谐共生"作为新时代中国特色社会主义建设的基本方略之一，也就是说，习近平生态文明思想落实必须通过大力开展生态文明才能实现人与自然和谐共生，这已成为社会主义建设理论和实践共识。四是专篇论述了"加快生态文明体制改革，建设美丽中国"，部署了未来五年生态文明建设的总体任务："推进绿色发展""着力解决突出环境问题""加大生态系统保护力度""改革生态环境监管体制"。这四大任务既是基于现实亟须解决的几大问题，也是习近平生态文明思想在今后几年重点落实的环节和方面。五是将"增强绿水青山就是金山银山的意识"写进《中国共产党党章》，将美丽中国建设纳入党的基本路线中。

为贯彻落实十九大精神，推动国家治理现代化的发展，十九届三中全会通过了《中共中央关于深化党和国家机构改革的决定》和《深化党和国家机构改革方案》。在全国人大十三届一次会议审议通过《深化党和国家机构改革方案》后，国务院在生态文明领域组建自然资源部和生态环境部，加强国家对生态文明建设的行政管理。

全国人大十三届一次会议还通过了宪法修正案，实现了生态文明入宪的巨大飞跃。修正后的宪法明确规定："推动物质文明、政治文明、精神文明、社会文明、生态文明协调发展，把我国建设成为富强民主文明和谐美丽的社会主义现代化强国，实现中华民族伟大复兴。"①

为进一步推动新时代的生态文明建设实践，习近平在 2018 年 5 月召开的全国生态环境保护大会上发表重要讲话。习近平提出的六大原则为新时代推进生态文明建设指明了方向：坚持人与自然和谐共生，绿水青山就是金山银山，良

---

① 《中华人民共和国宪法》，《人民日报》2018 年 3 月 22 日。

好生态环境是最普惠的民生福祉，山水林田湖草是生命共同体，用最严格制度保护生态环境，与世界共谋全球生态文明。这次大会也是新时代加快推进生态文明建设的动员大会，按照十九大的战略部署，全社会一起动手，推动我国生态文明建设迈上新台阶。

2. 新时代习近平生态文明思想体系

新时代习近平生态文明思想是十八大以来生态文明建设经验的总结，是继续推进我国生态文明建设再上新台阶的根本指南。厘清其内涵及内在逻辑，不仅关系到对其丰富内容的确切把握，而且关乎生态文明建设的现实推进及未来图景。

（1）以"人与自然和谐共生"为主线

对于建立在积贫积弱基础之上，现代化事业蒸蒸日上的中国来说，摆在面前的当然更需要理清现代语境下的人与自然关系，这不仅关涉到如何看待自然的理论问题，而且关涉到如何改造自然的实践问题。习近平多次讲到如何看待人与自然的关系。"要做到人与自然和谐，天人合一，不要试图征服老天爷。"① "人因自然而生，人与自然是一种共生关系，对自然的伤害最终会伤及人类自身。"② "人与自然是生命共同体，人类必须尊重自然、顺应自然、保护自然。"③ 这些讲话蕴含着深刻内涵：第一，重申了人的起源，人是自然界的产物，是自然界的一部分，伤害自然就是伤害人自身；第二，回答了人与自然的界限问题，人与自然是共生关系，也就是说人与自然并没有明确界限，而是你中有我我中有你彼此依存、共生共荣关系；第三，解答了当代语境下人应如何对待自然，自然同人一样是生命共同体，具有内在价值及尊严，应像尊重人自身一样尊重自然；第四，强调了改造自然的方式，人的能动性发挥应以遵循自然规律为前提；第五，预设了人与自然的未来蓝图——和谐，当人类尽力解决现有危机，不断修复破坏的自然，持续给予自然保护与尊重，当宁静、美丽重回自然，将会逐渐达到人与自然关系的和解。

通过对习近平关于"人与自然和谐共生"深刻内涵的揭示，可以看出其既不同于生态中心主义过度偏重自然，又不同于人类中心主义过度偏重人，是对

---

① 中共中央文献研究室：《习近平关于社会主义生态文明建设论述摘编》，中央文献出版社 2017 年版，第 24 页。

② 同上书，第 11 页。

③ 习近平：《决胜全面建成小康社会夺取新时代中国特色社会主义伟大胜利——在中国共产党第十九次全国代表大会上的报告》，人民出版社 2017 年版，第 50 页。

两者思想精华的"融合"。那么在人与自然关系的轴线图谱中，是偏重"自然"还是"人"呢？贯穿于十九大报告的一个清晰思想战略就是"以人民为中心"，因为人民不仅是以往功绩的缔造者，而且也是未来奇迹的创造者，新时代要以解决人民对美好生活的需求为奋斗目标。现代语境下生态问题与人民生活已成为密切关联、关切的话题，或者说"以人民为中心"现在亟须解决的就是损害人民健康等突出的环境/生态问题。习近平多次强调"建设生态文明，关系人民福祉，关乎民族未来"①。"良好生态环境是最公平的公共产品，是最普惠的民生福祉。"②"环境就是民生，青山就是美丽，蓝天也是幸福。"③ 再加上我国开展的环境保护、生态文明建设及可持续发展等系列议题及行动，可以得出在人与自然关系的处理中，并不是以中心轴为界的绝对对等关系，而是较多偏重"人"的"准生态中心主义"。

综上所述，生态文明根本上就是探讨"人"与"自然"的关系问题，习近平独创性的"人与自然和谐共生"理念不仅对这一根本问题进行了现实解答，而且进行了未来关系构建的指引。所以，"人与自然和谐共生"应看作是习近平生态文明思想的主线，一切关于"生态"的讲话都是在处理人与自然关系并构建未来蓝图。

（2）以"绿色生产方式和生活方式"为思路

造成人与自然关系紧张的根源是什么？习近平多次讲话中强调"生态环境问题归根到底是经济发展方式问题"④，"生态环境保护的成败，归根结底取决于经济结构和社会发展方式"⑤。理解其中深意：第一，社会主义生产方式不是生态危机的根源，因为社会主义制度下的生产力与生产关系基本适应，是非对抗性关系。第二，社会主义生态危机的根源在于经济发展方式。改革开放之初，引进大量资本，对其迅速扩张创造利润所造成的破坏还在我国能够消解的范围之内；随着资本投入几何倍数的增加，当突破消解界限后，生态危机呈现累积式爆发，所以资本的全球扩张是生态危机的根源。第三，环境保护或生态危机的解决关键取决于经济结构和社会发展方式。经济结构主要表现为公有制经济

---

① 中共中央文献研究室：《习近平关于社会主义生态文明建设论述摘编》，中央文献出版社 2017 年版，第 5 页。

② 同上书，第 4 页。

③ 同上书，第 8 页。

④ 同上书，第 25 页。

⑤ 同上书，第 19 页。

与私有制经济的比例关系，当前者占据统治型优势，或者说当社会发展取向并不是以利润为唯一或主要尺度时，环境才能真正得到保护。

那么如何来处理经济与环境或发展与生态之间的关系呢？生态中心主义立足于后物质主义立场，认为经济发展与环境保护相对立，人应屈从于自然而达到和谐；人类中心主义立足于物质主义，也认为经济发展与环境保护并非一致，自然应屈从于人构建未来社会。习近平多次强调两者之间并非冲突关系而具有内在一致性。"保护生态环境就是保护生产力，改善生态环境就是发展生产力。"① "我们既要绿水青山，也要金山银山。宁要绿水青山，不要金山银山，而且绿水青山就是金山银山。我们绝不能以牺牲生态环境为代价换取经济的一时发展。"② 理解其中深意：经济发展仍是现代化建设的重要任务，是实现中国梦的基石；经济发展应是绿色发展，应当避免二战后西方国家走过的"边发展边污染"的道路；经济发展与自然环境相辅相成，自然环境本身就能转化为经济发展；当经济发展与自然环境发生矛盾时，唯一的选择应是自然环境。

为实现"既要绿水青山，也要金山银山"，习近平强调要形成绿色发展方式和生活方式。如"要打破思维定式和条条框框，坚持绿色发展、循环发展、低碳发展"③，"我们强调不简单以国内生产总值增长论英雄"④，"形成节约资源和保护环境的空间格局、产业结构、生产方式、生活方式"⑤。从这些讲话可以得出，习近平关于"绿色发展方式和生活方式"的形成已有系统思路。第一，发展观念突破的重要性。改革开放的巨大成就源于打破原有的思维定式，实现绿色发展也同样需要打破现有的条条框框，创新发展思路。第二，经济发展方式转变为绿色、循环与低碳发展。循环、低碳不仅有效节约资源能源，而且有利于减少对环境的破坏，所以，二者是实现绿色发展的直接手段。第三，形成对党员干部考核的绿色评价体系。评价体系直接影响发展方式，因为经济发展成效往往是考核党员干部的重要指标，有些时候或地方可能还是唯一指标。第四，生活方式对绿色发展的重要性。生产与消费相互影响相互促进，生产决定消费，但消费对生产有重大影响。通过生活消费方式的变革倒逼生产方式的变革。

---

① 中共中央文献研究室：《习近平关于社会主义生态文明建设论述摘编》，中央文献出版社 2017 年版，第 4 页。
② 同上书，第 21 页。
③ 同上书，第 21 页。
④ 同上书，第 23 页。
⑤ 同上书，第 19 页。

（3）以"生态文明制度体系"为保障

生态危机主要依靠什么手段来解决？习近平多次讲话强调"保护生态环境必须依靠制度、依靠法治。只有实行最严格的制度、最严密的法治，才能为生态文明建设提供可靠保障"①；"生态文明领域改革，三中全会明确了改革目标和方向，但制度性建设比较薄弱，形成总体方案需要做些功课"②。通过总结习近平关于"生态制度"的讲话，具有以下内涵：第一，生态文明制度及机制不能解决我国目前的生态问题，亟须改革。第二，生态文明制度及机制不能适应我国生态文明建设的目标和方向，亟须重建。第三，生态文明制度建设中最重要的是建立领导干部的终身责任追究制。许多生态事件的发生是因为领导干部的不负责任、不作为，建立责任追究制度有利于其积极履职；有些生态问题的爆发并非领导干部任期，按照权责一致原则，追究到底。第四，现实中突出性生态问题的发生与权责（所有者和管理者）不清有很大关联，所以亟须建立健全资源生态环境管理制度。第五，系统性的匹配制度还应包括环境监测监察制度、水治理制度、污染总量控制制度等，另外还包括一系列的生态文明机制如自然资源资产管理体制、资源环境承载能力监测预警机制等。

通过对习近平有关"生态法治"讲话的梳理，把握其内涵：修订或制定与现实需要相适应的环境法律法规；许多生态环境问题的发生与有法不依、执法不严、违法不究有关，严格执法，不能手软等。这些制度性建设不仅有利于现实问题的解决，更有利于生态危机的干预。

（4）以"生态意识和生态行动"为途径

习近平多次强调"要加强生态文明宣传教育，增强全民节约意识、环保意识、生态意识，营造爱护生态环境的良好风气"③。深刻理解其内涵：充分重视生态文明宣传的氛围作用。社会中的绝大多数人都有跟风认同的特性或趋势，优秀大众媒介可以积极营造一种节约/保护光荣、浪费/破坏可耻的良好氛围，为反思/纠正个人行为起到重要的引领作用；充分肯定生态文明教育的激励作用。通过社会、学校、社区及家庭的显性或隐性教育，不仅可以直接纠正错误行为，而且可以促进合规合理行为的训练和养成。

习近平还十分重视生态意识到生态行为的自觉转化。不仅积极倡导植树造林，

---

①　中共中央文献研究室：《习近平关于社会主义生态文明建设论述摘编》，中央文献出版社 2017 年版，第 99 页。

②　同上书，第 103 页。

③　同上书，第 116 页。

而且多次参加植树活动，带头进行生态行动；不仅积极倡导节水理念，而且把节水纳入严重缺水地区的政绩考核，真正落实节水行动；不仅提倡牢固树立勤俭节约的消费观，而且主动带头进行行政机关的消费革命，真正引领绿色消费。

综上，习近平就是按照主线—思路—保障—途径这样的逻辑关系来呈现出不断成熟的生态文明思想。在成熟体系性思想的勾勒及引领下，我国将建成绿色社会。

（二）生态文明建设快步发展

在习近平生态文明思想指引下，十八大以来我国加快了生态文明建设的步伐，主要体现在：生态文明制度体系基本构建、生态文明法治建设进程加快、生态文明建设实践取得巨大成效。

1. 生态文明制度体系基本构建

习近平指出真正下决心解决环境问题，必须建立最严格的生态环保制度。十八大以来党中央颁发了两个权威性政策文本，《中共中央　国务院关于加快推进生态文明建设的意见》和《生态文明体制改革总体方案》。这既是对习近平生态文明思想的贯彻落实，也是为推进生态文明建设采取的制度化举措。该意见分为9部分，除第一部分原则性要求外，其余部分都围绕"如何加快推进生态文明建设"而展开，譬如，优化国土空间开发格局、转变资源利用方式、加大自然生态系统修复力度、健全制度体系建设等。该方案是完善生态文明制度体系建设的专门性文件，除了体制改革的总体要求及实施保障外，设计了生态建设"四梁八柱"的制度框架，包括自然资源资产产权制度、国土空间开发保护制度、空间规划体系、资源总量管理和全面节约制度、资源有偿使用及生态补偿制度、环境治理体系、环境治理和生态保护市场体系、生态文明绩效评价考核及责任追究八大类50项制度。

2. 生态文明法治建设进程加快

十八大以来，我国加快了通过法制建设治理生态环境的步伐。最为重要的是，生态文明在2018年入宪。其序言中"推动物质文明、政治文明和精神文明、社会文明协调发展，把我国建设成为富强、民主、文明的社会主义国家"修改为"推动物质文明、政治文明、精神文明、社会文明、生态文明协调发展，把我国建设成为富强民主文明和谐美丽的社会主义现代化强国，实现中华民族伟大复兴"。内容修订的意义在于通过国家根本大法明确了生态文明在我国的地位，与其他文明之间的关系，以及建设的最终目标。生态文明入宪，解决了作为国家战略目标的生态文明与宪法的衔接问题，体现了国家政策与法律体系的完全统一。生态文明拥有了更高的法律地位，更强的法律效力。

进入新时代，一些生态文明法律规范获得通过或修订。通过市场机制解决环境污染问题的《环境保护税法》于 2016 年获得人大常委会通过；推进生态文明建设、促进经济社会可持续发展的《环境保护法》（2014 年），强调源头治理、全民参与的《大气污染防治法》（2014 年），改善海洋环境，保护海洋资源的《海洋环境保护法》（2017 年），防止水污染、保障饮水安全的《水污染防治法》（2017 年）等修订稿也获得通过。还有"新修订的一系列法律明确了监管部门的责任，强化了问责机制，加大了企业违法处罚力度，改变了以前主要依靠政府部门单打独斗的传统监管方式"①。总之，这一时期，我国生态文明法律体系日趋完备。

3. 生态文明建设实践取得巨大成效

十八大以来，党中央加大了污染治理和生态保护的力度，遏制了生态环境恶化的势头，生态环境呈现出稳中向好的趋势。

（1）环境质量总体改善

大气质量显著提升。2018 年，全国 338 个地级及以上城市中，121 个城市环境空气质量达标，占全部城市数的 35.8%，比 2017 年上升 6.5 个百分点；217 个城市环境空气质量超标，占 64.2%；338 个城市平均优良天数比例为 79.3%，比 2017 年上升 1.3 个百分点，平均超标天数比例为 20.7%②。

全国地表水优良水质断面比例不断提升。2018 年，全国地表水监测的 1935 个水质断面（点位）中，Ⅰ—Ⅲ类比例为 71.0%，比 2017 年上升 3.1%；劣Ⅴ类比例为 6.7%，比 2017 年下降 1.6%；各流域优良水质断面比例不断提升。2018 年，长江、黄河、珠江、松花江、淮河、海河、辽河七大流域和浙闽片河流、西北诸河、西南诸河监测的 1613 个水质断面中，Ⅰ、Ⅱ、Ⅲ类占比分别为 5.0%、43.0%、26.3%；Ⅳ、Ⅴ、劣Ⅴ类占比分别为 14.4%、4.5%、6.9%。与 2017 年相比，Ⅰ、Ⅱ类水质断面比例分别上升 2.8%、6.3%，Ⅲ、Ⅳ、Ⅴ、劣Ⅴ类分别下降 6.6%、0.2%、0.7%、1.5%③。

（2）资源节约全面推进

单位资源能源消耗持续降低。我国万元 GDP 能耗由 1978 年的 2.5 吨标煤降

---

① 高世楫、王海芹、李维明：《改革开放 40 年生态文明体制改革历程与取向观察》，改革 2018（8），第 54 页。

② 生态环境部：《2018 年中国生态环境状况公报》，http：//www. mee. gov. cn/。

③ 同上书。

低至 2017 年的 0.57 吨标煤（按 2015 年不变价计算），重点产品的能耗也大幅下降，火电厂发电煤耗（6MW 以上机组）、水泥综合能耗、重点企业吨钢可比能耗分别由 1980 年的 413 克/千瓦时、218.8 千克标准煤/吨、120 千克标准煤/吨，下降至 2017 年的 291.6 克/千瓦时、134.8 千克标准煤/吨、634.2 千克标准煤/吨。万元工业增加值用水量由 2000 年的 208 立方米下降至 2017 的 49 立方米（按 2015 年不变价计算），万元 GDP 建设用地在"十一五"和"十二五"期间分别下降 29% 和 24.18%①。

（3）国土空间格局不断优化

坚守耕地红线。截至 2017 年底，全国共有农用地 64486.4 万公顷，其中耕地 13488.1 万公顷，园地 1421.4 万公顷，林地 25280.2 万公顷，牧草地 21932.0 万公顷；建设用地 3957.4 万公顷，其中城镇村及工矿用地 3213.1 万公顷。截至 2017 年底，全国共建立各种类型、不同级别的自然保护区 2750 个，总面积 147.17 万平方千米。其中，自然保护区陆域面积 142.70 万平方千米，占陆域国土面积的 14.86%。国家级自然保护区 463 个，总面积约 97.45 万平方千米。2018 年国家级自然保护区增至 474 个。2018 年上半年和下半年，国家级自然保护区分别新增或规模扩大人类活动 2304 处和 2384 处，总面积分别为 13.97 平方千米和 11.16 平方千米②。这些数据充分说明，我国正在加快落实生态保护红线制度，自然生态空间得到了有效保护。

（4）重大生态保护和修复工程稳步推进

十八大以来，中央加强了重大生态保护和修复顶层设计，"天然林保护、退耕还林、退牧还草、荒漠化治理等重大生态保护和修复工程顺利实施，森林覆盖率持续提高，年均新增造林 600 万公顷，森林面积和蓄积量分别增加到 2.08 亿公顷和 10.1 亿公顷，恢复退化湿地 2 万公顷，沙化土地面积年均缩减 1980 平方公里"③。

① 高世楫、王海芹、李维明：《改革开放 40 年生态文明体制改革历程与取向观察》，改革 2018（8），第 56 页。
② 生态环境部：《2018 年中国生态环境状况公报》，http：//www.mee.gov.cn/。
③ 高世楫、王海芹、李维明：《改革开放 40 年生态文明体制改革历程与取向观察》，改革 2018（8），第 56 页。

第三章

新时代生态文明制度体系建设与主要政策举措

党的十八大以来，我国生态文明建设取得了显著成效，但生态环境保护任务仍然任重而道远。为了打赢污染防治攻坚战、实现生态环境的根本好转，需要在原有制度基础上进一步构建从国家到全球、从经济到文化、从宏观到微观的生态文明制度体系，再配以从国家到地方、从生产到生活、从防治到修复的相关性配套政策。

一、新时代生态文明制度体系建设

从历史经验和理论分析来讲，一个问题的解决，根本上依赖相关制度的设置和落实。政治学意义上的"制度"是一个非常宽泛的概念，"它包括实体性的组织机构、比较正式的法律规章与规范和相对不太正式的规则与共识，甚或风俗习惯等"①。依此来鉴定十八大以来渐趋兴起的"生态文明制度"概念，它指的是党中央致力于生态文明建设而制定的各种相关制度的总和，包括为实现生态文明建设目标创设或革新的基本制度。从制度的纵向构架分析，生态文明制度包括根本制度、基本制度和具体制度。

根本制度指的是最具权威性的制度，生态文明根本制度指的是一个国家为实现生态文明建设目标主要通过立法、司法、执法等体制制定的目标规划、重大政策、重要法规等内容的总和。需要指出的是"生态文明根本制度"并不意味着在现代宪政体制之外，再单独创设一种与之并行的"生态文明体制"，而是在原有的宪政体制下如何根本性地实现生态文明建设目标；"生态文明根本制度"的涉指领域，也不再局限于传统的政治领域，国家之外的致力于全球生态环境事业的跨国性的国际组织也可以成为制度的制定与实施者，国内致力于生态文明建设目标的企业、公众与国家一样也可以成为制度的制定与实施者。"生

---

① 郇庆治、李宏伟、林震：《生态文明建设十讲》，商务印书馆 2014 年版，第 270 页。

态文明国家"就具有如此丰富的意涵与职能。

（一）建立生态文明国家

"生态文明国家"是一个具有现代环境政治意义的概念，作为"生态文明"与"国家"的组合性名词，可以这样理解，国家对于主权范围内的自然生态环境进行保护、修复、开发、利用的监管职责，主要通过国家权威部门的立法、司法、执法的生态化途径，以及国家指导下的环境友好企业和环境友好社会的构建来完成；还可以从超越国家地理疆界为构建美丽世界而努力的广泛意义上理解。十八大以来，我国关于生态文明建设在立法、司法、执法方面的革新或调整，习近平生态文明思想指引下企业和社会公众生态文明意识的逐渐提高，以及人类命运共同体国际观念的广泛传播，都在证明我国正在构建一个"生态文明国家"。

1. 立法司法执法领域生态文明革新

十八大以来，为了贯彻党中央生态文明建设精神，我国在立法、司法、执法等领域都进行了革新或调整。

（1）制定修订权威法律

经过中华人民共和国成立 70 年，尤其是改革开放 40 年的努力，我国已制定了"大致包括 12 个单行法、40 个法律规定、500 个法定标准和 600 多个法律性文件。此外还有大约一千个地方性环境法律法规"①。这些初步建立的较为完整的环境法律体系是我国建成生态文明国家的可靠法律保障。进入新时代，全国人大或其常委会通过或修订的一系列与生态文明建设相关的权威性规范文件，如《宪法》和《环境保护法》的修订，为生态文明国家的建立提供了更为权威的法律保障。

①生态文明入宪

最引起社会关注的是 2018 年生态文明入宪，国家用根本大法的形式确定了生态文明在我国的地位和作用。

修订后的《宪法》在序言部分不仅明确指出美丽中国是社会主义现代化强国的目标，而且也是中华民族伟大复兴的任务。除序言外，在总纲的第 9 条第 2 款，明确了国家必须保障自然资源合理使用、保护珍贵动植物，任何组织和个人绝对不能破坏自然资源、破坏生态环境；第 22 条第 2 款中将具有意义的名胜古迹、珍贵文物和其他重要历史文化遗产列为保护的范围，显示了国家对部分

---

① 郇庆治、李宏伟、林震：《生态文明建设十讲》，商务印书馆 2014 年版，第 145 页。

重要环境及自然资源进行特殊保护的义务。第26条第1款规定"国家保护和改善生活环境和生态环境，防治污染和其他公害"，明确了国家是环境保护的义务主体；第2款明确了国家保护环境的基本方式——组织和鼓励植树造林并保护林木。第89条明确了国务院的职权有领导和管理生态文明建设的权力。总的来讲这些条款既规定了生态文明建设的主体——国家、组织和个人，也规定了生态文明建设的客体——自然资源、生活环境、生态环境及其他重要历史文化遗产，生态文明建设方式——保障、保护与改善，如此就构建了生态文明建设的基本要素。这些要素在习近平生态文明思想指引下，在宪法的根本保障下，充分发挥作用，我国终将建成生态文明国家。

②修订《环境保护法》

《环境保护法》于1989年制定，随着社会的飞速发展，其中的一些条款已经与现实脱节，很难指导新时代的环保工作。顺应社会发展趋势，该法于2014年——时隔25年后重新修订，已于2015年1月1日起实施。

修订后的《环境保护法》共7章70条。主体部分主要规定了县级以上人民政府负有监督管理环境保护的职责，国务院有关部门、地方人民政府、企业等负有防治污染与其他公害的义务，地方人民政府、企业负有公开环境信息的义务，社会公众享有环境信息获取、参与和监督等权利，对企事业单位和其他经营者各种违法行为的法律责任及处罚标准的明确界定。

与本法配套施行的还有《环境保护主管部门实施按日连续处罚办法》《环境保护主管部门实施查封、扣押办法》《环境保护主管部门实施限制生产、停产整治办法》和《企业事业单位环境信息公开办法》四大办法。本法被称为史上最严格的专业行政法。从法律条款来讲，其严格性主要表现在：从原来的47条增加到70条，可执行性和操作性增强；首次将生态保护红线纳入法律，建立了"黑名单制度"、"按日计罚"的规定、承担环境连带责任。

较为严厉的操作性较强的《环境保护法》的出台，从理论预期上来说，会有效惩治破坏环境的行为，治理环境污染。从实施角度来看，企业或其他排污单位的污染行为得到了一定限度的制止。但在本法实施中，公众最大的疑虑在于，我国现有的环境状况与现存环保方面的法律法规数量并非完全匹配，也就是说如此多数量的环境法律法规并没有使环境危机得到根本解决。究其原因有很多，其中一个重要原因是这方面的法律法规数量太多，《环境保护法》的出台因为由人大常委会通过，效力等级仍然较低，难以统领其他相关法律。所以学界有些学者建议，我国需要编撰更具权威性、更具协调性的环境法法典。"近几年的环境法律实践还是发现现行《环境保护法》无法解决环境法律体系的内生性问题，也无法满足经济社会发展对环境法律的需求，目前我国迫切需要将环境法典的制定列入国家立法计划。"①

从世界各国尤其是欧洲解决环境问题经验来讲，为遏制环境恶化、规范开发利用自然资源的行为，欧洲各国的环境立法数量也呈现爆发式增长，且相互间的重叠、交叉、冲突也是频频呈现。为了解决部门法之间的矛盾冲突，20世纪八九十年代，欧洲环境法法典化浪潮引发了全球对环境法法典化的研究。现在欧洲一些国家颁布的环境法法典在协调环境法律体系的内生性矛盾的基础上，环境问题得到了较好的解决。我国有关环境保护单行法之间的大量重复、交叉和冲突的现象、现行环境法律体系对某些领域的立法空白等环保法律体系的内生性原因，再加上十八届四中全会《决定》所指出的"同党和国家事业发展要求相比，同人民群众期待相比，同推进国家治理体系和治理能力现代化目标相比，法治建设还存在许多不适应、不符合的问题"——我国法治建设与社会发展、人民期待、国家治理现代化不太匹配的整体性原因，十分有必要通过环境法法典化来协调内部矛盾、提高法治的整体建设实力，这样更有助于强化环保在我国的政治意义，以及提高我国环保在国际上的影响力。

（2）组建优化行政机构

从环境行政监管的组织架构来讲，在国家级水平上，2018年组建的生态环境部是最重要的生态环保行政管理和监督机构。它的前身是1973年创建的国务院环境保护领导小组办公室，1984年变更为隶属城乡建设部的国家环保局，1988年升格为国务院直属机构的国家环境保护局，1998年升格为国家环保总局，2008年升格为国务院组成部分的环境保护部，这近乎十年一升级的机构级别，是我国生态环保事业发展的直观体现。生态环境部是在整合了原环保部等7个部/委/办的环境保护和污染防治功能的基础上组建的。

生态环境部的组建把原来分散实施的污染防治与生态保护的职责统一起来，不仅在一定程度上解决了环境污染多头治理顽疾，而且把监管者和所有者区分开来，打通了大气防治污染和气候需要应对的地上和地下、岸上和水里、陆地和海洋、城市和农村、CO和CO_2等多头关系，为加强环境治理生态保护创造了更好的条件。

---

① 王灿发、陈世寅：《中国环境法法典化的证成与构想》，中国人民大学学报2019（2），第6页。

　　根据《深化党和国家机构改革方案》，党中央在 2018 年还组建了自然资源部，是在整合了国土等 8 个部/委/局的规划编制和资源管理职能的基础上组建的。

　　生态环境部和自然资源部的组建都体现了"大部制"的政府架构理念。大部制是现代市场经济条件下一种较新的政府架构，目的在于精简资源、理顺关系、明晰职责，提高行政机关的工作效率。它将相同或相似的公共事务尽可能地集中于一个部门统一管理，将所有者与管理者的权力职责尽可能地分开，将多个部门之间的外部协调尽可能地简化为部门内部的协调。但大部制绝不是政府部门之间的简单拼凑，而是政府职能的优化整合，属于政府管理体制的创新。

　　另外党中央还优化了水利部的职责，"将国务院三峡工程建设委员会及其办公室、国务院南水北调工程建设委员会及其办公室并入水利部"①；整合了环保、国土、农业、水利等部门的污染防治和生态保护的执法队伍及职责，组建了生态环境统一执法队伍。

　　（3）推进环境公益诉讼

　　环境司法对于环境立法、执法的权威性、有效性是至关重要的。环境立法内容在现实中一般会得到遵照执行，环境执法也会因为公权力的权威性不会受到太多的阻扰，但违背法律规范和执法权威的现象在实际中也是时有发生的，这时需要借助环境司法来保障立法内容、执法机关的权威性和有效性。

　　我国自颁布《环境保护法》以来，环境诉讼就以环境法律法规、民法通则、刑法等为实体法，依照三大诉讼法规定的诉讼程序逐步展开，在党中央、国务院、最高法及最高检的重视下，地方各级人民法院为环境诉讼的展开和推进做了很多努力。但在传统的环境监管中，明显存在着"重行政管理、轻司法介入"的现象，环境违法行为更多的是行政处罚而非司法诉讼，所以，日益增加的环境纠纷最终通过司法程序解决的比例较低。2012 年新修订的《民事诉讼法》第 55 条首次确立公益诉讼制度，2014 年新修订的《环境保护法》第 58 条再次确立和强调环境公益诉讼制度，2015 年最高法发布的《关于审理环境民事公益诉讼适用法律若干问题的解释》进一步细化了环境民事公益诉讼的相关规则，同年最高检作出了《检察机关提起公益诉讼改革试点方案》，这一系列法律修订、规范出台的目的就是推进环境公益诉讼。这些举动虽然没有发生公众期待的环

　　① 王灿发、陈世寅：《中国环境法法典化的证成与构想》，中国人民大学学报 2019（2），第 6 页。

境公益诉讼"井喷式"增长的现象，但 2015 年以来，环境公益诉讼案件相对以前呈现飞速发展的现状。

环境公益诉讼制度的推进不仅遏制了破坏环境的行为，而且提升了公众对环境司法的信任，在一定程度上推动了环境立法和执法整体水平的提升。但环境公益诉讼与其他诉讼最大的区别在于先天内生动力缺乏，因为它确认和保护的利益并非专属性——破坏环境的后果由非确定的多数人承担，诉讼成功的效益惠及非确定的多数人。我国在环境形势十分严峻的条件下启用这一制度，更多的是靠国家权力来推动其运转。虽然环保组织可以作为诉讼原告提起诉讼，但受民间环保组织整体力量偏低、地方发展差异性、经费不足、影响力较小等因素的影响，提起的公益诉讼案件十分有限；即便有些公益诉讼由环保组织起诉，大多数的组织都与政府存在某些关联性。总起来看，更多的公益诉讼由检察机关提起，这些情况下的诉讼更多意义上是一种政治任务的落实，带来了一系列的问题。比如，因为社会公众及组织没有提起环境行政诉讼的资格，意味着社会公众通过诉讼来制约行政机关可能有损环境行为的途径行不通，而检察机关的起诉监督很难达到期待的深度和广度。

司法的进步也是社会公众共同努力的结果，环境公益诉讼先天内生动力的缺乏性也引起了学界的广泛探讨。有的学者提出培养理性生态人来提升环境公益诉讼的内生动力，有学者提出通过培养成本补贴性的理性经济人来提高环境公益保护的正面效应。

虽然环境公益诉讼在实际的执行中还存在一些待继续改进和完善的地方，但不得不承认的是环境公益诉讼的开启表明了党中央真正想通过环境司法途径来保障环境立法与执法的权威性、有效性的决心和信心。我们完全有理由相信，在环境立法、执法、司法的协调统一下，我国将建成一个生态文明国家。

2. 社会主义生态文明观逐渐树立

生态文明国家的建立，除了依赖生态环保立法、执法、司法等制度及组织架构的构建外，还需要在经济社会发展中，社会其他主体具有积极应对或保护生态环境或合理开发利用自然资源的自觉。这至少应该包括两个非常重要的构成要素——环境友好企业和环境友好社会。

（1）环境友好企业、社会的构建需要社会主义生态文明观

环境友好企业并不仅仅限于企业具有的绿色公共责任，还应该是立足于世界发展产业链的最高端并掌握该领域最核心绿色技术的企业。更为重要的是，这样的企业还具有一种生态经济发展理念并积极投身于探索实践当中。环境友

好社会指的是在面对生态危机时，社会公众有一种自觉的积极应对危机的动力、状态和理性。这样的社会公众在国内能迫使传统性政府、企业或其他社会组织以认真负责的态度对待生态环境问题，在国际上也会产生同样的效果，迫使国际组织或各国政府积极开展国际合作，认真履行国际义务。当然这样的社会仅仅靠范围有限的示范性教育和游说性的非政府组织行动是远远不够的。

构建环境友好企业和环境友好社会需要国家凭借强大的政治力量、进行环境友好理念的价值取向教育才能逐步完成。党的十八大以来逐步开展的生态文明观教育、社会主义生态文明教育为其构建提供了良好的舆论和社会氛围。"生态文明观念"概念首先提出于十七大，十八大调整为"生态文明理念"，十九大改变为"牢固树立社会主义生态文明观"。十八大到十九大的演化，说明两层含义：经过五年国家层级的生态文明建设，全社会生态意识得到了普遍提升和强化，是时候有条件有能力在全社会形成共识性的"生态文明观"了；我国的生态文明建设虽借鉴别国经验，但是以自身国情和发展现状为基础，或者说我国正在探索的是具有中国特色的生态文明建设之路，在此过程中形成的生态文明观也应具有"社会主义"特色，或从世界视野来讲，我国牢固树立的是能够彰显生态文明建设成果、能够为世界生态问题的解决提供范式的中国式生态话语体系。

（2）社会主义生态文明观的特征

"社会主义生态文明观"作为我国企业和社会公众达到环境友好型状态必须具备的内在素质要求，是对中华民族传统生态智慧的超越，是对欧美资本主义国家生态理念的扬弃，在新时代具有强大的凝聚性和引领性。

第一，超越性。中华民族传统思想中就有深刻且鲜活的生态智慧，"天人合一"是我国生态文明建设的哲学基础，是社会主义生态文明观的思想渊源。但它"只是一般性地为两者间的和谐相处提供了本体论上的根据，为人与自然的和谐相处追寻到了一种人所必须具有的精神境界，却还没有为如何做到人与自然的和谐相处找到一种具体途径及其理论依据"[①]。"社会主义生态文明观"不仅为人与自然的和谐相处找到了一种精神境界——人与自然是生命共同体，而且也提供了达到此精神境界的具体路径——如加强环境监察，着力解决突出环境问题，加大生态保护、推进绿色发展等。

第二，扬弃性。欧美资本主义国家自20世纪70年代以来，在生态理论创

---

① 张世英：《羁鸟恋旧林》，首都师范大学出版社2008年版，第392页。

新方面也取得了不容忽视的理想成果，最具代表性的有生态马克思主义/社会主义和生态资本主义等。生态马克思主义/社会主义认为全球生态危机的根源在于资本主义经济体系，并试图构建一种替代性的社会形态与制度架构即生态社会主义代替资本主义。从其观点来看，是以"重现"或"矫正"的形式坚持了马克思主义生态观，所以生态马克思主义/社会主义是我国生态文明建设和社会主义生态文明观的哲学基础。从严格意义上讲，因为资本主义的非生态性，并没有生态的资本主义，但欧美近半个世纪抑制或消除生态环境问题取得的成效又值得思考，所以，生态资本主义中可持续发展、生态现代化、绿色国家、环境公民权及生态民主等值得学习和借鉴。但它从不质疑和挑战资本主义的经济与政治制度前提，也从不接受环境保护动机或生态伦理意义上的批评，所以我国生态文明建设和社会主义生态文明观只能对其进行有限的或扬弃性的借鉴。

第三，凝聚性。在十八大后修改的《中国共产党章程》"总纲"中明确规定，"中国共产党领导人民建设社会主义生态文明"。"应该说，这种表述已经十分清晰地阐明了我国生态文明建设的社会主义性质、人民主体和领导力量，或者说，一种'社会主义生态文明观'的主要含义。"① "社会主义生态文明观"的实践意义就是把民众朴实的生态意识或学者们党员干部们自成体系的或地域性的生态思想提升到与党中央保持一致的高度，思想上的高度自觉通过政治上的统一行动转变为生产生活的行动自觉，人与自然和谐共生的美好图景就会跨越现有障碍变成现实。

第四，引领性。中国的生态文明建设是我党与时俱进地革新其意识形态，主动解决传统工业化模式下造成的生态环境难题的理论自觉和实践努力。通过绿色发展道路与模式的探索，率先成为积极应对并有效解决生态难题的示范，既可以成为新兴经济体及发展中国家进行现代化建设的榜样，又可以成为国际共产主义运动拓展和创新的旗帜，还可以为彻底解决资本主义生态危机提供替代性的制度方案。建立在生态文明实践基础之上的"社会主义生态文明观"就可以形成中国特有的话语体系，就可以在国际舞台上表达中国的生态见地，张扬中国的生态智慧和输出中国的生态范式。

（3）社会主义生态文明观的核心

分析十八大、十九大报告以及习近平关于"生态文明"方面的论述，始终

---

① 郇庆治：《社会主义生态文明观与"绿水青山就是金山银山"》，学习论坛 2016（5），第 42 页。

在阐述一个核心观念——"人与自然是生命共同体",这不仅是习近平生态文明思想的核心,也是社会主义生态文明观的核心。因为习近平生态文明思想与社会主义生态文明观的内在机理是一致的。

"人与自然是生命共同体"将"共同体"的范畴拓展到"自然",将为构建人与自然和谐共生的图景提供理论基础。"人与自然是生命共同体"是习近平"生命共同体"思想的集中体现。"我们要认识到,山水林田湖是一个生命共同体"①;"坚持将山水林田湖草作为一个生命共同体"②。自然、社会和人是古往今来思想家们研究的永恒范畴,但更多的人并未一直秉承自然内在价值的思想自觉。习近平的讲话不仅认识到直接影响人类生产生活的"山水林田湖草"是"生命共同体",而且认识到更宽泛意义上的"山水林田湖草"乃至整个"自然"都是"生命共同体"。

依照"人与自然是生命共同体"的思想,在实践中应该尊重自然、顺应自然和保护自然。保护自然必须以尊重和顺应自然为前提,那怎么理解尊重自然和顺应自然呢?

尊重自然当然包括遵循自然界客观规律的常识性理解,另外还要尊重自然的优先地位、主体地位及其内在价值。自然分为自在自然和人化自然,它们以人的实践活动的干预、摄入为判断标准,自在自然是人的实践活动几乎没触及的纯粹的自然,人化自然则是打上人深深烙印的自然。从人的产生过程来看,人是自然的产物,自在自然的优先地位是毋庸置疑的。随着实践的进步,虽然自在自然的范围在缩小,人化自然的范围在扩大,但自在自然仍在按照其本质和规律发展,所以,自在自然不管在现在还是未来,它的先在性、优先性依然保持着。一般意义上讲,人化自然是人类实践活动的产物,但人对自然的改变是循序的,生产也是循环往复的,上一次改变自然的结果这次有可能成为实践活动的条件,所以,即使人化自然的范围越来越广,它也在为人的实践活动提供物质条件和实践对象,由此可见,人化自然也具有优先性。人具有主体地位的观点是没有争议的,但对自然是否具有主体地位的争论较大。一般认为,自然仅是实践的对象,仅是受动的客体,并没有主体性。但随着研究的深入,学界开始认为自然也有主体性,具有主体地位,但其表现方式有别于人类。人可

---

① 《十八大以来重要文献选编》(上),中央文献出版社 2014 年版,507 页。
② 《建立国家公园体制总体案》,http://legal.people.com.cn/n1/2017/0927/c42510—29561826.html,2018-01-21。

以通过语言、思维、劳动等方式来展现其主体性，自然可以通过别样的方式如创造神奇的自然物或者惩罚人类破坏自然的行为等展现它的主体地位。认识到自然具有主体性，人才会敬重自然、敬畏自然，也才能平衡地处理与自然的关系。承认自然的主体地位，才会逐渐摈弃自然仅是工具的传统性观点，承认自然的内在价值。

站在马克思主义立场上来理解顺应自然，绝不意味着人只能被动地适应自然。因为马克思并不是一个宿命论者或悲观主义者。既然人在自然面前不是被动的，那么就应该充分地发挥人的自觉能动性，积极地利用和改造自然，使自然朝着有利于人的趋势发展。人的活动会受限于自然条件，为了减少受限性，人就需要清楚自然界的本质及其内部的相互关系——自然规律，所以马克思强调，在发挥人的主观能动性之前，一定要遵循自然规律，而不是对自然规律的漠视。因此，顺应自然主要指的是遵循自然规律。

人是自然界的一部分，自然是人的"无机身体"等论断意味着人没有理由伤害自然，因为伤害自然、毁坏自然就是在伤害和毁坏人自身。但这样的觉悟只有在尊重自然、顺应自然的基础上才能具备。在今天生态环境形势如此严峻的情况下，保护自然至少应该表现为这样一些行为：对自在自然的限制性开发、对自然资源的合理开采、对已破坏的生态环境进行最大限度的修复和治理、对人类生产环境和生活环境的改善等。

十八大以来，随着社会各界学习贯彻落实十八大、十九大精神，尤其是习近平生态文明思想，社会主义生态文明观在被逐渐理解和接受的过程中，整个社会的生态保护意识有了显著提高。一些企业开始用"人与自然是生命共同体"的思想来指引企业发展，并积极承担起应有的绿色责任、主动开发研制引领该行业发展的绿色技术；绝大多数社会公众对人与自然的关系有了较为深刻的理解，在实践中也开始渐渐地改变生产生活方式，节约资源、绿色消费。在社会主义生态文明观的引领和感染下，环境友好企业和环境友好社会正在逐渐形成。

3. 人类命运共同体观念广泛传播

一个称之为生态文明的国家，除了努力通过组织架构和思想引领在本国内部完成生态目标外，还应该具有超越本国疆域的国际主义视野，为全球生态危机的解决提供本国智慧和方案。习近平在2015年博鳌亚洲论坛上的"亚洲新未来：迈向命运共同体"的主旨演讲为全球环境治理提供了中国智慧和中国方案——构建人类命运共同体。

(1) 人类命运共同体的解决方案

在 2015 年召开的联合国大会上，习近平系统阐释了"人类命运共同体"的含义：一是建立平等相待、互商互谅的伙伴关系。坚持主权平等原则，反对欺凌主义，坚持多边主义，反对单边主义，坚持合作共赢新思维，反对赢者通吃旧思维。二是营造公道正义、共建共享的安全格局。放弃冷战时期的霸权主义法则，建立公平合作可持续的全球安全观。三是谋求开放创新、包容互惠的发展前景。用好市场和政府两个手段，兼顾发展的公平和效益，世界各国互帮互助、互惠互利谋求可持续的发展道路。四是促进和而不同、兼收并蓄的文明交流。文明没有高低优劣之分，尊重各国文明，在互学互鉴中推动人类文明发展。五是构筑尊崇自然、绿色发展的生态体系。解决全球生态危机，各国应携手同行，推崇人与自然和谐共生的理念，探索绿色发展道路。理解"人类命运共同体"概念蕴含的本质，"就要认识到人与自然、人与人之间的有机联系。要实现世界的和谐与共同发展，只能采取相互理解、相互帮助和通过合作而不是对抗的方式解决当代世界所面临的问题"[1]。

在同年召开的联合国气候变化巴黎大会上，习近平通过发表《携手构建合作共赢、公平合理的气候变化治理机制》的主旨演讲，为全球环境治理提供了构建人类命运共同体的中国方案。具体来讲：一是凝聚各国力量、实现合作共赢。习近平指出："如果抱着功利主义的思维，希望多占点便宜，少承担责任，最终将是损人不利己。巴黎大会应当抛弃零和博弈狭隘思维，推动各国尤其是发达国家多一点共享，多一点担当，实现互惠共赢。"[2] 二是奉行"共同但有区别"原则。这一原则并不是说发展中国家不需要承担责任，而是相对于资本主义来说承担次要责任。全球生态危机的历史根源在于资本主义的资本全球扩张，它给落后国家带来了自然紧张和环境污染的诸多不利影响，引发了全球生态危机，直到现在资本主义发达国家还利用其支配的国际旧秩序、强大的国际组织或跨国公司对其全球资源进行掠夺。这一根源说明资本主义发达国家应该为全球生态危机承担更多的责任，这才符合"环境正义"的价值取向。况且资本主义发达国家现阶段所占用、所消费的资源、能源均居于世界前列。三是进行科技革命、践行绿色生产方式。工业革命在创造巨大物质财富的同时，造成了人

---

① 王雨辰：《人类命运共同体与全球环境治理的中国方案》，中国人民大学学报 2018（4），
　　第 68 页。

② 《习近平谈治国理政》（第二卷），外文出版社 2017 年版，第 529 页。

与自然、人与人之间的异化关系以及社会发展的不可持续性，从根源上解决其危害，就需要转变经济发展方式，各国应该通过对话交流，抓住新一轮科学技术及产业结构大调整大变革的历史机遇，发展绿色技术，创建绿色循环低碳的可持续发展方式。

（2）中国方案引领全球环境治理

习近平以人类命运共同体为基础提出的全球环境治理方案，超越了西方社会为解决该问题兴起的"深绿""浅绿""红绿"思潮或运动。

"深绿"思潮认为生态危机的根源在于人类中心主义，代替人类中心主义的将是生态中心主义：热衷于探讨增长极限的社会议题，对当前的生活方式和能源消费结构提出批判，主张发达国家的消费品应该减少，人类社会不需要通过经济增长来满足需求；承认自然有其内在价值及相关权利，主张应该放弃现代社会，回归自然，回归荒野。该思潮意味着人类要想彻底解决生态危机，就应该反对科学技术、经济增长，实现经济的零增长或负增长，让人类回到纯自然的生活状态。这种带有浪漫主义的未来思考因为严重地脱离社会现实终将难以付诸实践，还有即便人类能够回到荒野，现有的生态危机就能得到解决吗？显然在为资本主义推卸治理全球生态危机的责任和义务。

"浅绿"思潮认为生态危机的根源并不在于资本主义制度本身，而在于没有充分展现自然价值、利用市场机制作用和对破坏环境行为进行严厉惩治。他们反对生态中心主义，主张生态资本主义——把市场原则扩展于自然资源、通过新的技术及工业革命、在现存的资本主义制度框架下解决生态环境问题。所以，该思潮并不反对经济增长，而是鼓励经济增长并在这一过程中达到问题的解决，希望一种前瞻性的环境友好政策通过成熟的市场机制和技术革新在促进工业生产效率和经济结构升级的同时，实现经济发展和环境改善的双赢结果。这种解决办法虽然褪去了生态中心主义的浪漫色彩，变得更加务实和具有可操作性，但与前者一样非但没有揭示生态危机产生的根源，还在为资本主义制度辩护。他们所主张的生产还是以资产阶级利益为中心的生产，维护的还是资本主义制度。

"红绿"思潮以生态马克思主义为代表，是对马克思生态思想的挖掘或修正，认为生态危机的根源在于资本主义制度及其生产方式，生态危机的解决途径是实现工人运动和生态运动的结合，消灭资本主义制度及其生产方式。未来的社会形态是超越工业文明的生态文明社会，这种超越性体现在："超越粗放型发展方式，代之以绿色、可持续发展方式；超越高度集中的管理方式，代之以民主化的管理方式；超越以异化消费为满足和幸福体验的生存方式，代之以在创造性劳动中体验幸福的生存方式。"① 指出生态危机的根源并采取"红""绿"结合的方式具有更好的前瞻性和可行性，但由于缺乏工人运动和生态运动具体结合策略的探索，缺乏变革资本主义生产方式及全球扩张体系的具体措施的探索，实践性较弱。

综合以上可以得出，西方社会为解决全球生态危机所探寻的这三种方式，或由于太过浪漫而缺乏实际性，或由于太过实际而缺乏变革性，或虽然兼具变革和可行，但由于缺乏具体措施的探索，都很难根本上解决全球生态危机。与它们相比，中国提出的以人类命运共同体为基础构建的解决方式——凝聚各国力量、实现合作共赢，奉行"共同但有差别"原则，进行科技革命、践行绿色生产方式，更具有优势和可行性。

（二）制定生态文明基本制度体系

一个国家在建构了生态文明根本制度框架后，还需要通过基本制度体系的形成及完善来进一步贯彻落实。生态文明建设基本制度指的是具有高度权威性的实体机构制定的关于实现人与自然和谐共生目标的一系列规范相关社会主体与个人行为制度的总和。在长期的环境保护实践中，我国已建构了一些基本制度，如"三同时"制度、环境影响评价制度、污染物排放总量控制制度、排污许可制度、公民参与制度及环保信息公开制度等。进入新时代，在总结我国环境保护经验教训的基础上，在借鉴其他国家处理生态问题成功经验的基础上，根据要完成的生态文明建设目标，我国还需要加强生态文明基本制度体系的顶层设计，主要应该从国土空间开发保护制度、自然资源资产产权制度、资源环境生态红线管控制度、生态文明文化教育制度等方面入手。

1. 国土空间开发保护制度

国土空间指一国主权管辖范围内的包括陆地、陆上水域、内水、领海及其底土和上空等地域空间，国土空间开发指的是对一国的陆地、海域、水域等领域内的土地、水、矿产、海洋等自然资源进行挖掘开采等活动的总和。国土空间是一国经济社会发展的基础，优化空间格局有利于提高开发自然资源的合理性、有效性。

我国于 2010 年由国土资源部牵头制定的坚持全域立体开发、突出陆海统筹

---

① 王雨辰：《人类命运共同体与全球环境治理的中国方案》，中国人民大学学报 2018（4），第 70 页。

的《全国国土规划纲要（2011—2030）》正式实施。由此，"我国已经建立了以宪法、行政法、民法、经济法（财税法）和相关程序法等基本法，并颁布实施《土地管理法》《环境保护法》《城乡规划法》等涉及大气、土地、水、矿产等专门法为主体，部门规章、地方性法规和相关司法解释相配套的国土空间开发保护法律体系"[1]。

　　进一步研究国土空间概念，可以分别侧重"区域"或"要素"角度来理解。前者强调对国土空间的思维认知，体现了人类对空间认识的整体性和综合性，是人类对其生存的地表空间内环境的抽象认识，是对一定空间范围内人类实践活动与自然资源环境综合汇总的结果。依据地图学来划分，可分为行政区划、政策区划、经济区划、主体功能区规划、自然保护区区划等。从目前国家的国土空间区域开发来看，主体功能区规划最具代表性。后者强调对国土空间的对象认知，此时的国土空间更多被看作各类自然资源存在的场所以及人类赖以生存的生态环境，依据资源种类的不同，可以划分为对土地、矿产、水、海洋等资源开发的规划。从目前国家对空间资源环境的管理来讲，主要表现为对其用途管制。与此相对应的是国土空间开发保护制度主要由主体功能区开发制度和国土空间用途管制制度构成。

　　主体功能区开发制度主要解决的是区域无序、过度开发的问题，反映了国家通过区划定位来协调地区发展的思路，通过"明确区域的主体功能定位，将对各类发展权利的分配预期稳定下来，并基于发展权利的分配设计转移支付制度，借助投资、财政、土地、人口等的政策管理工具去落实，用于优化工业化、城镇化建设的空间开发秩序"[2]。这一制度设定后，一定程度上解决了地区发展缺乏延续性以及地区之间争夺项目的非正常性等问题，区域开发正在转向有序、有度的发展思路上来。

　　国土空间用途管制制度主要解决的是自然资源的滥采滥伐及生态环境破坏问题，反映了国家通过土地的用途管制来限制资源的开发利用、保护生态环境的思路。具体来讲就是政府依法对领土空间的占有者、使用者的权利义务进行管制，即"政府规定领土空间的法定用途、用途可否改变、如何变更以及予以监督管理"[3]。

---

[1]　陈晓红等：《生态文明制度建设研究》，经济科学出版社2018年版，第152页。
[2]　林坚、刘松雪、刘诗毅：《区域—要素统筹：构中华人民共和国成立土空间开发保护制度的关键》，中国土地科学2018（6），第3页。
[3]　同上书，第3页。

　　但在这些制度实施的过程中还存在着以下两个主要问题：一是中央政府关于国土空间区域开发执法责任、违责责任的规定比较原则，难以从根本上解决国土空间执法有效性不足的问题，也难以落实违背者应承担的责任问题；二是国土空间管制的对象较为广泛，以及所涉权利义务也较为纷繁复杂，再加上各类对象都有单行法、实施细则等单项细致的规定，导致对管制对象缺乏统一性和整体性的管制，执行效果并不十分明显。

　　更好的解决办法是党中央提出的完善主体功能区制度和健全国土空间用途管制制度。前者需要从协调国家与省级主体功能区规划、完善国家区域发展政策、落实各省级主体功能区定位并制定财政、投资、开发资源、保护环境等配套政策。后者需要层层落实用地指标控制体系严守耕地红线，扩大管控范围至自然生态空间严守生态红线，完善国土空间监测系统等。区域开发与自然资源开发并不是彼此孤立的，所以，在完善以上两大制度的过程中，还需要做好它们之间的衔接，构建区域开发与自然资源开发相统筹的国土空间开发保护制度体系。

　　2. 自然资源资产产权制度

　　自然资源的种类主要包括土地、水、矿产、森林、草原、野生动物、渔业等几大类资源。自然资源资产产权制度是通过法律明确以上各种自然资源的有关责任主体的所有权和所有量，明晰责任主体与所拥有自然资源的法定关系并由此可能获得的相关利益的权利。该制度设定目的是进一步明确各种自然资源的责任主体，以及与自然资源相关联的权利和义务，以便加强国家对自然资源的管理。

　　目前，我国对自然资源资产产权的法律规定主要体现在《宪法》《民法通则》等综合法以及一些如《土地管理法》《水法》《草原法》《森林法》《矿产资源法》《渔业法》《野生动物保护法》等单行法，还有一些补充性的行政法规条例中。自然资源的产权尽管有法律的明文规定，但在实际运行中主要通过行政手段来配置，往往暴露出很多现实问题。

　　首要问题是传统的自然资源产权制度导致自然资源产品的成本结构畸形化和价格构成的单一化。自然资源的成本主要包括资源勘探、开采、生产中的经济成本，并未考虑资源本身的价值和开采过程中造成的生态环境损失，结果就是在生态补偿机制和衰退产业援助机制缺位的情况下，许多资源大省纷纷出现"资源诅咒"现象。长期以来，我国自然资源资产价格长期与资源稀缺度、市场供求以及生态成本相分离，主要由凝结在资源产品中的劳动价值量来决定，结果导致资源无价或与全球资源价格严重脱节。

暴露出来的第二个问题是自然资源资产产权边界模糊和监管成本过高。产权清晰是市场交易的前提，还直接关系到交易费用的高低。我国自然资源的所有权、使用权、转让权等均存在不够明晰的缺点。如在所有权上，存在国家所有和集体所有界限不清的地方，法律规定属于全民所有的，但在实际中却由地方人民政府或各级部门管理；使用权方面缺乏保障和延续，导致自然资源的短期狠挖乱采等现象；转让权方面存在的问题是转让不畅通导致有些资源过度开采与有些资源闲置荒芜的不协调等。产权的不明晰往往导致自然资源的行政管理部门权力巨大，某些政府手中的权力如果被运作权力的企业或个人利用，结果可能是资源的私人化。还有资源的行政配置模式往往使市场化的自由交易无法顺利开展，即便可能进入市场交易的资源，交易成本也较高。资源归国家的，往往采取分级管理模式，行政部门的条块分割或造成实际管理部门的职责缺位，或造成重复执权、多头管理的现象，结果是国家相关职能部门的监督管理失效或成本较高。

解决以上问题的最好办法是党中央在十八届三中全会公报中提出的健全自然资源资产产权制度。如何健全呢？第一，明晰产权。对土地、水、森林等所有自然资源进行确权登记，划清国家所有与集体所有的边界，划清国家所有与各级政府所有的边界，划清不同集体所有者的边界，明晰产权主体。第二，建立权责明确的自然资源产权体系。制定资源责任主体权利清单，扩大资源所有权和使用权的实现形式，探索多样化的使用权权能，保障资源使用权的有偿转让等。第三，发挥市场机制的作用。单纯依靠政府行政配置管理资源的模式已经无法完成合理利用资源的目标，在国际社会逐渐趋向自然资源管理市场化的过程中，我国可以充分利用市场机制对自然资源进行配置管理，使资源的价格与它的稀缺性、供求性、竞争性紧密结合，提高其利用效率。第四，协调资源管理与生态管理的关系。资源开发与生态环境有密切的联系，如果资源开发限制在合理的范围内，即生态环境能够承受的范围内，那么资源周遭的生态环境是可控的，否则就对环境造成了巨大的破坏。在开发资源的同时，就预先规划好资源开采的范围、力度、进度等，尽可能地保护好周遭环境。第五，编制自然资源资产负债表。我国相关部门已经累积了土地、矿产、森林等自然资源的大量数据，在此基础上建立资源的实物核算体系，及时准确地了解资源的负债及变动情况；建立资源评估审核机制，在审核基础上，各级政府编制自然资源资产负债表，对相关责任人进行离任审计，审计结果作为考核领导干部的依据。

3. 资源环境生态红线管控制度

资源环境生态红线管控制度是新时代我国环境保护管理制度的一项创举，是在面对大气、水等重要环境因素持续恶化以及生态系统风险日益加大状况下的必然选择。其渊源最早可追溯于"耕地红线"。20 世纪 90 年代，由于我国耕地资源锐减，人均耕地面积持续下降，这已严重威胁到了我国的粮食安全及生态安全。为了积极应对问题，我国于 1999 年划定了基本农田保护区，2006 年提出 18 亿亩耕地约束性法律指标。十多年来，"18 亿亩耕地"红线战略意义在深入人心的基础上较好地保证了我国粮食安全。从"耕地红线"发展而来的"生态红线"最早源于 2000 年浙江吉安实施的红线管控区，在积累了一些生态红线管控探索经验的基础上，中央于 2011 年在《国务院关于加强环境保护重点工作的意见》中首次提出划定生态红线。在 2013 年十八届三中全会通过的"决定"中明确提出考虑国土空间开发和环境承载力两大要素来划定生态红线，2014 年新《环境保护法》第 29 条明确规定"国家在重点生态功能区、生态环境敏感区和脆弱区等区域划定生态保护红线，实行严格保护"。

新时代提出的"生态红线"不仅包括传统意义上的生态功能红线，还拓展至资源利用红线和环境质量红线等范畴。"生态功能红线"指的是生态功能保障基准线，具体体现在新《环境保护法》第 29 条规定的三种区域。其中重点生态功能区保护红线指的是在不同类型的重点生态功能区，依照相关生态评估指标体系，对其水源、土壤、生物种类等内容进行等级评定，对不同等级采取差异性的保护措施。生态环境敏感区保护红线指的是对不同类型生态环境敏感区的敏感状况进行等级评估，按照等级划定红线保护范围，并依据对敏感特征的认知采取相应的保护手段。生态环境脆弱区保护红线指的是在对不同类型的生态环境脆弱区进行等级评定的基础上，依据脆弱等级划定保护范围，脆弱性越高，保护范围越大，并依据对脆弱性的认知展开专业性的修复或恢复。资源利用红线指的是资源消耗上限，为节约资源，提高资源的利用效率，在保证国家经济发展指标和保障生态环境承载力下，设定的各种资源消耗的最高值，包括土地、水、能源等消耗上限。环境质量红线指的是环境质量底线，为满足人民对美好环境质量的要求，在考虑经济发展水平和现有环境状况的基础上而设置的大气、水、土壤等具体质量指标，相对应的就包括大气环境质量底线、水环境质量底线和土壤环境质量底线。

从以上概念界定可以看出，国家提出的"生态红线"包括保护线、上限、底线等多种，统称为基准线。这些基准线可以分为两大类：一类是保护红线，根据各类生态保护区的现状，经过等级评估后确定划线范围；另一类是绝不能破线，包括资源消耗上线和环境质量底线，这类基准线的落实需要从中央到地方，也就是说国家相关部门应该先制定一个全国统一基准线，比如耕地18亿亩，再把基准线依据各地经济、资源、环境情况层层分化，各地在认领到分化指标后，通过制订详尽的计划加以落实，否则可能流于形式上的重视。

在生态红线从一个地方性探索到逐渐上升为法律认可的一项制度后，它对节约资源能源、改善环境、修复生态具有十分重要的作用，但从制度的确立到实际见到成效还需要经过较为漫长的过程，因为制度的实施会受到多种因素的制约。单就生态保护红线的划定来讲，会受到以下制约：一是规范性文件的制约。新修订的《环境保护法》是明确了生态保护红线的法律地位，也明确了红线涵盖范围，但还没有进一步明确在哪划、怎么划。还有制定的一些规划性文件如《全国主体功能规划》《全国生态功能区划》《全国海洋功能区划》等也仅是宏观上的国土空间划分，对各类生态区保护红线的划分难以进行指导性操作。二是现实功能界定技术的制约。我国已设立自然保护区、重要生态功能区，也正在建设主体功能区、国家公园等。这些区域划定有相互交叉，功能也有相互重叠，那它们各自在改善环境中的定位如何、承担的核心性功能又是什么，还需要从理论、政策、技术等层面进行研究和细化。三是划定技术上的制约。生态保护红线的划定需要对划定区域的生态状况进行全方位的认知，认知建立在大量统计数据的基础上，这些数据包括土地、土壤、水流、水质、资源储备量及消耗量、生物种类及数量等，数据来源于农业、水利、各资源能源部门及海洋部门等，整合多个部门、统计翔实科学的数据并非易事。四是配套保障措施的制约。生态保护红线的划定意味着在红线划定区域将减少现有企业、工厂、村落、人员等活动，相应地需要增加像植树种草等修复性活动，那么就需要在落实红线政策时制订出相关的配套保障措施，以便更好地让现有的生产生活等无障碍退出和修复性活动正常性开启等。

解决现有制约性因素需要生态保护红线制度的进一步细化。

第一，加大理论科学研究。一项制度的成功运行需要透彻理论的支撑，生态保护红线制度需要从理论上探究明白"生态红线"概念、谁来划定更为合理、划定的标准是什么、谁承担划定责任、生态保护红线区和其他区的联系和区别等。这里所指的理论研究可以是学界专家学者的研究，也包括国家权威机关指定、委托或授权的相关部门或科研机构等。

第二，协调多部门利益和关系。生态红线划定需要充分的待化区域数据支撑，因为数据归属多个相关部门管理，那就需要有更权威性的机构来协调它们之间的利益和关系。在权威机构的协调和整合下，组织相关技术人员进行数据的归类处理，制定出评定生态等级的权威标准，然后依据标准实施考察待化区划，给出等级界定。

第三，制定易操作性规范文件。在理论研究的基础上，依据新《环境保护法》等法律规范、《全国生态功能区划》等规范性文件，还有相关政策文件制定具体操作规范，其中包括实施规划路线图和时间表等。

第四，配套性保障措施的制订。生态红线保护区的生态恢复或修复需要较多的保障性配套措施。比如评定级别最高或较高的生态红线区需要企业、人员全部或部分退出的就需要制订有序退出保障措施，以保障退出企业或人员的正常生产或生活；生态红线保护区的生态保护考核机制及责任承担机制；红线保护区的生态补偿机制以及监督管理机制等。

4. 生态文明文化教育制度

生态文明建设除了进行优化国土空间开发、明晰自然资源产权归属、划定生态红线等刚性基本制度外，还需要一些柔性制度来培养执行制度或节约资源、保护环境的"生态人"。

我国目前正通过宣传社会主义生态文明观为建成生态文明国家创造良好的社会氛围，通过学校系统的教育活动来增强社会的生态环境意识，通过高等学校的环境自然科学、环境工程科学及环境人文社会科学等教育来培养生态文明建设的专业人才。除此之外，还可以充分发挥高等院校开设的思想政治理论教育等强大渠道及影响作用来提升高校学生的生态保护意识。

（1）高校生态文明教育路径的探索

高校的价值取向不仅要注重人为本位，学生为本位，同时也要重视人与自然的和谐统一，强调人的创造精神的发挥。所以，为继续发挥高校的文化引领作用，必须在高校开展生态文明教育。

①转变育人理念

高校应充分认识到生态文明教育的重要性，校领导应认真学习并深刻领会生态文明建设内涵，转变观念，兼顾人才培养的专业市场导向和生态公益导向，把利用自然的科学技术教育和保护自然的生态文明教育同置并重，在专业化教育中融入生态保护的精神内涵和价值导向，彰显高校对大学生的全面培养。高校应根据社会需求，结合学校的实际情况，将生态文明教育真正渗透到学校的办学理念中，真正纳入学校发展规划中，真正体现在人才培养方案中，对大学生应具备的生态知识体系和生态保护技能做出明确规定，并制定相应的考核指标体系。大学生具备了应有的生态保护意识，才能在未来审慎利用自然，才能在对生态造成伤痛时进行卓有成效的修复。

②加强制度保障

好的理念必须有配套的可操作性制度才能加以落实，生态文明教育需要通过具体制度渗透到大学生学习生活的方方面面，影响并规范他们的行为。各高校根据自身的实际情况由相关部门制定大学生在校园、教室、寝室、图书馆、操场、餐厅等公共场所的生态文明行为规范和违反规范后具体的惩罚措施。譬如《大学生校园低碳生活行为守则》《大学生餐厅生态文明行为规范》等。条款要尽可能详尽并具有操作性，如餐厅严禁浪费食物，并明码规定，浪费食物的区间和确定的罚款金额；明确规定禁止使用白色污染物，禁止使用高能耗的电器等，并明确违反规定由谁处罚、怎么处罚。好的制度必须加上有效的操作才能落实，教务处可以为大学生的生态文明行为设定 2 学分，违反生态文明行为守则的条款就扣除相应学分，并规定扣除的学分通过哪些补偿途径可以弥补和修复。学生会可以成立大学生生态文明行为督导组，成员主要来自大学生志愿者，督导成员在校园各公共场所进行督查，发现违规行为进行处罚，并督促不当行为的修正。

③形成协同机制

高校学科专业日益精细的划分，不同领域的研究者局限在自身狭隘领域，仅用专业视角观察分析特定领域，无法形成超领域的宏观整体视野。学科间的壁垒注重科学技术应用的同时易造成对生态的伤害和破坏，为了预防破坏，高校应在专业建设时确立宏观整体的发展视野，统筹考虑科学技术对自然利用的限度问题，避免对生态的随意破坏。从更长远的学科发展视角来看，有必要探索构建校内跨学科的专业协作联盟，摆脱学科间各自为战的局面，加强联系，形成学科优势互补的生态文明教育合力。跨学科的专业协作联盟形成，会促使一些学者倡导的生态保护思想和研制的生态保护技术超越本学科的局限而得到尊重和使用，也会促使学者间围绕生态建设展开跨学科的交流和合作。这就意味着"一大群学识渊博的人埋头苦干于各自的学科，又相互竞争，通过熟悉的沟通渠道，为了达到理智上的和谐被召集起来，共同调整各自钻研的学科的要求和相互间的关系，他们学会了相互尊重、相互切磋、相互帮助。这样就营造了一种纯洁明净的思想氛围"①。

④建设课程体系

课程体系是高校培养人才的关键环节，生态文明教育的有效开展也必须整合教育资源，完善课程体系。对现有的课程体系进行改革，尽快把生态文明教育纳入其中；组织文理精通的专家学者编写生态文明教材，明确教学目的，制定科学的教学大纲、教学计划，创新教学手段和教学方法，以便教学有序开展；打破基础课与专业课，理论课与实践课之间的教学壁垒，把生态文明教育的价值理念融入现有课程中；开设增强大学生生态意识和生态责任的必修和选修课程，系统传授生态知识；有条件的高校可以定期聘请校外生态专家、生态保护模范、生态保护志愿者等给大学生做深入的生态讲座，通过他们的切身体会感染大学生，真正让生态价值观念深入大学生的内心，引起共鸣，并最终转化为大学生自觉的生态保护行为。

⑤注重实践育人

"纸上得来终觉浅，绝知此事要躬行。"生态文明并不仅仅是一种新的价值理念，更是建构"人与自然"和谐共生的实践，注重实践理应是推进生态文明教育的有效途径。一是让大学生塑造生态校园。每所高校都有独特的文化底蕴和建构，通过大学生亲自设计和塑造理想中的生态校园来传递生态价值观念，对大学生更加具有吸引力和影响力。二是把生态文明教育融入日常生活中。引导大学生树立正确的消费观，倡导适度消费，崇尚节俭，抵制奢侈的、野蛮的、虚荣的消费。三是充分发挥学生社团的作用，高校应倡导大学生积极组建生态文明协会，建立以体验为主的社会教育模式。如学生在协会的组织下向居民宣讲环保知识、生态道德规范和保护生态环境的法律法规。

（2）高校思想政治理论教育的生态化创新

思想政治教育学科的存在价值在于本学科对于人和人类社会的价值和意义。其最初产生蕴含在人与自然的简单关系中，随着人使用制造工具的深入与娴熟，人对自然改造的日渐深入，人与人、人与社会的关系变得微妙复杂，人与自然的关系也深刻蕴含在人与人、人与社会的复杂多变之中，要想维系人与自然的关系，就必须想办法来维系人与人之间的利益关系，如何来维系，自然就有了一系列维系的观念与原则，所以，人与自然的关系理所当然是思想政治观念应

---

① ［英］约翰·亨利·纽曼著，高师宁译：《大学的理念》，浙江教育出版社2001年版，第11页。

当反映的现实关系之一。

长期以来，思想政治教育价值被打上深深的政治价值烙印。在固有的意识形态和人的潜意识当中，思想政治教育仅仅被认为是调整人与社会关系的一种政治手段，通过这一手段把社会秩序维系在一定的范围之内，长期以来在进行思想政治教育的实践时显示其实效性差甚至无实效性。究其原因，正是没有体现思想政治教育在调节人与自然关系中的作用而使其软弱无力，所以，生态价值应是思想政治教育的本质属性，也是彰显本学科存在合理性的应有价值。况且，对思想政治教育赋予其生态属性，既符合人类文明进步的时代需求，又符合自然规律对当今人类提出的生态主义的理性要求。

"思想政治教育作为一种培养人、塑造人、发展人、完善人的社会性教育活动，是以'人'作为其出发点与落脚点，它不仅承担着引导人们进行价值追问与价值决断的责任，还帮助人们解读人生的终极意义。"[①] 大学生是高校思想政治教育的核心，是高校培养人、发展人、造就人的出发点与归宿点，所以，高校思想政治教育生态价值应立足于大学生，肯定大学生的个人价值和社会价值，同时提升大学生的生态道德素质，促使其全面发展。

思想政治教育实践活动中彰显其生态价值，有利于增进大学生自觉履行生态道德义务，把对现实利益的考究延伸到对长远利益的关怀，把对社会的道义升华到对自然的关怀；有助于帮助他们解决生态价值的冲突、混乱、抉择等问题，把谋求自身利益与尊重社会价值和自然价值结合起来，把人的发展与社会发展权利和自然的生存权利统一起来；有利于他们在面对利益与环境冲突时能够时刻保持清醒的头脑和足够的理性，进行正确的抉择。

除以上一些基本制度外，还应包括经济社会发展绿色评价制度、生态文明水平测评制度、资源总量管理和全面节约制度等。总之，基本制度就是对抽象性根本制度的进一步细化和落实，是国家权威机构制定的从整体宏观层面来把控资源的节约利用和防控生态环境恶化的一系列制度的总和。

(三) 完善生态文明建设具体制度

具体制度指的是由相对较低的权力机构依据根本制度和基本制度制定的，为实现人与自然和谐共生目标，规范社会主体行为要求的生态文明制度。比如主体功能区制度、国土空间用途管制制度等。这些具体制度的实施关系着根本

---

① 白立强：《论思想政治教育的生态价值取向》，学校党建与思想教育 2010（8），第76页。

制度和基本制度的贯彻成效，作用不可低估。进入新时代，应从资源有偿使用制度、生态补偿制度、排污权交易制度、环境保护责任追究制度、环境损害赔偿制度、产业准入制度等方面进行完善。

1. 资源有偿使用制度

资源有偿使用指的是以支付价格、税金、租金等使用费来获取资源的使用权，资源有偿使用制度指的是通过法律或其他方式固定下来的资源使用者在使用资源的过程中支付一定费用的制度。该制度的制定和实施体现了自然资源的价值，有利于保护资源、提高资源的使用效率。

我国资源有偿使用制度的开启与实施都较为缓慢。中华人民共和国成立后的相当一段时间，各种资源基本上是无偿开采，导致了资源的大量浪费。我国资源有偿使用制度首先实践于矿产资源开采的过程中，1986 年通过的《矿产资源法》明确规定探矿权、采矿权有偿取得制度。之后该制度广泛用于能源资源、水资源的使用中。

资源有偿使用制度实施过程中存在一些问题：一是资源有偿使用的认知不统一。受长期以来资源无偿使用的影响，一些人还未形成资源有偿使用的认知，导致任意开采、使用资源的行为时常发生。二是政策滞后。制度的落实必须有充分的政策支撑，我国资源种类较多，大多数资源都已实施有偿使用制度，但有些资源如森林、海洋资源还未纳入有偿使用的范围，导致资源的乱砍乱采。三是政策"一刀切"。我国资源分布大多不均衡，国家政策并未根据资源分布情况制定更加细化的政策，而是全国一刀切，导致政策的针对性较差，效果不太明显。四是资源交易市场尚未形成。资源是生产的基石，通过市场交易最大限度地体现资源的供需关系，有利于资源的最佳配置，但目前我国还未形成成熟的资源交易市场，主要是交易产品单一和交易规制不成熟。五是资源动态监测机制滞后。国家相关资源部门对所管辖资源的使用、交易、储存等数据掌握不及时，难以进行更好的管理和监测。

针对存在问题，我国目前正在采取相应措施进行解决。如加大资源有偿使用的宣传，尝试把更多的自然资源纳入有偿使用范围，根据资源分布地方政府正在制定针对性的对策，国家正在把更多的资源纳入市场交易机制以及资源相关管理部门正在建立大数据技术下的资源动态监测机制等；我国自然资源管理部也正在思考建立资源有偿使用组织管理体系，该体系由资源有偿使用制定机构、计量机构、征收与发放机构、监管机构等构成。

2. 生态补偿制度

生态补偿制度指的是通过市场化的经济手段来调节利益相关者的关系，以保护自然资源和生态环境为目的而设立的制度安排。

十八大以来，我国先后出台了进一步完善生态补偿制度的政策，如国务院办公厅 2016 年印发的《关于健全生态保护补偿机制的意见》，提出了制度创新路线图；2017 年颁布的《关于划定并严守生态保护红线的若干意见》对制度进行了细化。

生态补偿制度在实施的过程中，因为所涉利益关系的复杂性，所以还存在许多矛盾和问题。一是生态补偿政策体系还不健全。因为生态补偿所涉范围较广，在许多单行法如《森林法》《水法》《土地管理法》等有生态补偿形式，生态管理涉及林业、水利、农业等部门，所以补偿管理存在多元化、碎片化的特征。二是广泛参与性不够。一项政策需要利益相关者或广泛公众参与才能具有针对性和实施性，但在生态补偿相关政策制定的过程中，因为缺乏了广泛代表生态保护相关利益方的意志和利益，所以矛盾冲突较大。三是生态补偿的基础性工作还不完善。生态补偿需要根据生态环境的价值功能进行核算，虽然现在补偿标准的计算方法很多，但这些方法能不能更好地补偿破坏的生态还有待实证考察；还有补偿期限的设置也需要进一步思考。四是补偿方式单一。目前我国生态补偿基本采用行政补偿方式，根据生态补偿政策，政府出资进行补偿，资金来源于国家财政拨款，这种补偿主体单一、资金来源单一的补偿方式，不仅难以体现污染者付费、受益者付费的补偿原则，而且容易给国家财政带来巨大负担，结果可能导致社会整体性的生态保护意识并未提高。

解决矛盾和问题的有效办法是进一步完善生态补偿制度。

第一，设置生态补偿管理机构。针对生态补偿管理的多元化、碎片化现象，我国可以在自然资源部或生态环境部下设对生态补偿统一管理的机构，该机构可在厘清林业、农业、水利等部门关于生态补偿现有规定的基础上，协调它们之间的冲突，制定统一的生态补偿管理制度，以保障生态补偿制度实施的统一性和权威性。

第二，提高生态补偿制度的参与度。生态补偿作为一种较为专业的制度，公众的熟知度并不够。要想把该制度很好地投入实践，需要加强电视、网络等渠道的宣传。通过宣传不仅让更多的公众了解该制度并为制度的完善献计献策，还可以进一步提高公众的生态环保意识。

第三，完善补偿标准、补偿对象和补偿期限。改革补偿标准"一刀切"的形式，因地制宜地根据各地区经济发展状况、生态环境现状等不同情况制定差异性的补偿标准；补偿对象也应根据地理位置、生态污染情况进行确定，并能确保利益相关者充分参与；补偿期限也进行进一步的革新，可以设定以项目期限为基准的补贴＋项目终结后的奖励与惩罚的机制。

第四，构建市场生态补偿机制。针对生态补偿主体单一、资金来源单一等弊端，可以构建拓宽投资主体、资金来源的生态补偿投融资体制。在坚持政府生态补偿的主体地位、国家财政为主要资金来源的基础上，政府可以积极引导社会公众、社会资金参与到生态补偿中来。比如可以在开征环境税的过程中增加生态补偿的占比；可以通过发行生态补偿债券鼓励更多的社会资金参与；可以在进一步拓展自然资源产权市场交易的过程中专设生态补偿资金等。

3. 排污权交易制度

十八大以来，我国经济从高速发展期进入了高质量发展期。但持续严峻的生态环境客观上要求不断改进环境管理方式，全面推进排污权交易制度的呼声越来越高。为了落实第七次全国环境大会上李克强总理提出的有序推进排污权交易模式，2014 年 3 月财政部发出公告，明文规定："将在全国范围内大力发展建立排污权的有偿使用和交易制度，力争在全国主要省市开展排污权有偿使用和交易试点。"

我国于 20 世纪 80 年代开始排污权交易的试点工作，试点地区主要有浙江、安徽、江苏等省市。经过多年的排污权交易实践，我国已积累了一些交易经验，市场交易量在上升，交易金额在增加，交易领域在扩大。但在试点实践中，"大多数试点地区企业间的交易主要是由政府牵线搭桥完成的，交易数目非常少，能够独自完成的交易更是微乎其微，排污权交易面临'试点地区多、企业交易少'的问题"①。

为什么排污权交易会呈现出以上现象？市场表象背后的问题有哪些呢？一是地方环保观念较差。长期受 GDP 考核指标的影响，很多地方政府环境保护意识较低，还有很多企业对排污权交易政策及规则缺乏了解。二是地方政策差异较大。根据当地实际，地方政府制定了排污权交易政策，有些还带有地方特色，结果导致排污权法律规范的适用存在很大差异；还有多数地方并未制定排污权实施细则，也未对此制度制定详细的管理办法。三是政府干预市场较多。地方企业之间的排污权交易基本是在政府主导下完成的，交易价格也基本由政府制

---

① 陈晓红等：《生态文明制度建设研究》，经济科学出版社 2018 年版，第43 页。

定，并且有时远远低于治污价格，所以企业市场排污权积极性并不高。四是初始排污指标分配不合理。除少数地区有偿分配排污指标外，多数地区是无偿发放排污许可证。发放办法按照惯例或者上年度排放量确定，往往导致扩大生产规模企业的排放量大大超标。缺少排污指标的企业想获得更多的排污许可，进行市场交易，但因为缺乏成熟的市场交易机制，导致排污权定价形式单一，大多数依照治污成本＋加权价进行交易，很难反映排污权的市场竞争价格。五是排污权交易技术手段薄弱。排污权市场交易需要可靠的技术支撑，但我国此方面的技术手段相对落后。比如环境监测技术落后，很难精准把握企业的排污量和排污种类；市场中潜在的排污交易量数额是多少，地方政府也因为缺乏技术手段，所以很难统计数据。

在我国大力推进排污权交易制度中，应该从以下几方面进一步完善实施。

第一，提高环保意识，宣传排污交易政策。随着我国生态文明建设力度的加强，国家也正在积极改变对地方政府官员的考核体系。针对多数地方企业并不清楚国家排污权政策的情况，地方政府可以组织企业进行学习或向企业进行宣传指导。

第二，制定排污权实施细则和排污权管理办法。地方政府可以依据法律制定本地排污权实施细则，但并不能违背国家排污权原则性规定，这样尽管各地的排污权实施细则有差异，但原则性规定是统一的，为将来跨地域的排污权交易、全国排污权交易的构建清除障碍。在排污权市场逐渐建立的过程中，地方政府要交由环境机构制定具体管理办法，以便从排污权交易之初就加强顶层设计，减少摸索成本。

第三，建立真正的排污权市场交易。地方政府根据以往牵线搭桥的经验，先尽快搭建排污权市场交易平台，在了解了市场排污权交易供求关系后，再试行企业之间自由的排污交易，在不断累积交易经验、完善交易规则的基础上，扩大市场交易种类、范围和交易量。

第四，加大力量研制排污相关技术。针对排污市场发展技术落后的问题，中央应加大对排污市场技术手段的研究，研究内容侧重于排污初始指标的核算办法、企业排污种类和排污量的监测方法、排污权交易供求量的采集办法、排污市场交易具体操作办法等。中央在组织人财物力进行研究后，通过培训的方式教育地方相关机构、相关技术人员掌握技术。

4. 环境保护责任追究制度

环境保护责任追究依据追究主体、追究对象及追究方式的不同可以进行广义和狭义的解释。广义指的是特定的追究主体对负有环保责任的组织或个人履职情况进行的追究，狭义特指对各级政府及相关部门的环保责任进行的追究。本书所研究的环境保护责任追究采用的是广义上的解释。

我国目前对这一制度的规定除了在大气污染、水污染等领域较为详尽外，整体呈现出体系性较差且分散性的特点。总体而言存在以下问题：一是环境保护责任追究制度的规定与落实并不匹配。大气、水等领域的污染虽然有较为明晰的责任追究规定，但在具体的落实中，因为缺乏配套的执行机制，导致法律条款的执行很难，大大影响了该制度的执行效果。二是责任追究权力和义务存在不对等性。当政府是责任主体同时也是追责主体时，也就是说权力主体和义务主体发生了重叠，政府既是追究责任的主体又是被追究主体，因为缺乏对自身责任追究的监督，结果则是责任追究的落空；当企业或其他组织或个人是责任主体，同时又存在多个职能部门对其均享有管辖权时，就存在多头追究、重复追究的可能性，结果不仅造成行政资源的浪费，而且引发当事人的不满，影响了政府的公信力。三是追责机制设置不合理。环保责任追究需要权威性机构，但我国目前的问责主要由基层执法部门来承担，权力的不匹配导致执法效果一般；还有追责需要耗费大量的人财物力进行调查，目前执法人员的数量和专业都很难承担该有的调查，导致追责效率低下。四是缺乏政府部门负责人的环境责任相关标准。环保责任的追责主体由环保部门承担，但如果该部门并未追责，部门负责人应该承担什么样的责任，法律并无明文规定，导致负责人很少或不承担责任。五是司法救济机制的不健全。当行政执法难以进行或无法解决环境纠纷时，诉诸司法途径解决，但环保公益诉讼主体的有限性或诉讼中原被告主体的不对等性都会降低追责效果。

随着环境纠纷的日益增多，需要对环境保护责任追究制度进行革新。

第一，环境执法机构责任明晰化。各个环境保护部门权责明晰可以最大限度地保证执法的有效性，尽快使环境执法机构的责任明晰化，以解决我国环境执法管理机构责任不明确和混杂的问题。

第二，设立专业化的环境协调与咨询机构。环境政策在地方的落实存在比较大的困难，该机构的设立可以从立法到执法最大限度地组织和调配资源，实现资源的最优化组合，就能很好协调各种利益关系，更好落实环保政策；另外该机构还可以为环境部门的执法提供专业化的建议，保障执法的有序和有效。

第三，加强环保执法队伍建设。针对我国环保执法人员少、压力大的问题，可以增加环保执法人员的数量，扩大执法主体；另外也可以在企业设置环境管理员，因为环保执法的专业性较强，可以对这些管理员进行职业规范化训练，经考试合格后对企业的环境进行管理和监测，从源头上减少污染。

第四，完善环境司法救济机制，尤其是环境民事公益诉讼制度，在扩大相应诉讼主体的过程中，在责任人承担刑事或行政处罚的同时，尽可能地保障利益受损者获得相应的民事赔偿；另外也可以考虑放宽环境侵权案件的起诉资格和诉讼时效，尽可能最大限度地保障环境侵权案件所涉主体的利益。

5. 环境损害赔偿制度

十八届三中全会明确提出"对造成生态环境损害的责任者严格实行赔偿制度"。为落实大会要求，中央印发了《生态环境损害赔偿制度改革方案》。该方案明确规定"自2018年起，在全国试行生态环境损害赔偿制度"。这标志着我国环境损害赔偿制度实践在先行试点取得较多经验的基础上开始进入全国试行阶段。

环境损害指的是环境侵权行为给国家、社会或其他人造成包括财产损害与非财产损害的行为。目前，该制度的赔偿范围涵盖人身、财产、精神及生态损害赔偿四类。在实践中由政府通过征收环境税/费等设立环境损害补偿基金，并设置一定的救助条件来补偿利益受损人。从现有规定来看，环境损害赔偿过于原则化，并没有针对该项特殊赔偿做出有别于一般民事侵权行为的特殊规定。从目前实施来看，环境损害赔偿的因果关系与举证责任存在比较大的难度，导致一些案件因举证较难归于败诉；还有这一制度与环境公益诉讼制度存在交叉点，如何区分、如何衔接也需要进行明确的界定，才不会导致司法资源的浪费。

（1）科学判定因果关系与举证责任的关系

《侵权责任法》第66条规定："因污染环境发生纠纷，污染者应当就法律规定的不承担责任或者减轻责任的情形及其行为与损害之间不存在因果关系承担举证责任。"这一规定称之为污染环境举证责任倒置，是判断环境侵权因果关系的重要依据。但对于其性质和内涵，不仅存在着与因果关系推定的争议，还存在着原告在因果举证上角色定位的争议。

因果关系是判定环境污染是否侵权的重要依据，但有时因为致害过程的复杂性和受到人的认知限制，损害发生的真正原因无法查清。如果一味地只以追求事实真相为判断因果关系的标准，结果可能是侵权行为无法得到纠正，司法救济失去效力。法律需要综合其价值判断、政策因素、现有标准或技术等因素来判定因果关系是否成立，在此判定基础上再来追逐法律真实。举证责任包括行为责任和结果责任，前者即提出证据的责任，包括证据与案件关系的远近、证据的盖然性及证明性等；后者即案件审理中的说服责任，主要指说服力强还是弱。两者在司法实践中具有前后因果的必然联系，即哪一方的证据证明力强，他的说服力就强。但环境侵权案件毕竟不同于一般侵权案件，因为司法机关还需要考虑国家立法目的及政策因素来进行更为深远的判定。综合各种因素探究出最为可靠的因果关系、最有说服力的举证责任及最为合法合理的判定结果，均需要司法工作者提高综合判定素质才能实现。

环境侵权案件举证责任倒置并不是原告不需要承担任何举证责任，那么原告承担多少举证较为合适呢？环境污染对受害人造成的伤害，更多具有长期性、潜伏性等特点。如果要求受害者就侵害事实承担较为严格的举证责任，势必使实体法所保护的权利流于形式。在此情形下，环境侵权人的无过错责任或危险责任应运而生，那么在因果关系认定上可以进一步减轻受害人的举证责任。降低污染受害人的举证难度已经获得普遍认同，这将有助于更好发挥环境侵权案件的补偿及预防功能。

（2）衔接好环境损害赔偿制度与环境公益诉讼制度

环境损害赔偿制度在全国试行之前，我国已推行环境公益诉讼制度。这两项制度从设定的理论基础、起诉缘由及起诉主体等方面存在着差异性。从设立的理论基础来看，环境损害赔偿制度是基于自然资源国家所有权而设立的制度，也就是将国家所有权界定为一种特殊的私法所有权，用民法原理来思考发生损害的赔偿问题，主要以物权法为理论基础；而环境公益诉讼制度的主要理论基础在于环境权——公民具有与保护和改善环境相关联的政治权利和责任。从起诉缘由来看，环境损害赔偿诉讼的缘由在于污染已对环境造成了一定程度的损害，环境公益诉讼的缘由较为宽泛，既可以指污染已经造成一定的损害，又可以指污染可能对公共利益造成损害。从适格起诉主体来讲，环境损害赔偿制度的起诉主体为省级、市地级政府及其指定的环保行政机关；环境公益诉讼制度的起诉主体为符合法定条件的环保组织或检察机关。

二者虽然在理论上可以进行明确的划分，但在现实司法实践中，常常会发生"碰撞"现象，原因在于它们的起诉行为、适用范围、诉讼目的均具有一致性。抛开损害事实发生程度，单从起诉行为发生来看，均以存在污染环境的侵权行为为前提；从适用范围来看高度契合，"环境公益诉讼主要适用于损害环境公益或具有损害环境公益重大风险的情形，而生态环境损害赔偿诉讼主要适用于环境要素、生物要素不利改变以及生态系统功能退化的情形"①；从诉讼目的来看，均在惩罚违法行为、修复生态环境、维护社会公共利益。

　　既然二者存在诸多一致性，为了解决管辖冲突和节约司法资源，需要做好它们之间的衔接。关键是解决二者的顺位关系，也就是当对同一环境污染行为既提起了环境损害赔偿诉讼，又提起了环境公益诉讼，司法机关应该如何处理？整合司法资源，以环境损害赔偿诉讼为主体，辅之以环境公益诉讼。原因在于前者的起诉主体具有更加专业化的知识与技术优势，行政机关本就负有保护和改善生态环境的职责，还有后者所依赖的环境损害鉴定也是以环保行政机关制定的相关技术规范为依据的。但当环境损害赔偿诉讼并未涵盖环境公益诉讼之诉讼请求时，司法机关应该另外进行其余诉讼请求的审理活动。

　　通过以上系统分析新时代生态文明制度体系建设可知，根本制度建设起到引领作用，也就是说只有通过立法、司法、执法系统的紧密配合，才能为建成生态文明国家提供法律上的保障；只有通过生态文明观念的广泛传播才能为建成生态文明国家提供文化上的保障；只有在国际上达成人类命运共同体理念的共识，积极承担全球生态环境责任，才能为建成生态文明国家提供良好的国际环境。落实根本制度的基本制度涵盖范畴较多，但最基础的基本制度一定也是最重要的，国土空间开发保护、自然资源资产产权制度、资源环境生态红线管控制度与生态文明文化教育制度能从更为宏观性整体性的角度保证我国完成生态文明建设目标。具体制度可以使权威机关制定的根本制度、基本制度得到进一步的贯彻落实，可以具体地解决现实生态文明建设中所呈现的具体问题。资源有偿使用制度、生态补偿制度、排污权交易制度、环境保护责任追究制度、环境损害赔偿制度等可以从提高资源使用效率、生态破坏获得补偿、充分发挥市场机制作用、相关主体承担责任、受害者利益得到赔偿等方面来解决实际生态问题。

二、新时代生态文明建设主要政策举措

　　十九大提出随着我国进入新时代，社会主要矛盾已经转化为人民日益增长的美好生活需要和不平衡不充分的发展之间的矛盾，与之相适应的是社会生态产品供应与人民对美好环境的需求存在矛盾。为了解决这一矛盾，就需要转变

---

① 彭中遥：《论生态环境损害赔偿诉讼与环境公益诉讼之衔接》，重庆大学学报（社会科学版）2019（5），第9页。

经济发展方式，实现绿色发展，着力解决突出环境问题和加大生态系统的修复
与保护力度。

（一）推进绿色发展

推进绿色发展是十九大提出的建设美丽中国的必然要求。虽然实现绿色发
展的途径有很多，但从源头控制污染，转变生产方式、生活方式，清洁生产、
垃圾分类具有十分重要的作用。

1. 促进清洁生产

2017 年十九大上习近平明确提出推进绿色发展必须壮大清洁生产产业与能
源产业，2018 年全国生态环境保护大会上，习近平再次强调壮大清洁生产产业
和能源产业对转变经济发展方式、建设生态文明的重要性。2018 年 6 月中共中
央、国务院通过的《关于全面加强生态环境保护 坚决打好污染防治攻坚战的
意见》中明确提出推动形成绿色发展方式和生活方式，必须加强源头控制、推
动传统产业清洁化改造。从总书记讲话内容、党中央出台的政策文件可以看出，
新时代面对依然严峻的生态环境危机，必须从源头治理污染，清洁生产是推进
绿色发展的重要途径。

清洁生产指的是在产品生产的整个周期中采取预防污染的策略来减少污
染物的产生。它是一种既可满足生产优质产品又能最大限度地使用资源与能
源并保护环境的实用型生产方式，包含了生产产品的全过程和产品整个生命
周期全过程。具体指在生产产品之前，应尽量选取少量污染物产生的原材料
及燃料；生产产品过程中，采用最新设备和工艺提高资源、能源的使用效率；
产品消费之后进行最终处置时，尽可能采用无害化处理方式，减少对环境的
影响。

我国清洁生产的理念可以追溯至 20 世纪 90 年代，在当时就已成为节能增
效、防治污染的有力抓手。为了更为广泛地推进清洁生产，促进经济社会可持
续发展，我国于 2002 年制定了《清洁生产促进法》。随后，国务院及相关部门
纷纷出台了推进清洁生产发展的一些规范性文件，促进了清洁生产的蓬勃发展。
随着我国经济生产能力的不断增强，国家政府管理体制的不断革新，科学技术
水平的不断提升，21 世纪之初制定的《清洁生产促进法》中的一些条款已不适
应发展需要，我国于 2012 年对该法进行了修订。修订部分主要体现在：清洁生
产不仅要纳入国民经济发展规划，而且要纳入国家年度发展计划；增加了中央
预算应当加强对清洁生产促进工作的资金投入以及支持在重点领域、行业、工
程中实施清洁生产的推广工作，地方也应统筹促进清洁生产的资金并支持清洁

生产重点项目；国家对浪费资源与严重污染环境的设备、产品实行淘汰制度并责成相关部门制定淘汰名录；省级政府负责协调相关部门推进清洁生产工作，并定期公布能耗控制、污染物不达标企业，接受公众监督；还有企业应该减少包装废物的产生，不得进行过度包装等。

为了推进《清洁生产促进法》的落实，虽然"全国清洁生产推行规划"正在编制中，但工信部牵头印发了《工业清洁生产推行"十二五"规划》。该规划明确了"十二五"期间工业清洁生产的总体目标是健全工业清洁生产推进机制，提高清洁生产技术，完善清洁生产服务体系，提升重点行业、省级工业园区清洁生产水平等；主要任务包括开展工业产品生态设计、提高生产过程清洁生产技术水平、开展有毒有害原料（产品）替代等。

2015年制定的"十三五"规划中明确提出国家大力支持清洁生产、鼓励企业进行生产设备技术工艺的更新改造，并推动绿色低碳循环发展产业体系的建设。为全面推进"十三五"规划关于促进工业绿色转型升级的要求，工信部制定了《工业绿色发展规划（2016—2020年）》。该规划根据以往工业清洁生产推进中存在的问题，提出了今后五年工业清洁生产水平提升的思路："针对产品生命周期的各个环节创新清洁生产推行方式，从点（重点企业）、线（重点行业）向面（重点区域、重点流域）转变，从关注常规污染物（烟粉尘、二氧化硫、氮氧化物、化学需氧量、氨氮）减排向特征污染物（挥发性有机物、持久性有机物和重金属）减排转变，深入开展绿色设计、有毒有害原料替代、生产过程清洁化改造和绿色产品推广，创新清洁生产管理和市场化推进机制，强化激励约束作用，突出企业主体责任，实现减污增效，绿色发展。"①

为积极促进清洁生产，规范地方对清洁生产的审核，国家发改委联合生态环境部于2016年发布了《清洁生产审核办法》。该办法最大的亮点在于明确规定了对三类企业的强制性清洁生产审核，包括污染物排放超过国家或者地方规定的排放标准或超过重点污染物排放总量控制指标的企业，超过单位产品能源消耗限额标准构成高耗能的企业，使用有毒有害原料进行生产或者在生产中排放有毒有害物质的企业。

经过多年对清洁生产的探索，我国已形成了一套较为完整的关于清洁生产

---

① 节能与综合利用司：《工业绿色发展规划（2016—2020年）》解读之四——切实强化源头预防，扎实推进清洁生产，http：//www.miit.gov.cn/n1146285/n1146352/n3054355/n3057542/n3057545/c5209487/content.html。

的政策法规体系，并在清洁生产技术开发、人才培养、审核程序等方面取得了较大成果。更为重要的是我国传统重点行业如钢铁、有色、化工、纺织等清洁生产正在有序推进，这对于提高资源利用效率、降低企业污染物排放、转变经济生产方式、实现经济高质量发展将发挥重要作用。

但随着我国生态文明建设进入快车道，清洁生产的作用并没有完全体现出来，主要表现在：第一，清洁生产还未提升到推进经济绿色发展的重要方式。推进经济绿色发展的方式很多如能源革命、消费革命、低碳发展、循环发展等，其实这些途径是紧密联系在一起的，因为低碳发展必然要求进行能源革命，选取质更优、价更廉的替代性能源。但这些生产方式都仅侧重从生产过程本身，而清洁生产侧重于产品生产的整个生命周期，那么推进清洁生产就可以彻底转变经济发展方式。第二，清洁生产还未上升到国家环境管理的首选内容。我国现阶段的环境治理还较多侧重末端治理，进行污染源头治理的清洁生产还游走于环境管理手段的边缘，还未成为治理生态环境的重要或首选内容。第三，清洁生产的顶层设计还不健全。我国虽然制定了《清洁生产促进法》《工业绿色发展规划（2016—2020 年)》《清洁生产审核办法》等一套较为完整的规范性文件来推进清洁生产，但至今仍未制定国家层面的统一的清洁生产推行规划，缺乏对全国清洁生产促进工作权威性的顶层设计及指导。

解决以上问题的主要办法是加强清洁生产的顶层设计和提升清洁生产在我国生态文明建设中的地位。从顶层设计角度来讲，尽快制定国家层面的《清洁生产推行规划》，规划制定后，地方政府依据该规划制定适合本地清洁生产的推进计划，这样上下联动机制的有效发挥才能从最大限度上促进清洁生产；从地位提升角度来讲，应该在绿色发展的总体框架下，认识到清洁生产的重要性和紧迫性，权威机构可在制订的相关改革方案中将清洁生产提升到关系经济发展方式是否发生根本转变和环境污染能否根治的地位上来。

2. 实行垃圾分类

我国每年生活垃圾的产生量较大。单就城市生活垃圾产生量来讲，《2018 年全国大、中城市固体废物污染环境防治年报》中显示：2017 年，202 个大、中城市生活垃圾产生量 20194.4 万吨；城市生活垃圾产生量排名前十的城市分别是北京、上海、广州、深圳、成都、西安、杭州、武汉、东莞、佛山。《2018 年中国生态环境状况公报》显示：截至 2018 年底，全国城市生活垃圾无害化处理能力 72 万吨/日，无害化处理率 98.2%。面对日益严峻的"垃圾围城"困境，实行生活垃圾分类回收，不仅有助于解决"垃圾围城"难题，还有助于实现垃圾的减量化、资源化、无害化处理。

近年来，我国开始重视垃圾分类工作。2016年召开的中央财经工作领导小组第十四次会议上，习近平指出："要加快建立分类投放、分类收集、分类运输、分类处理的垃圾处理系统，形成以法治为基础、政府推动、全民参与、城乡统筹、因地制宜的垃圾分类制度，努力提高垃圾分类制度覆盖范围。"① 2017年国务院办公厅转发的国家发改委牵头颁布的《生活垃圾分类制度实施方案》，构建了我国生活垃圾分类制度实施的总体框架图。该方案明确提出到2020年底生活垃圾分类制度实现的主要目标，基本建立垃圾分类相关法律规范和分类标准，形成可复制推广的分类模式，在实施生活垃圾强制分类的城市，垃圾回收利用率达到35%以上。该方案决定在46个直辖市、省会城市、计划单列市以及住建部等部门确定的第一批生活垃圾分类示范城市中实行强制分类试点工作，同时鼓励各省选择具备强制分类条件的国家生态文明试验区、各地新城新区率先示范。

十九大上习近平明确提出，着力解决突出环境问题需要加强固体废弃物和垃圾处置。由此可见，在全国范围内推行生活垃圾分类制度已成为生态文明建设的一项重要任务。

2019年初总书记对垃圾分类工作作出重要指示，强调实行垃圾分类关系到群众的生活环境、资源的节约使用以及社会文明水平；垃圾分类的关键在于加强科学管理、形成长效机制、推动习惯养成；各地要因地制宜地把工作做细、做长久；通过教育引导让群众认识到垃圾分类的重要性和必要性，养成垃圾分类的好习惯等。随后，住建部牵头印发了《住房和城乡建设部等部门关于在全国地级及以上城市全面开展生活垃圾分类工作的通知》，勾勒了全国实施垃圾分类的总体路线图。

率先在我国启动生活垃圾分类的46个城市，已探索了一些经验。比如上海市在积累了生活垃圾分类20年经验的基础上通过了《上海市生活垃圾管理条例》，并于2019年7月1日开始实施。该条例被称作史上最严的垃圾分类措施，如果个人进行混投，最高将处200元罚款，单位进行混投的，最高可处5万元罚款；如果收运单位、处置单位不遵守规范的，分别最高可处10万元、50万元的罚款，情节严重的吊销单位经营服务许可证；条例还强调"促进源头减量"，

---

① 《从解决好人民群众普遍关心的突出问题入手推进全面小康社会建设》，http://www.gov. cn/xinwen/2016—12/21/content_ 5151201. htm。

餐饮服务提供者或配送服务提供者或旅馆经营单位不得主动提供一次性用品；条例还强调将对违反规定的单位和个人的信息归集到本市公共信用信息平台，并依法进行失信惩戒。

在上海强制推行垃圾分类引起社会热议之前，我国垃圾分类工作已开展近20年之久。最早可追溯至20世纪90年代，民间公益组织在北京开展的垃圾分类实践。21世纪之初，北京、上海、南京、杭州、桂林、广州、深圳、厦门8个城市被确定为垃圾分类收集试点城市，垃圾分类制度开始正式实施。有些试点城市为了规范垃圾分类纷纷出台了管理条例，比如《广州市城市生活垃圾分类管理暂行规定》。但就北京施行效果来看并不尽如人意，"中国人民大学北京市民公共行为文明指数研究基地发布的2017年北京市民公共行为文明指数显示，北京市民公共行为文明指数在创历史新高的同时，'把垃圾分类进行处理'得分却出现下滑，较2016年下跌9.4%"①。这与其他已启动垃圾分类工作城市的实施效果大体吻合——垃圾处理成本高、效果不佳、没有更好的解决方案。

当前垃圾分类制度全国性推广还存在以下主要问题：一是缺乏系统性的生活垃圾分类处理法律或规范。目前，关于生活垃圾分类的法律法规规章主要散见于《固体废物污染环境防治法》《城市市容和环境卫生管理条例》《城市生活垃圾管理办法》中，已无法满足对《生活垃圾分类制度实施方案》政策性文件的法律指导。二是缺乏顶层设计与整体谋划。我国虽已出台国家层面的《生活垃圾分类制度实施方案》，但对地方城市的具体指导性不强。单就垃圾分类方法来讲，各地差异较大，如厦门分为可回收物、厨余、有害及其他垃圾四类，上海分为可回收、有害、干垃圾与湿垃圾四类；垃圾分类回收考虑了多方主体如单位、个人、回收单位与运输单位等主体责任，但并未明确产品生产者、销售者的责任，缺乏围绕产品生产、销售等环节主体责任的整体谋划。三是垃圾分类处置体系与资源回收利用体系尚未充分融合。目前，我国城市垃圾处置与资源回收利用的职权归属于不同的部门，前者主要由住建部环卫部门负责，后者主要由商务部主管的回收企业负责，这是两套不同的运行体系，环卫部门主要考虑的是生活垃圾的减量化、无害化处理，回收企业主要考虑的是垃圾的资源价值。独立运行的两大体系导致他们之间有较大的利益冲突，结果是影响垃圾分类处置效果。四是市场化的垃圾分类手段尚未建立。上海等地出台的管理办

---

① 《上海市生活垃圾管理条例本月起施行　中国开启垃圾分类"强制时代"》，民主与法制时报，2019年7月7日第001版。

法虽然有对不符合规定者进行法律处罚的相关规定，但仅靠惩罚性的约束难以最大限度地实现垃圾减量化以及有效分类的效果。五是资源化利用企业尚不能满足垃圾分类的后续需求。垃圾分类后需要进行分类处置，有利用价值的垃圾应该交由技术设备均能满足资源再利用的企业进行回收利用，但目前这样的企业数量少，处置能力有限、税负较高。

为加快我国生活垃圾分类工作更加有序、有效推进，针对现实问题的解决提出以下建议：

第一，加强立法指导。针对《生活垃圾分类制度实施方案》缺乏有效法律法规规章指导的情况，建议修订与生活垃圾分类制度实施相关的法律规范。目前正在修订的《固体废物污染环境防治法》就是提升生活垃圾分类制度立法指导的有效契机，通过法律进一步规范该制度实施过程中的关键环节，明确从产品生产、销售、消费、垃圾回收、运输等各主体的法律权利/力与责任，建立有效协调生活垃圾处理体系与资源回收利用体系之间利益关系的部门，减少垃圾分类实施的障碍。

第二，加强顶层设计与探索地方有效模式相结合。生活垃圾分类管理的一些具体内容，如果没有地域的，国家进行统一规定。针对垃圾分类方法来讲，应该探索制定一个全国统一通行的标准，这对于教育引导生活垃圾分类行为，减少试错率具有重要作用；各个城市可以根据国家出台的指导生活垃圾分类的法律法规规章及政策文件进一步出台本地的实施细则，尤其是如何使垃圾分类收集、运输、处置及资源化利用、社会参与等更为有效的因地制宜模式。

第三，建立市场化的垃圾政策。垃圾分类既可以采用处罚性措施来达到分类效果，也可以加入奖励性措施进行激励。激励性措施的采用需要以垃圾收费政策的实施为前提。目前我国在大多数城市推行的生活垃圾定额收费制度（主要由供电或供水部门代收），不仅收缴难度大而且垃圾分类处置效果较差。建议按照谁污染谁付费的市场化原则采用垃圾计量收费政策，并进行相应的激励减免政策——对垃圾分类效果好的责任主体进行奖励。

第四，大力支持资源回收利用企业的发展。强制性垃圾分类的直接目的是实现垃圾的减量化、无害化、利用化的处理，资源回收利用企业可以提高垃圾的利用效率，但其无法满足垃圾分类后续需求的现状需要国家和地方政府的大力扶持。国家可以通过税收优惠、财政补贴等方式大力支持一些现存的具有较大发展潜力的企业激发回收市场活力，促进整个资源回收企业的发展。地方也应通过大体相同或者其他地方方式支持资源回收企业的发展，既可以降低城市处理垃圾成本，又可以提高垃圾分类最后处置效率。

（二）着力解决大气污染问题

目前，我国大气污染依然严重，尤其是以 PM10、PM2.5 等可吸入颗粒物为特征的区域性环境问题十分突出，大大影响了社会生产，损害了人民生活。为切实改善空气质量，十九大之后，国务院制定了《打赢蓝天保卫战三年行动计划》。本计划提出"打赢蓝天保卫战"需标本兼治、突出治本，需加快调整产业、能源、交通结构，需强化区域联防联控，提升区域大气污染防治整体水平等。

1. 调整产业能源结构

产业结构与能源结构相辅相成，许多地方就是凭借当地的能源优势发展产业，但传统能源的开采往往伴随比较严重的大气污染或其他生态问题。目前许多区域性的大气污染问题与这些产业结构、能源结构密切相关，改变畸形的产业与能源结构锁链才能真正解决污染物超标排放问题。

（1）淘汰落后产能

落后产能指的是生产设备、工艺、技术等低于行业平均水平导致能耗、水耗等技术指标居高不下和污染物高排放的生产。当前，我国还存在一些行业、产业落后产能比重比较大的现状，这些产业集中于煤炭、钢铁、水泥、玻璃、造纸等。

为淘汰落后产能，工业和信息化部联合多家部委于 2017 年发布了《关于利用综合标准依法依规推动落后产能退出的指导意见》。该意见提出以煤炭、钢铁、水泥等行业为重点，通过优化行业标准评价指标，提高相关部门的执法水平，强行促使一批能耗、水耗、排污、安全等均不达标的企业关停生产，退出市场。

从工信部牵头发布的意见来看，我国建立的落后产能退出通道主要采取的是行政强制办法，在强制不达标企业退出的同时，我国还采取了鼓励性政策。比如资金补助，政府为退出企业提供资金补助，用于解决企业职工安置及企业转产等实际问题；政策扶持，政府也鼓励符合转产要求的企业积极转产，为转产企业提供税务减免优惠及初期融资集资等政策支持。

在我国优化产业结构的过程中，不仅通过上述事后办法强制淘汰落后产能，而且还通过事前、事中的强制性、限制性政策从源头上严格控制落后产能。事前控制主要指的是通过提高产业准入门槛来加强新项目的审批，事中控制主要指的是如果行业中出现了落后产能过剩的现象，政府就会立即中止新准入企业的审批；如果是正在施工的落后产能企业，政府立即叫停或清理整顿。

（2）实施钢铁行业的超低排放

钢铁作为基础产业，历来都是污染的主要源头。近些年，随着环境监管力度的加强，整个钢铁行业的污染治理取得了良好效果，比如减少了污染物排放总量，降低了单位能源消耗量及吨位排放绩效。还有一些规模较大、效益较高、治污较好的钢铁企业如宝钢等正在迈进世界级钢铁行业。但我国的钢铁行业普遍存在工艺落后、产能过剩、污染严重、治污效果较差等现象。

十九大提出"提高污染排放标准"，2018年《政府工作报告》在部署污染防治工作时明确提出："推动钢铁等行业超低排放改造"，"提高污染排放标准，实行限期达标"等内容；为了落实上述精神，2018年6月中共中央、国务院印发了《中共中央　国务院关于全面加强生态环境保护坚决打好污染防治攻坚战的意见》，其中将推进钢铁等传统行业的超低排放改造作为打赢蓝天保卫战的一项重要任务；与此同时，国务院印发的《打赢蓝天保卫战三年行动计划》，提出了重点区域严禁新增钢铁等产能、严格执行钢铁等行业产能置换办法，还有将"推动实施钢铁等行业超低排放改造"作为深化工业污染治理的重要内容。

为实施钢铁行业超低排放改造任务，2019年4月生态环境部联合多部委发布了《关于推进实施钢铁行业超低排放的意见》，至此钢铁行业超低排放改造的序幕在全国拉开。该意见明确提出了改造目标，"推动现有钢铁企业超低排放改造，到2020年底前，重点区域钢铁企业超低排放改造取得明显进展，力争60%左右产能完成改造，有序推进其他地区钢铁企业超低排放改造工作；到2025年底前，重点区域钢铁企业超低排放改造基本完成，全国力争80%以上产能完成改造"①。

目前我国正在按照时间和目标规划图完成钢铁行业超低排放任务，结合钢铁行业具体治污排污情况，本书想为推进钢铁行业超低排放提一些改造性建议：有些钢铁企业在治污排污设备上重复投资，不仅造成了资金浪费，而且大大影响了企业生产，建议在实施超低排放改造时，选择治污设备、工艺、技术经过充分认证并有较高资质的环保企业产品；企业在实施超低排放改造时，建议对全厂矿、各车间、行政管理部门等完善原有规划，在协调它们关系的过程中提高各车间的能源使用效率、降低能耗，同时节约管理成本，提高企业效益；针

① 《关于推进实施钢铁行业超低排放的意见》，http：//www. mee. gov. cn/xxgk2018/xxgk/xxgk03/201904/t20190429_701463. html。

对生态环境部牵头发布的该意见，省级地方政府也正在积极组织制定本省具体的改造意见，但需要注意的是超低排放任务的完成不是一蹴而就就能实现的，应该按照中央规划的时间表和目标图逐渐落实。

（3）开展能源革命试点

改革开放以来，我国能源消费主要集中于煤炭。2018 年全国能源消费总量为 46.7 亿吨标准煤，比去年提升了 3.3%，其中煤炭消费量占能源消费总量的 59.0%，比去年提升了 1.0%。从中可以看出，当前煤炭消费在整个能源消费中仍占据主导地位。然而，我国主要污染物如 PM2.5、SO_2 等重要源头就在于煤炭的使用和燃烧。所以，要想打赢蓝天保卫战必须控制煤炭消费总量、合理安排使用领域。

在 2018 年国务院印发的《打赢蓝天保卫战三年行动计划》中提出了"到 2020 年，全国煤炭占能源消费总量比重下降到 58% 以下；北京、天津、河北、山东、河南五省（直辖市）煤炭消费总量比 2015 年下降 10%，长三角地区下降 5%，汾渭平原实现负增长；新建耗煤项目实行煤炭减量替代。按照煤炭集中使用、清洁利用的原则，重点削减非电力用煤，提高电力用煤比例，2020 年全国电力用煤占煤炭消费总量比重达到 55% 以上。继续推进电能替代燃煤和燃油，替代规模达到 1000 亿度以上"[①]。

除了提出控制煤炭消费总量，国务院还提出了合理安排煤炭使用领域。一是推进北方地区清洁取暖。北方尤其是农村地区取暖基本采用燃煤形式，给北方大气造成了比较大的污染。坚持从实际出发，通过燃气、用电逐渐取代烧煤取暖。二是推进日常生活煤改气建设。针对一些地区依靠燃煤进行日常生活的，逐渐在这些地区推行天然气替代煤炭的改造。三是加快推进农村"煤改电"的升级改造。电网在统筹推进输变电工程建设中，最大限度地满足农村居民用电的取暖及日常其他需求。

为了进一步发挥各省或各试验区在国家综合配套改革中的作用，2019 年 4 月国家发展改革委印发《2019 年国家综合配套改革试验区重点任务》。该重点任务把山西列为资源型经济转型综合配套改革试验区，并提出了开展能源革命改革试点工作。在同年 5 月召开的中央全面深化改革委员会第八次会议上，审议通过了《关于在山西开展能源革命综合改革试点的意见》。

---

① 《打赢蓝天保卫战三年行动计划》，http://zfs. mee. gov. cn/gz/bmhb/gwygf/201807/
t20180705_ 446146. shtml。

该意见要求山西通过能源革命改革，争取在提高能源供给体系质量效益、构建清洁低碳用能模式、推进能源科技创新、深化能源体制改革、扩大能源对外合作等方面取得突破。

2. 强化区域联防联控

《打赢蓝天保卫战三年行动计划》第七部分"强化区域联防联控，有效应对重污染天气"中提出了三点具体措施：建立完善区域大气污染防治协作机制、加强重污染天气应急联动、夯实应急减排措施。大气污染具有跨域性，跨域治理是根本解决之道。中央政府提出的"强化区域联防联控"完全符合大气污染特性。

我国采用区域化联防联控理念可追溯至 20 世纪末。根据 1998 年环境状况公报，酸雨和 SO_2 污染肆虐，其覆盖范围已达 30%，且具有区域性特征。为了应对这两类污染物对区域的危害，国务院批复了《"两控区"酸雨和二氧化硫污染防治"十五"计划》。"两控区"指的就是控制酸雨和 SO_2 污染的两大区域，涵盖了 4 个直辖市和 21 个省会城市，包括 175 个地级以上城市和地区。采取的主要举措为，"国家将'两控区'二氧化硫排放总量指标分配到'两控区'所在省、自治区、直辖市，各级地方人民政府因地制宜地制定本地区的酸雨和二氧化硫污染控制'十五'计划及年度实施计划；完善全国酸雨监测网和完善'两控区'城市环境空气质量监测网，加强重点二氧化硫排放源监测，建立全国酸雨和二氧化硫污染数据库及动态管理信息系统"[①]。"两控区"的共同防治计划是我国区域联防联控的最初探索。

随着改革开放进程的加快，珠江三角洲地区呈现了酸雨、臭氧、细颗粒物较高和雾霾天气严重的区域性污染。为了共同应对区域污染，粤港两地政府于 2002 年发布了改善该地区空气素质的联合声明，由此开始了珠三角大气污染区域联防联治，随后一系列减排措施在两地间推进。2014 年我国在珠三角成立了全国首个大气污染联防联控技术示范区，这是继欧洲和美国之后，全球第 3 个类似的示范区。示范区形成了从区域大气质量监测预警网络到管理体系一整套的联防联控机制。这一机制在共同防治大气污染时主要采取的管理方式是联席会议，会议的召集人为省级领导，协调解决的主要问题是检查区域内大气污染防治规划实施情况、通报规划实施进展、协调跨域大气污染纠纷、协调各区域

---

① 王超奕：《"打赢蓝天保卫战"与大气污染的区域联防联治机制创新》，改革 2018（1），第 61 页。

环保政策等。依靠联席会议，珠三角还成立了区域大气质量科学研究中心，希望通过科学研究达到对大气污染的有效治理。同年粤港两地吸收澳门加入区域联防联控，优化了大气污染监测网络，进一步推进了跨区域合作。

"两控区"规划和珠三角大气污染区域联防联治机制为我国探索跨区域大气污染治理积累了丰富经验，为其他区域尤其是当前污染较为严重的京津冀地区提供了借鉴。该区域也有相应的联防联控机制——京津冀及周边地区大气污染防治领导小组。结合"两控区"、珠三角地区联防联控经验和京津冀地区实际，北方地区的联防联控可以进行一些创新：第一，加强法律法规保障。目前我国已在环保等法律及相关性文件中明确规定通过区域联防联治机制进行大气污染的跨域治理，但其中的规定都没有强制约束力，或者说缺乏违背联防联控机制的惩罚性办法，在治理京津冀及周边地区大气污染时，应由共同上级机关或协商统一制定详细的联控规则及惩罚措施。第二，成立较为权威的专门协调机构或委员会。大气污染防治涉及多方利益，关涉多个部门，仅仅通过联席会议这样松散组织的协调很难在实践中转化为统一行动，当然共同治理目标也很难实现。只有成立多方认可并具有相对权威约束力的机构才能真正开展统一的监测和治理行动。第三，建立区域生态补偿机制。在京津冀一体化发展中，目前无论是经济发展还是生态环境状况都存在着较大的差异，随着北京一些高污染企业的外迁，给河北及周边地区带来了严重污染。为了彰显区域环境正义，可以专门设立京津冀生态补偿机制，对河北及周边地区进行生态补偿。

3. 中央环保督察

长期以来，我国环境保护采用地方政府负责的常规治理模式，但实际情况是地方政府官员并未充分履责，甚至经常出现党政领导干部不当干预环保工作的情况。还有地方环保机构一贯形象是较为软弱、掣肘太多，致使环境污染治理效果不尽如人意。十八大以来，为了督促地方政府落实环保主体责任，生态环境部多次组织国家区域环保督查机构开展以综合督察为主要方式的环保督政试点工作。

近些年，中央推行的环保执法督察在查处各地环境违法问题及风险隐患、重点地区的大气污染防治专项执法检查、京津冀及周边地区的专项督察中取得了良好成效。比如2018年5月中央启动了对河北等20个省份的环保督察"回头看"工作，督察以问题为导向，重点督察对付上级检查的形式整改问题、列入中央督察整改方案的重大生态环境问题，人民群众热切关注的身边生态环境问题立行立改情况，地方环境问题党政领导责任追究情况等。经过半年多的督察，成效显著："公开通报103个典型案例，同步移交122个生态环境损害责任追究问题，进一步压实地方党委和政府及有关部门生态环境保护责任，进一步提高重视程度和推进力度，推动解决7万多件群众身边的环境问题，推动解决一大批长期难以解决的流域性、区域性突出环境问题。全国实施行政处罚案件18.6万件，罚款数额152.8亿元，比2017年上升32%，是新环境保护法实施前2014年的4.8倍。各地侦破环境犯罪刑事案件8000余起。各级人民法院共受理社会组织和检察机关提起的环境公益诉讼案件1800多件。"①

总之，中央通过环保督察开启的运动式治理模式在向地方政府传导环保压力、督促党政领导干部履行环保责任、解决地方严重污染问题上起到了十分重要的作用。

为使环保督察常态化，中央于2015年5月全面深化改革领导小组第十四次会议审议通过了《环境保护督察方案（试行）》，随后环保督察对全国环境治理工作进行了全覆盖式检查。为进一步纠正地方违法乱排现象，压实地方及企业主要负责人的环保责任，生态环境部于2018年9月出台了《关于进一步强化生态环境保护监管执法的意见》，该意见明确规定各省级环保机构认真履责，对责任不落实、工作不到位的，将通过中央生态环境保护督察严肃追责问责。为规范生态环保督察工作，中央决定实行生态环境保护督察制度，并于2019年6月制定了《中央生态环境保护督察工作规定》。该规定共6章42条，主体部分主要规定了中央生态环境保护督察工作领导小组的职责、中央生态环境保护督察办公室的职责以及督察组长及成员的选拔标准；还规定了督察对象与内容、督察程序与权限、督察纪律与责任等内容。

为更好配合中央生态环保督察工作，为使地方环保机构负责的常规治理模式更有成效，地方政府也进行了一系列组织改革调整，如设立地方环保领导小组提升环境管理等级，依地方产业、行业等明确相关部门的环保责任，通过环境机构协调部门利益关系、整合部门间资源等。从地方政府的组织改革调整结果来看，地方领导干部的发展理念正在发生变化——从单一的注重经济发展到全方位地思考经济政治与生态环境的关系，地方环保机构的地位和作用较以往有了较大的提升，许多突出的环境问题已经或正在得到解决等。

---

①《2018年中国环境状况公报》，http://www. mee. gov. cn/hjzl/zghjzkgb/lnzghjzkgb/201905/P020190619587632630618. pdf。

（三）加大生态系统的保护和修复

在美丽中国建设中，除了着力解决突出环境问题外，还需要对未曾遭到严重破坏的自然保护地进行保护，十八大后开启的国家公园体制建设标志着我国加大了生态保护的力度；也需要对已经遭到严重破坏的水域、土地、草原、森林、矿山等进行全面修复，新时代各地纷纷开启的生态修复比如山西"七河"系统修复工程的全面实施取得了良好效果。

1. 建立国家公园

国家公园指的是由国家批准设立并主导管理，具有清晰边界的特定陆地或海洋区域。建设国家公园的目的是保护自然生态系统的原真性和完整性，对于提升生态系统服务功能、促进人与自然和谐共生具有十分重要的意义。

建立国家公园是十八大之后，随着党中央生态文明建设力度的加强而提出的。2013年十八届三中全会通过的《中共中央关于全面深化改革若干重大问题的决定》中，首次提出"建立国家公园体制"，之后国家公园体制试点积极推进。2015年中共中央、国务院出台了关于生态文明建设的两个重要文件：《中共中央 国务院关于加快推进生态文明建设的意见》和《生态文明体制改革总体方案》。前者明确了国家公园体制管理办法——实行分级、统一管理，以及建立该体制的目的——保护自然生态和自然文化遗产原真性、完整性；后者不仅重申了建立国家公园体制的目的，还提出了国家公园的界定范围和研究制定建立该体制的总体方案。为此国家在青海等9省份开展为期三年的建立国家公园体制试点工作。

十九大在论述"改革生态环境监管体制"中进一步提出"建立以国家公园为主体的自然保护地体系"。与十九大相呼应的是同年中央全面深化改革领导小组审议通过了《建立国家公园体制总体方案》，成为指导国家公园建设的指导性文件。该方案提出了建设目标路线图："到2020年，建立国家公园体制试点基本完成，整合设立一批国家公园，分级统一的管理体制基本建立，国家公园总体布局初步形成。到2030年，国家公园体制更加健全，分级统一的管理体制更加完善，保护管理效能明显提高。"[①]

为加快美丽中国建设和解决生态产品供需矛盾，同时为解决长期以来各级各类自然保护地顶层设计不完善、管理体系不畅通、产权责任不清晰等问题，

---

① 《建立国家公园体制总体方案》，http：//www. gov. cn/zhengce/2017—09/26/content_5227713. htm。

2019 年中央全面深化改革委员会审议通过了《关于建立以国家公园为主体的自然保护地体系的指导意见》。该意见最大亮点在于有了专门管理自然保护区的机构——国家林业和草原局（加挂国家公园管理局牌子），还有是以保持生态系统完整性为原则对现有自然保护地进行整合优化，以及创新了自然保护地管理机制体制——统一设置、分级管理、分区管控等。该意见的出台为优化整合自然保护地、建设国家公园提供了具体指导方针，将会大大提升我国国家公园建设的速度和质量。

在国家通过了三江源、大熊猫、东北虎豹、祁连山、海南热带雨林等国家公园体制试点方案之后，青海、四川、吉林、甘肃、海南等省积极着手进行建设并且成效较为显著。

通过中央到地方自上而下的动力机制，我国通过 5 年的时间在国家公园体制建设方面已经取得了显著进展，这将为国家公园的推广性建设、优化整合自然保护地管理提供丰富经验。

2. 加强生态修复

生态修复指的是对遭到人为破坏或污染损害的生态系统，依靠系统自我调节能力或采用人工措施，以减轻系统负荷压力或消除污染物损害，使遭到破坏的生态系统逐渐向良性循环方向发展的过程。目前生态修复主要有两种方式：一类是自我修复，比如对某些流域采取的禁捕措施；另一类是人工修复，比如对太湖修复采取的拦截污染物等措施。

十八大以来，全国各地加大了对水域、土地、草原、森林、矿山等领域的全面修复工作，并且取得了一些较为良好的效果。因为生态修复所涉范围、领域较广，现以山西"七河"生态修复为样本进行分析说明。

"七河"指的是汾河、桑干河、滹沱河、漳河、沁河、涑水河、大清河七大流域，多年来因为污染出现了不同程度的断流干涸现象。针对这一现象，山西省启动了"七河"生态修复工程，这一修复工程是在先期启动汾河流域生态修复基础上实施的。2017 年 1 月，山西为了贯彻落实习近平视察山西时的重要讲话精神，省人大常委会通过了《山西省汾河流域生态修复与保护条例》，并于 3 月份实施。该条例明确规定了修复与保护原则——统一规划、保护优先、因地制宜、科学修复，以及修复与保护应加强组织领导、采取河长制、目标责任制等保障性措施。

在以往治理汾河经验的基础上，2017 年 6 月桑干河治理工程开启，标志着"七河"生态修复工程正式启动。涑水河、大清河等其他流域的治理也先后开启，这是山西生态治理与修复的一大壮举。在全面开启的"七河"生态修复工程中，采用了一系列较为有效的措施：一是山水修复相结合。山水林田湖是一个生命共同体，山西在开启"七河"生态修复之后也开启了太行山、吕梁山的生态修复工程。通过在"两山"进行人工植树造林，不仅使湿地保护面积不断扩大、森林资源综合利用效率提高，而且使土壤质地发生了变化、固水持水能力大幅提升，这对于"七河"修复提供了良好的地质环境。二是水系治理综合统筹。流域之间水系具有相通性、地域水流之间具有贯通性。山西这次开启的水域治理充分考虑到了这一特性，不仅在本省范围内多流域共同治理，而且还与其他地区进行衔接治理，比如桑干河（源头在山西）与永定河（河北水系，途径京津冀等）进行生态修复工程的衔接，实现了山西与京津冀地区水域的协同治理。三是全面推行河长制。为了更好修复"七河"，山西通过了《全面推行河长制实施方案》。该方案明确了省总河长、主要流域的省河长、市县乡总河长、市县乡主要流域河长，一直延伸至村级组织，这种层层分解的河长制制度，有利于解决流域管理责任主体不清、职责义务不明的问题。四是创新探索政府企业共建模式。在"七河"生态修复中，需要巨额资金，山西创新了投融资机制，积极推行政府和社会资本合作的 ppp 模式，不仅解决了修复资金难题，而且实现了水域修复与周边生态产业的发展。五是许多配套举措一并实施。在对"七河"进行修复时，并不单单进行修复，同时还采取了污水资源化、节水、调水、关井、增湿、绿岸等一系列举措，重视生态修复治理的整体性和系统性，力争从根本上扭转脆弱的生态环境。

目前，山西"七河"治理的龙头"汾河"尤其是太原城区段已经取得了骄人成绩。它现已成为贯通太原城市南北的一条长达 33 公里的绿色生态长廊。为了让汾河治理取得更大成效，现阶段山西省生态环境厅采用了汾河流域治理周报制，不仅公布该流域 29 个监测断面的水质级别，而且提出本周应该防控要点。

总之，新时代在习近平生态文明思想指导下，随着生态文明建设上升为国家战略、生态文明制度体系的重大突破、生态文明政策的全面化系统化，我国经济发展方式正在发生变化，突出的生态环境问题也正在下大力度解决，流域等自然生态系统也正在得到修复，崇尚节俭、绿色消费的生活方式以及良好的生态文化氛围也正在形成。

第四章

生态文明建设"五位一体"内容协同

生态文明建设是个复杂系统，必须融入经济、政治、文化、社会等建设之中。在协同处理它们之间关系的过程中建设美丽中国。

一、发展绿色经济

党的十八届五中全会强调，实现"十三五"发展目标，破解发展难题，厚植发展优势，必须牢固树立并切实贯彻创新、协调、绿色、开放、共享的发展理念。绿色发展理念是对 GDP 发展理念的超越，是我国发展理念的深刻变革，有深厚的哲学含义和现实含义。绿色理念还需要通过发展绿色经济贯彻落实，绿色产业的进一步发展、绿色技术创新体系及绿色金融体系的构建有助于推进生态文明建设。

（一）绿色理念的提出

绿色理念的提出是我国长期建设经验教训的总结，是解决严峻生态环境危机的必然选择，是解决当前社会主要矛盾的客观需要，是积极承担全球生态责任的担当。

1. GDP 发展观念的局限

改革开放 40 多年，既是我国经济不断增长创造奇迹的过程，也是我党对发展理念不断深化认识的过程。其中关于 GDP 的认识集中体现了对发展理念及其实践思考的转变。

GDP 指的是"在经济理论和统计实践上表现一国或地区经济规模及其增长的最为重要的指标，也是现代经济理论对国民经济价值流量和存量进行全面计量的国民经济核算体系中的核心指标，是对资源配置的经济活动进行宏观分析

（包括结构分析）的基本根据和分析工具"①。这一分析工具产生于20世纪上半叶经济危机频发的西方国家，1929—1933年大危机之后，政府对经济的干预直接催生了对宏观经济进行核算体系需求（对GDP的要求）；二战后，经济增长成为普遍关注的问题，进行国民经济总量分析和核算引起西方国家的重视，关于GDP指标体系的研究迅速崛起和发展。

我国改革开放之前，由于长期受苏联经济发展理念和实践的影响，长期否定GDP的核算方法及其价值。更为重要的是十年浩劫以阶级斗争为中心，长期否定经济发展；再加上长时间的被动封闭，对国际通用的核算经济增长状况的GDP指标体系是排斥的；还有完全计划的经济体制也不需要通过GDP来进行核算。总之，改革开放之前我国对GDP经济分析工具是排斥的。

十一届三中全会是我党历史上具有重大转折意义的大会，大会最大贡献之一是把我党工作中心转移到经济建设上来以及实施对外开放的基本国策。发展经济摆脱贫困成为共识，用GDP指标体系对经济进行统计核算就成为突出的理论和实践问题。于是国家开始使用GDP指标体系来规划经济发展目标，比如十三大制定的"三步走"发展战略："第一步实现国民生产总值比1980年翻一番，解决人民的温饱问题。这个任务已经基本实现。第二步到20世纪末，使国民生产总值再增长一倍，人民生活达到小康水平。第三步到21世纪中叶，人均国民生产总值达到中等发达国家水平，人民生活比较富裕，基本实现现代化。"② 另外，改革开放带来经济体制不断变革，也为GDP指标体系的运行提供了较为完备的经济基础；再加上日益开放的发展进程，在经济核算上也必然采取国际通用的GDP核算方式。总之，仅仅用了短短几年时间，到20世纪80年代末就已解决人民的温饱问题，20世纪末人民生活水平总体上达到小康状态，到2012年我国经济发展总量超过日本成为世界第二大经济体。带来这些重大变化的是我国改革开放以来逐渐形成的GDP发展观念。

在以GDP指标体系（后来逐渐发展成了GDP发展观念）核算经济总量的过程中，难以避免地出现一些缺陷和不足。一是易扭曲经济增长与经济发展的关系。GDP是从经济总量和发展规模上来反映一国经济所达到的水平，强调的是数量增长，很难反映经济总量背后的结构性差异，结果就是有经济增长但无经

---

① 刘伟：《GDP与发展观——从改革开放以来对GDP的认识看发展观的变化》，经济科学 2018（2），第5页。

② 中共中央党史研究室：《中国共产党的九十年》，中共党史出版社2016年版，第745页。

济发展，有资金、资源等要素投入的增长，但无要素等效率的提升。二是容易忽视生态环境状况和社会全面发展。GDP 指标是经济数量增长核算指标，依此来制定国家发展计划并不具有充分性，因为除经济外，一个国家的发展还应该注重人民生产生活的环境以及他们自身的全面发展。总之，GDP 并非万能指标，其本身是有缺陷的，也就是说单靠 GDP 经济指标体系难以衡量现代化建设水平，所以必须对此指标体系保持一种审慎的科学态度，不能盲目追求 GDP 的增长。但是在改革开放较长的时间里，GDP 几乎成为核算地区、政府官员政绩的唯一指标，结果导致经济的盲目扩张，甚至经济发展的扭曲。

正是由于 GDP 指标体系的种种局限不断暴露，客观上需要对其进行修订与完善，现代社会提出的"绿色 GDP""幸福指数"等指标就是在理论上对这一指标完善的一些表现。但需要提醒的是对 GDP 指标乃至成为一种发展观要秉承一种态度，当经济发展水平低下时，单纯追求 GDP 具有一定的历史现实性，但当经济发展水平大大提高、人民生活水平大为改观的情况下，就需要非常审慎对待这一指标了，并不是简单的修正或补充就能解决 GDP 观念带来的社会现实问题的，而是需要进行生产发展观念的根本性变革了。

2. 严峻生态问题的倒逼

经过 40 多年的改革开放，我国发生了举世瞩目的变化，但也付出了沉重代价，资源紧张压力越来越大，生态环境遭到严重破坏。

（1）资源约束趋紧

我国虽然地大物博，但许多资源人均占有量远远低于世界平均水平，再加上粗放型增长方式造成的资源浪费，我国发展正遭遇着资源紧张的巨大压力。

水资源压力巨大尤其是干净饮用水非常缺乏。我国水资源总量虽然位于世界第 6 位，但因为人口基数大，人均占有量却位于世界 108 位，是人均水资源最贫乏的国家之一；淡水资源非常短缺，人均占有量仅为世界人均的 1/4，全国有 400 多座城市供水不足，占城市总量的 67%，严重缺水城市达 110 多座，占比高达 18%；还有随着人口的持续增长、工业化及城镇化建设进程的加快，用水需求量正在不断提升，将使我国出现严重的供水危机。

我国是个人多地少的国家，耕地资源的绝对数量相对较低，人均占有量也较低，远远低于世界平均水平。随着 20 世纪 90 年代城市建设速度的加快，耕地呈现持续下降的趋势。比如 1998 年至 2008 年十年期间耕地状况，"1998 年我国耕地数量为 12930 万公顷，截止到 2008 年，耕地面积变为 12171.59 万公顷，共减少了 758.41 万公顷，平均每年减少 75.841 万公顷，累计净减少率为

6.54%，平均净减少率为0.654%"[1]。

总体上看，我国是个能源大国，但人均占有量不足；还有能源储备禀赋较差，呈现煤富、气少、油贫的特点，这一特点决定了煤炭是我国能源供应的主要来源，而石油、天然气等能源对外依存度较高。尤其自20世纪90年代以来，随着经济发展速度的加快，我国能源消费急剧增加，石油对外依存度已超过60%，这一数据还会随着工业化建设速度的提升而提高。但是复杂的中东局势，不仅使我国将担负更多的石油进口成本，更为担忧的是石油供给链的中断，对我国能源外部供给造成威胁。

（2）生态遭到严重破坏

改革开放多年，粗放型的"三高"——高投入、高消耗、高污染增长方式导致了严重的水、大气等污染。本书以2013年中国环境状况公报为依据，分别说明水资源、大气污染的严峻形势。

水资源污染特别严重：长江、黄河等十大流域的国控断面中，IV—V类和劣V类水质断面比例到达28.3%；黄河流域、淮河流域污染严重，IV—V类和劣V类水质断面比例分别是41.9%、40.4%；海河流域污染最为严重，IV—V类、劣V类水质断面比例分别高达21.8%和39.1%。除此之外，"90%以上地下水遭到不同程度的污染，其中60%污染严重，城市地下水约有64%遭受严重污染，33%的城市地下水为轻度污染"[2]。

大气污染也特别严重：总体来讲，全国城市环境空气质量不容乐观，酸雨污染程度依然较重。在京津冀、珠三角区域及长三角区域三大大气污染重点监测地，仅长三角区域的舟山六项污染物全部达标，其余均未达标；比如北京大气污染达标天数比例仅为48.0%，重度及以上污染天数比例高达16.2%，主要污染物为PM2.5、PM10和NO_2。还有雾霾现象十分严重，2013年全国平均霾日数为35.9天，是1961年以来最多。中东部地区雾和霾天气多发，华北中南部至江南北部的大部分地区雾和霾日数范围为50—100天，部分地区超过100天。

除此之外，水土流失现象也特别严重。2013年现有土壤侵蚀总面积294.91万平方千米，占国土面积的30.72%。其中，水力侵蚀129.32万平方千米，风力侵蚀165.59万平方千米。

以上问题已经成为制约我国持续发展的最大障碍，是中华民族永续发展的

---

[1] 程娟、关欣：《中国耕地数量变化及其影响因素分析》，农技服务2015（9），第7页。

[2] 王熹等：《中国水资源现状及其未来发展方向展望》，环境工程2014（7），第2页。

最大隐患。资源紧张、能源安全、生态危机等成为党中央迫切需要解决的现实课题，绿色发展理念就是在这些现实问题的倒逼中提出来的。

3. 解决社会主要矛盾的需要

进入新时代，社会主要矛盾两端分别是"美好生活需要"与"不平衡不充分的发展"，前者属于社会需求侧，后者属于社会供应侧。需求侧与供应侧的矛盾表现在生态方面就是"美好生态需要"与"不平衡不充分的生态产品供应"之间的矛盾。

人类从事社会实践活动的直接目的是要满足自身的各种需要，从内容来分包括物质、政治、文化、社会、生态需要等。随着我国生产力的快速发展，人民生活水平的日益提高，人们对物质类产品提出了越来越高的要求，同时也对生态等产品提出了高要求。其实，美好生活需要是以生态产品需要为基础的，很难想象如果没有清洁的空气、干净的水资源、放心的农产品，人类只靠丰富的甚至奢靡的物质享受就达到美好生活的状态。

但目前我国生态产品的供给却存在不充分不平衡的特点。从整体上讲，生态产品供给不充分，由于多年粗放式发展，现阶段还无法提供给人民十分满意的空气、水、土壤等生态产品；生态产品分布不平衡，资源型地区的生态环境大大落后于非资源地区，因为资源地区发展的产业主要是与资源有关的产业，产生的污染物较多，对生态环境破坏较大。

要想解决生态产品的供需矛盾，需要从供给侧下功夫，除了下大力度解决人民最为关心的环境问题外，还应该从长远考虑怎样才能生产或创造出让人民满意的生态产品，从根本上转变发展方式、发展理念是最为彻底的解决办法。

4. 全球生态责任的担当

作为负责任的大国，在全球生态危机越来越严峻的情势下，我国提出"国际社会应该携手同行，共谋全球生态文明建设之路，牢固树立尊重自然、顺应自然、保护自然的意识，坚持走绿色、低碳、循环、可持续发展之路"[1]。基于这样的大国担当，习近平出席第 70 届联合国大会时在阐述人类命运共同体含义的过程中将我国的绿色发展理念带上国际舞台，希望通过一个全新视角来思考全球生态问题尤其是气候问题，希望各国在联合国环境规划署的统一协调下开拓新的解决路径。这既体现了我国在为全球生态危机的解决贡献中国智慧，也彰显了我国正以积极负责任的态度参与全球气候治理。

---

[1] 《习近平谈治国理政》（第二卷），外文出版社 2017 年版，第 525 页。

面对国内国际严峻的生态危机，习近平提出"我们要利用倒逼机制，顺势而为，把生态文明建设放到更加突出的位置"①。十八大以来，党中央采取的一系列生态文明建设的举措就是顺势而为，就是遵循我国现代化建设的客观规律，就是顺应民心民意和时代发展要求。习近平还提出"生态环境保护的成败，归根结底取决于经济结构和经济发展方式。经济发展不应是对资源和生态环境的竭泽而渔，生态环境保护也不应是舍弃经济发展的缘木求鱼，而是要坚持在发展中保护、在保护中发展，实现经济社会发展与人口、资源、环境相协调"②。总书记的这一精彩论述为生态危机的解决指明了方向：改变传统的经济结构、转变粗放型的生产方式，采取以绿色创新为基础的现代化经济结构，以低碳循环清洁生产为特征的绿色生产方式。顺理成章的结果是十八届五中全会提出全新发展理念，用绿色理念来和谐处理人与自然之间的关系，既积极应对现实环境问题，又思考中华民族的长远发展。

（二）绿色理念的社会含义

生态问题表面上看是人与自然之间发生了问题，其实是社会系统与自然系统之间发生了问题，即自然—人—社会构成的复杂系统发生了问题，那么它就是一个社会问题。绿色理念的提出就是为了解决这一社会问题的，在阐述其具体措施之前，有必要弄清其社会含义。

1. 可持续发展

"可持续发展"概念范围不断拓展。通过第一章论述，清楚地知道马克思在研究土地衰竭问题上提出了超越时代的可持续发展思想，解决人与土地新陈代谢的断裂就可以实现农业的可持续发展。只不过这一解决条件需要消灭土地私有制，以建立土地公有制为前提。通过第二章论述清楚地知道，二战后随着西方资本主义发展出现了越来越严重的生态危机，为了解决危机，联合国提出了解决代际发展问题的"可持续发展"概念，我国由此也提出了"可持续发展战略"（处理经济发展与资源环境人口之间的关系）。"可持续发展"从土地单一领域逐步拓展到资源环境人口等多重领域，从关心当代发展拓展到了关心代际发展、当代发展，其含义不断丰富和发展。

---

① 中共中央文献研究室：《习近平关于社会主义生态文明建设论述摘编》，中央文献出版社 2017 年版，第 83 页。

② 习近平：《决胜全面建成小康社会　夺取新时代中国特色社会主义伟大胜利——在中国共产党第十九次全国代表大会上的报告》，人民出版社 2017 年版，第 19 页。

我党十八大以来提出的"绿色"理念，完全包容了"可持续"发展的内涵，不仅要实现土地的可持续发展（社会主义完全具备了土地合理使用的前提——土地公有制），而且要从根本上解决代际发展问题和现时代的资源环境人口问题。

2. 节约发展

节约是中华民族的传统美德，我国从中华人民共和国成立之初开始的社会主义探索就强调节约，只不过那时的生产条件过于落后，人民最基本的生活需求还无法得到满足，所以"节约"强调的是生产领域，通过节约资金资源实现增产。

"绿色"理念是在我国生产力有了极大提高、人民生活水平得到极大改善的情况下提出的，所以它所包含的"节约发展"的内容并不仅仅限于生产领域，还包括生活领域；随着我国经济发展从注重速度提高转化为注重质量提升，但发展依然面临着巨大的资源能源压力，"绿色"理念所倡导的"节约"不仅指提高资源能源的利用效率，更重要的是指研制开发更加高效清洁的替代性资源能源。

3. 低碳清洁循环发展

我国是 CO_2 排放量逐年增加的国家，其主要原因在于能源结构中煤炭消费占有相当大的比重。为积极履行国际义务，我国在参加全球气候议程时已将节能减排作为绿色发展的基本要求。为了降低碳排放量，我国不仅大力发展低碳技术，而且已在山西等煤炭资源大省开始了能源革命的试点工作。清洁生产强调从源头上控制污染，强调生产废物的减量化、无害化、资源化处理。"绿色"理念注重从源头思考、解决生态危机，当然包括清洁生产，不仅如此，还注重开发清洁生产技术、发展清洁能源等。循环发展强调形成一个闭环的产业发展链条，上一环节的废物废料成为下一环节生产所需的原料或能源，既可以降低废物对环境的污染，还可以节约更多的资源能源。

4. 生态安全

"绿色"理念的提出是想把我国建设成为一个生态安全的国家。"生态安全"指的是"该国具有较为稳定健康的生态系统从而能够使经济社会发展不受或少受来自自然资源和生态环境的刚性约束，具有能够持续地满足经济社会发展需要和提供优质生态产品以及优质生态服务以保障人民拥有生态权益，具有应对和解决生态矛盾、生态灾难、生态危机的能力"[1]。具体到实践中，指国家

---

[1]　方世南：《习近平生态文明思想的生态安全观研究》，河南师范大学学报（哲学社会科学版）2019（4），第 11 页。

为人民群众提供的最基本的优良生存发展条件，为人民生产活动、消费活动、身心健康等方面提供不受侵害或少受侵害的保障条件，包括水质安全、大气安全、土壤安全、生态屏障安全等内容。

总之，新时代提出的"绿色"理念不是泛指亲自然或亲生态的发展理念，而是指在尊重自然的主体性、自然价值及自然与人相互作用的基础上，通过可持续发展、节约发展、低碳清洁循环发展、生态安全等方式来解决生态危机，达到人与自然和谐共生的状态。

（三）绿色经济的发展

"绿色"理念需要转化为现实实践——绿色经济才能根本扭转现代化建设带来的生态危机。那"绿色经济"是什么？"以效率、和谐、持续为发展目标，并以生态农业、循环工业和持续服务为基本内容的经济结构、增长模式和社会形态。"① 它的实施需要发展绿色产业、构建绿色技术创新体系和绿色金融体系。

1. 发展绿色产业

绿色产业是绿色经济的支撑，是转化经济发展方式的巨大动力，是新旧发展动能转换的重要内容。

（1）绿色产业内涵

什么是"绿色产业"，学界存在不同的理解。就现有文献来看，主要分为环保产业类、绿色化产业类、第四产业类、复合类等四种。环保产业类认为绿色产业就等同于提供环保产品与服务的产业，绿色化产业类认为只要企业在生产周期内降低了能耗、减少了污染的就可以称之为绿色产业，第四产业类认为绿色产业是不同于现有的一、二、三产业的第四种产业，复合类认为绿色产业可以从广义和狭义两角度进行理解，"狭义的绿色产业指提供有利于资源节约、环境友好、生态良好的产品、服务的企业的集合体"②。"广义的绿色产业还应包括绿色化的产业，即在产品生产、运输、消费、回收等全生命周期过程达到相关绿色标准的企业的集合体。"③

以上关于绿色产业的内涵界定呈现以下特点：一是对其理解随着实践的发展不断深化，前三种界定提出之时属于"绿色"企业兴起之初；最后一种界定

---

① 强以华：《绿色经济与美好生活》，伦理学研究2019（3），第96页。
② 裴庆冰、谷立静、白泉：《绿色发展背景下绿色产业内涵探析》，环境保护2018（21），第89页。
③ 同上。

提出于十八大之后，是对以往界定的总结和深化，因为经过多年发展具有明显"绿色"特点的企业或产业越来越多，有些还形成了绿色产业链。二是对"环保"产业的界定存在不确定性。最初把绿色产业称为环保产业，那环保产业如何界定呢？其是指生产环保产品的产业还是生产过程具备降低资源消耗较少污染物的企业，因为有些生产环保产品企业的生产过程也存在非环保性。三是关于第四产业的界定缩小了对绿色产业的理解。党中央以"绿色"发展理念来指导经济建设，并不单单是新审批或新界定一些企业为绿色企业，而是希望现有的农业、工业的生产过程及提供的产品越来越绿色，还有第三产业进行服务的成本和提供的服务本身也越来越绿色。四是复合类进行绿色企业界定时提出的几个条件——资源节约、环境友好、生态良好是可取的，但只把它作为产品和服务的条件有些狭窄，还应把它拓展至产品或服务整个产生过程的生命周期。

综合以上分析，可以认为绿色产业指的是在整个生产过程中以及最终所提供的产品与服务符合资源节约、环境友好、生态良好等条件的企业集合体。当然学理上较为抽象的探讨还需要国家相关部门出台绿色企业的界定标准，但应该谨慎注意的是绿色产业的泛化。

（2）绿色产业发展现状

在绿色发展理念指导下，绿色产业迎来了前所未有的发展机遇。据测算"'十三五'期间我国绿色经济每年需投入约3%的GDP规模，年均在2万亿元以上，在全部绿色投资中，政府出资占比约为10%—15%，社会资本占比约为85%—90%"①。在国家促进产业转型升级大背景下，以节能、环保为特征的绿色产业迅速发展。比如新能源汽车和非化石能源发电装机生产持续攀升，"2017年，我国新能源汽车产量79.4万辆，占汽车总产量的2.7%，连续三年居世界首位。2017年，我国发电装机总量累计达17.7亿千瓦，其中非化石能源发电装机占比达到38.1%，比2012年提高9.6个百分点，是历史上增长最快的时期"②。

绿色产业作为绿色经济的支撑越来越受到党中央的重视，颁布并出台了一系列法律法规、政策措施来促进其发展，如《可再生能源法》《节能产品政府采购实施意见》《再制造产业发展意见》等；国家鼓励绿色技术的研发投入，给绿

---

① 杜雨萌：《"十三五"期间绿色投资有望超10万亿元》，证券日报2016－09－06，第A01版。

② 王菡娟：《我国新动能指数逐年增加——绿色产业成为培育新动能的重要渠道》，人民政协报2018－02－01，第006版。

色产业发展不断提供技术支撑。

但绿色产业发展还存在一些问题。一是绿色产业发展缺乏系统规划。一个新的产业发展，需要制定一个从宏观到微观层层落实的规划、战略、部署、计划等内容，但我国尚未对绿色产业发展进行顶层设计，也尚未出台相关的规划和部署。二是绿色产业执行力度需要提高。我国绿色产业起步较晚，相关法律法规与政策标准的规范性文件还不健全，结果是有些地方企业还未到达绿色产业的门槛但却在冒用"绿色"品牌，不仅损害了消费者利益，而且还会制约绿色企业发展。三是绿色产业发展存在结构失衡现象。虽然近几年绿色产业发展呈飞速发展状态，但却存在产业发展不平衡现象。环保类产业、新能源汽车产业、绿色农业等发展较为迅速，但绿色建筑、贸易、服装、服务等产业发展滞后。

（3）推进绿色产业进一步发展的建议

发展绿色产业是一项较为复杂的工程。针对存在的问题，可以采取以下措施进行解决。

第一，制定绿色产业发展规划。当前我国正处于经济结构调整时期，产业结构也正在转型升级，可以利用这一时间节点，制定绿色产业科学发展的宏观规划。内容可以包括绿色产业发展原则、主要目标、绿色产业发展的管理部门及职责、绿色产业评估认证、绿色金融政策、绿色技术支撑等。

第二，制定促进绿色产业发展的法律法规。2019 年 3 月国家发展改革委牵头出台了《绿色产业指导目录》，这对于厘清绿色产业边界，解决概念泛化、执行标准不一等问题具有重要作用。但关于促进绿色产业发展的法律法规还较为分散，应该制定比《绿色产业指导目录》更高阶的法律规范，关键是规范绿色产业的责权义。这样才能从根本上推动绿色产业有序发展。

第三，均衡发展绿色产业。针对绿色产业发展不平衡现象，应在鼓励产业重点发展领域的同时兼顾产业的均衡发展。可以根据地区产业发展特色，制定该地区绿色产业重点扶持的领域和企业，这样在绿色产业发展中，既可以培育国家绿色龙头企业，又可以发展地方特色的绿色企业。

2. 构建绿色技术创新体系

发展绿色经济、绿色产业，绿色技术创新应走在前列。绿色技术是减少环境污染、降低能源及原材料消耗的技术、工艺或产品的总称①。我国虽已在绿

---

① Brawn, E., Wield, D.. Regulation as a means for the social control of technology, Technology Analysis and Strategic Management, 1994 (3), p. 497.

色技术创新上取得了一些成就，但尚未构建市场导向的绿色技术创新体系。

（1）绿色技术创新

技术创新一般都会经历三个阶段，政府主导的通过科研所、高校等主持的项目进行创新；政府和企业协作性创新；主要通过政府直接管理的国企及产学研相结合进行创新；市场导向的创新主要以企业技术的研制开发革新作为主要内驱力。在我国资源配置中，市场机制正在发挥决定性作用。绿色技术创新在经历了政府主导、政府与企业协作创新的基础上，可以把市场机制与企业绿色创新结合起来，通过一定的制度常态化。市场导向的绿色技术创新体系可以理解为充分发挥市场中的竞争、供求、价格机制，制定一系列有利于促进企业进行绿色技术创新的制度、政策等的总和。

（2）通过市场驱动企业绿色技术创新

市场导向与企业技术创新具有一致性。绿色技术创新是个多环节多主体参与的系统活动，有企业、政府、科研机构、科技服务机构等，而市场又具有灵敏反映供需关系的特点，可以利用市场这一特点完成各主体供需对接。当市场出现了整体性的或某一方面的绿色技术矛盾，企业灵敏地捕捉到了该市场需求，可以整合政府提供的政策性要素，科研机构提供的知识或孵化性要素，科技服务机构的服务要素，进行绿色技术的创造或革新，实现了各主体功能的最大价值创造。在国家越来越重视环境保护、生态建设的过程中，那些能耗高污染严重的产品越来越丧失市场，企业只有进行绿色技术创新才能避免被淘汰出局的局面。在所有的市场机制中，价格最具有灵敏快捷性。企业生产的饱含绿色技术的生态产品价值通过价格机制来确定其产品价格、绿色技术价格、环境资源要素的价格，在生态产品价格得到合理确定后，就能逐渐改变资源成本扭曲状态、企业生产污染外部性状态。

（3）市场导向的绿色技术创新体系建设

目前，政府主导下的环境管理还未充分发挥市场机制，在企业绿色技术创新中主要表现为绿色技术创新制度还不完善、协同创新机制还未形成、技术标准更新较慢及验证制度尚未建立。针对其问题，提出以下建议。

第一，精准设计市场规制。国家在精准分析阻碍绿色技术创新障碍的基础上，抓住关键性因素，通过制定市场规制最大限度地消除关键障碍来促进绿色技术的创新。主要指中央制定适合现阶段绿色技术创新的市场规制。

第二，优化制度与政策协同。在理顺中央与地方、部门之间利益关系的基础上，协调部门之间制度政策方面的冲突，制定规范各方利益的制度体系和配套政策，为绿色技术创新提供全方位的制度与政策支撑；通过完善政府、企业、科研机构、科技服务机构协同合作的政策，做好他们之间绿色技术的协同对接。

第三，完善绿色技术标准。政府需下大力度组织专门人员包括吸纳专家，展开国家绿色技术标准研制工作，制定全国统一的绿色技术标准。标准的制定也应参考国际相关标准，所以中央还应组织专家积极参与国际能源消耗、碳排放等标准的制定。

第四，建立绿色技术创新验证制度。针对现有绿色技术泛用现象，国家应该委托相关职能部门比如专利局、生态环境部、工信部等组成绿色技术创新监测与评价小组，对企业申报的绿色技术进行评价验证，合格的颁发绿色认证的标志，并对其知识产权进行严格保护。

总之，通过构建市场导向的绿色技术创新体系提高企业创新的积极性，强化政府、企业及科研机构之间的协作性，让绿色技术为绿色产业提供有力支撑。

3. 发展绿色金融体系

发展绿色经济，必须抓好绿色投资、绿色金融工作。

（1）绿色金融政策

2015 年国务院发布的《生态文明体制改革总体方案》中明确提出通过构建"绿色金融体系"来健全环境治理和生态保护市场体系。

为发挥资本市场服务生态文明建设与绿色经济发展的功能，中央全面深化改革领导小组第 27 次会议审议通过了《关于构建绿色金融体系的指导意见》。该意见明确了"绿色金融"与"绿色金融体系"含义，"绿色金融"指为支持环境改善、应对气候变化和资源节约高效利用等提供的金融服务；"绿色金融体系"指通过绿色信贷、债券、股票指数、发展基金、保险、碳金融等金融工具和相关政策为绿色发展服务。构建绿色金融体系的目的是动员和激励更多社会资本投入绿色产业发展、污染治理和生态保护中。

（2）绿色金融体系发展特点

经过十多年国家政策的引导及金融机构的探索，我国绿色金融体系发展已经具有了一定特色。一是"自上而下"绿色金融发展模式。我国构建绿色金融的直接动因在于现实生态危机的倒逼，该模式最大特点在于投资准、效率高。二是中央引导和地方探索有机结合。在下发《中国人民银行　财政部　发展改革委　环境保护部　银监会　证监会　保监会关于构建绿色金融体系的指导意见》后，中国人民银行又牵头印发了《建设绿色金融改革创新试验区总体方案》，决定在浙江等 5 省选择部分地方建设绿色金融改革试验区，试验区自行出台绿色金融实施方案并探索适合本地的发展方式。三是绿色金融市场迅速发展。绿色信贷规模稳步增长，2018年之初银监会发布数据显示，国内21家主要银行绿色信贷规模从2013年末的5.2万亿元增长至2017年6月末的8.22万亿元，平均每年增加将近8000亿元；绿色债券市场快速发展，2018年11月中债资信发布数据显示，2016年至2018年的两年间，境内绿色债券市场累计发行绿色债券255只，金额达5449亿元。

（3）绿色金融体系发展面临的问题

虽然我国绿色金融市场正在迅速发展，但也面临许多问题。

第一，绿色金融标准滞后。我国现有绿色金融标准主要规定的是关于绿色信贷及绿色债券的内容，关于绿色类的保险、股票及基金并无明确规定，显然难以指导这些业务的发展；关于绿色证券标准体系的多项规定存在交叉并有冲突；关于绿色信贷与债券的规定存在项目标准界定模糊及披露信息不足等问题。

第二，绿色金融理念淡薄及监管体系不完善。因为环保、资源类等绿色产业的投资周期长、见效慢，导致地方政府对其关注度不高；绿色金融监管法律法规不完善，金融监管部门对金融机构绿色金融业务发展的规范性监督不力。

第三，绿色金融可持续发展能力不足。我国从事绿色金融服务的主要是银行等机构，模式较为单一，缺少诸如专门从事金融咨询、知识等服务型中介机构；从事绿色金融服务需要具备金融与环保等综合性知识，相关人才队伍还较缺乏，这些因素都会影响绿色金融的可持续发展。

（4）绿色金融体系发展解决对策

针对目前绿色金融体系发展存在的问题，需要从统一绿色金融标准、加强绿色金融理念宣传、强化金融监管体系等方面进行改进。

第一，制定标准化的绿色金融体系。结合浙江等5省绿色金融改革试验区取得的经验，在对现行绿色信贷、债券及证券标准进行筛选，对绿色保险、股票及基金等业务实践进行总结的基础上，由中国人民银行制定包括申请条件、项目范围、企业应披露的信息等统一的绿色金融体系。

第二，加强激励指导与完善监管体系。地方政府应加大对绿色金融的宣传力度，并优化财政绿色配置和激励绿色金融在环境、资源、基础设施建设等方面的支出；完善金融监管机构对银行等绿色金融产品的监管，明确金融机构对污染项目申请绿色金融审查不严的责任，建立对金融机构绿色资金使用情况的考评机制等。

第三，设置专业机构与协同创新专业人才。为促进绿色金融的专业化发展，可以创设绿色金融政策性银行；设置专门从事绿色金融知识、咨询类，以及对申请企业进行征信调研、资产评估类的中介服务型机构；金融机构应该协同科研所、高校进行绿色金融理论及政策优化研究，同时依托他们培养兼具金融与环保等知识的专业化人才。

二、建设环境政治

生态环境问题的产生与解决同方针政策的制定落实具有密切联系，"一些重大生态环境事件背后，都有领导干部不负责任、不作为的问题，都有一些地方环保意识不强、履责不到位、执行不合格的问题，都有环保有关部门执法监督作用发挥不到位、强制力不够的问题"[①]。十八大以来制定的一系列规范性文件都强化了党对生态文明建设的领导。

（一）加强党的领导

《中国共产党章程》明确规定"中国共产党领导人民建设社会主义生态文明"。社会主义生态文明建设是一项浩大的复杂工程，必须把党的领导落到实处、关键处。

1. 坚持党领导的制度优势

社会主义国家的建立、探索、建设，中国共产党始终是开创者、领导者和建构者。

我党具有鲜明的政治立场——实现最广大人民的根本利益，所以党始终代表人民的利益。正确的政治立场指明了明确的政治方向，进行经济建设、推动社会发展的目的是维护和发展人民的根本利益。坚定的政治立场还要求党员干部坚持正确的政治原则，维护党中央的统一领导。立场、方向、原则都是中国特色社会主义制度发挥自身优势的根本保障。十八大以来习近平用实现中华民族伟大复兴的中国梦、"两个一百年"奋斗目标来激发和鼓舞人民发展的激情和力量，这是发挥社会主义制度优势的有效方法和精神动力。通过群众路线教育、"三严三实"专题教育、"两学一做"学习教育等方式加强了党员队伍建设，提高了党员干部的创造力、凝聚力和战斗力。我党具有巨大的组织力和号召力，能够将中华民族的每股力量凝聚为社会合力，彰显中国特色社会主义制度强大的政治优势。

---

① 中共中央文献研究室：《习近平关于社会主义生态文明建设论述摘编》，中央文献出版社 2017 年版，第 110 页。

我国必须充分发挥中国共产党的这一制度优势，始终坚持正确的政治立场、方向、原则，通过深化各项改革，发动组织党员干部，号召广大人民群众完成美丽中国的建设目标。

2. 把党的领导落到生态文明建设实处

2018 年中共中央、国务院联合印发的《中共中央　国务院关于全面加强生态环境保护坚决打好污染防治攻坚战的意见》中明确提出："良好生态环境是实现中华民族永续发展的内在要求，是增进民生福祉的优先领域。"加强党对生态文明建设和环境保护的领导，是新时代赋予党的历史使命。为了完成这一使命，必须把工作落到实处。

用习近平生态文明思想武装全党，提高生态文明建设政治站位。总书记在2018 年召开的全国生态环保大会上指出"生态环境是关系党的使命宗旨的重大政治问题"，这不仅把生态文明建设与党的使命宗旨相联系，更重要的是把生态环境提高到了党的政治建设的高度，不容许任何党员干部进行敷衍和退缩。严格考核监督与责任追究。中央明确规定各级党委实行生态保护"党政同责、一岗双责"，并对各级地方党委领导班子进行层层生态责任的监督和考核，生态保护出了问题，行政区党委领导负总责；对党员干部政绩进行科学合理的考评，并进行离任审计，对环境问题实行终身追究制度。建设一支政治素质强、专业能力强、作风过硬、敢于担当的生态环境保护队伍，以钉钉子精神开展生态文明建设。

（二）以人民为中心

研究生态文明及其建设，有必要探究其背后的建设目标与中心性支撑思想，可以设想如果建设目标与中心不符合生态逻辑，那么生态文明就只是一种形式。

联合国在 20 世纪 90 年代提出"可持续"概念的时候，美国给出的解释是"可持续增长"。虽然有些发展是可持续的，但从产品总量来讲，在一个有限的物理时间里，产品的无限增长是不可能的。世界各国都对经济增长存有一种强烈的期盼，发展中国家更需要发展经济来减轻人民物质上的痛苦，接下来再思考如何更加有效地提高资源利用率及减少污染的问题，也就是先发展的理论。但多年的"可持续增长"却把人类带到了有史以来的生态环境边缘，全球商界精英和经济学者几乎忽视这个显而易见的事实，与人类无穷的智慧相比，是一种悲哀。

我国过去几十年的建设成就有目共睹，学会了利用或超越西方方式发展经济，但同时也在承受其带来的恶果。但中国共产党比西方政党更为坦然的是承认经济增长与生态危机之间的必然关系，并正在想方设法地解决它。所采用的各种治理污染措施，尤其是十八大之后制度建设的加强，"西方尤其是美国也无力采纳，因为其主导的经济思想是将政府的权力置于公司的权力之下。中国政府能够把更多的注意力集中于历史事实和为其人民谋利益"①。

我国正在走的是一条有别于资本主义发达国家的建设之路——中国特色社会主义建设道路，这条道路与西方主流经济学倡导的道路具有本体论上的根本区别。西方主流经济学强调个人主义思想，它虽然在注重个体身份及个人发展的同时，也承认人与人之间是相互联系的，但这种联系是外在的，是通过订购、交易、收购等冷冰冰的经济方式展开的。所以在西方一切以个人、公司、资产阶级、金融寡头等利益为中心进行的生态建设也仅仅是为了让他们的统治更坚固和长久。我党历来就以集体主义为原则，革命、建设等都是在为人民谋利益。虽然我国也学会用西方方式增进发展，但那是解决人民物质生活落后状态必须采用的临时措施，况且中国 14 亿人口吃饭问题的解决已为世界做出了巨大贡献，还为其他社会主义国家提供了中国方案和智慧。当经济建设和人民生活均取得重大成果之时，随着社会主要矛盾的转换，我党政治话语体系随之发生了重大变化——把美丽中国建设上升为国家战略目标并制定了实施战略。支撑政治话语体系发生重大变化的是我党的宗旨——全心全意为人民服务。

十九大报告，习近平把"坚持以人民为中心"作为新时代中国特色社会主义思想的精神实质和丰富内涵，并要求在各项工作中贯彻落实。"以人民为中心"也是习近平生态文明思想的核心，"建设生态文明关系，人民福祉，关乎民族未来"是习近平在多个不同场合反复强调的一个重要观点。总书记指出，生态文明建设就是要以实际行动来解决人民群众反映强烈的突出环境问题，"真正下决心把环境污染治理好，把生态环境建设好，为人民创造良好生产生活环境"②。

（三）落实生态环境绩效考核制度

习近平指出："只有实行最严格的制度、最严密的法治，才能为生态文明建

---

① ［美］小约翰·柯布著，王俊译：《走向共同体经济学》，武汉理工大学学报（社会科学版）2011（6），第 787 页。

② 中共中央文献研究室：《习近平关于社会主义生态文明建设论述摘编》，中央文献出版社 2017 年版，第 7 页。

设提供可靠保障。"① 生态环境绩效考核制度作为生态文明制度体系的重要组成部分，正在逐渐完善并渐进落实之中。

1. 生态文明建设考核政策

由于历史原因，有些地方对环保工作认识较浅，出现了诸如不作为、慢作为、乱作为的"懒政"现象，为此近几年中央越来越重视对地方领导干部的生态文明建设考核力度。

2019 年中共中央办公厅印发了《党政领导干部考核工作条例》，与以往考核内容相比，强调将生态文明建设纳入领导班子考核内容。其具体表现在：一是在工作内容考核上强调全面性，包括推动本地区经济、政治、文化、社会、生态等建设；二是在考核结果上强调综合性，不仅考核增长速度、显绩、发展成果，还考核质量效益、潜绩、成本代价等；三在考核结果运用上，改变了过去干部能上不能下的方式，强调干部能上能下，促进担当作为，严厉治庸治懒等。考核内容的增加与考核结果的细化不仅彰显了党中央持续推进生态文明建设的决心和魄力，而且体现了生态环保工作是党政领导干部一项重大的政治任务和责任。

该条例强化并细化对党员领导干部生态文明建设考核，是建立在以往关于生态环境内容考核政策基础之上的。2015 年中央出台的《关于加快推进生态文明建设的意见》《生态文明体制改革总体方案》中分别部署了"健全政绩考核制度""对领导干部实行自然资源资产离任审计""建立生态环境损害责任终身追究制"等考核体系；之后中央相继颁布了《党政领导干部生态环境损害责任追究办法（试行）》《生态文明建设目标评价考核办法》，对政府及官员生态政绩考核的政策议程迅速兴起。

2. 生态环境绩效考核制度的思考

随着生态文明建设政策建立起来的生态环境绩效考核制度，需要从学理上进一步思考制度设立目的、如何落实及如何应用等问题。

（1）制度设立目的

过去在对地方政府及官员的考核中，往往采用较为单一的 GDP 考核方式，但因为生态问题的滞后性或潜在性，在官员离任后无法得以追究和补偿。设置该制度就是要让地方政府及官员形成正确的政绩观，在发展地方经济时始终绷

---

① 中共中央文献研究室：《习近平关于社会主义生态文明建设论述摘编》，中央文献出版社 2017 年版，第 106 页。

紧一根弦——"既要金山银山，更要绿水青山"，自觉推动绿色、低碳、循环发展，决不能以牺牲几代人的环境代价换取短时间的经济增长；通过对生态文明建设目标实施情况的考核，可以督促地方政府层层落实责任，增强领导干部的生态使命感；通过定时考核生态环境绩效，可以对全国各地的生态文明建设情况进行客观准确的了解，为下一年生态文明建设目标的制定提供科学依据；通过考核还可以及时发现地方生态文明建设中存在的问题，并分析问题是具有全国普遍性还是本地特殊性，对普遍性问题采用完善相关制度等措施进行根除性解决，减少探索性风险或成本。

（2）制度落实

生态环境绩效考核制度需要进一步思考谁具有考核资格、考核的具体内容、采用的考核方式及考核周期等内容。

①考核资格主体

生态文明建设涉及经济、政治、文化及自然环境等诸多方面，从理论上讲相关领导机关都具有考核资格，但为节约行政成本、提高考核效率，对省级地方领导干部的考核可由生态环境部牵头组建生态环境政绩考核小组，省级以下的市、区、县等由省级环境厅牵头层层落实。除了上级机关进行考核外，还可以参考群众考核意见及专业机构的考核结果。地方群众是当地生态文明建设的具体参与者和体验者，也最具有评价资格；可以随机选取党政机关、企事业单位等群众代表对地方生态文明建设政绩进行打分评价；为保证群众评价的全面性和客观性，需要他们充分掌握相关信息，避免出现群众满意度与生态环境绩效不一致的结果。随着人们生态环保意识的增强，社会上出现了一些公益性质的环保组织，他们具有较为专业化的知识和技能；可以引入独立性较强、公信力较高的这些机构进行第三方评价，增强评价结果的科学性和客观性。以上探讨的三类考核资格以上级机关的考核为主体，群众和专业机构考核为补充。

②考核内容

考核内容的科学设定不仅能够真实反映该地生态文明建设情况，而且具有推进下一步生态文明建设的导向作用。因为各地资源禀赋、环境历史遗留问题、环境现状的差异性，还有我国划分的不同主体功能区、国家公园、自然保护区、自然公园等生态差异性，除一般性应该考核内容外，针对不同类别地区应设定符合考核对象差别化的考核内容。比如针对资源性地区，设定的考核内容应该侧重大气、水质、土壤等污染防治，地方资源类企业原料、能源的消耗及污染物治理或排放情况，替代性清洁能源的开发与利用情况等；针对环境相对优良地区，设定的考核内容应该侧重该地的水质、土壤等污染防治，经济高质量发展情况，经济发展方式转变情况及生态文明建设水平等；针对国家公园等自然保护区，设定的考核内容应该侧重该区主要保护的生态动植物发展情况、生态平衡情况、外界主要影响性因素及内部生态发展制约因素的地方处置情况等。

③考核方式

因为考核对象、内容的差异性，考核方式也应体现差异性，所以应制定与考核内容相匹配的考核方式。定量与定性考核相结合，定量考核根据现有数据做出，具有精准性、受人为因素干扰少的特点，但综合性不强；定性考核因人的感受、经验等进行思维判断，具有综合性特点，但受人的主观意识影响较大，所以这两类考核方式的结合可以取得兼具精准性与综合性的结果。生态环境政绩定量考核主要采用的是资源开发、利用、生产等部门的统计数据资料，以及大气、水、土壤等环境部门统计的数据资源；定性考核主要源于地方政府的月度、季度、半年度及年度的描述性报告以及上级机关、群众代表和专业机构的评价性打分。专业考核与获得感评价相结合。专业性考核侧重的是数据、大型工程影响等内容，获得感评价侧重地方群众的口碑，把群众在当地生活的生态环境获得感的评价也纳入其中，可以提高生态文明建设的满意度，也可以进一步解决群众热切关心的环境问题，解决生态产品的供需矛盾。

④考核周期

生态文明建设是一个长期的攻坚工程，需要一步一步细化目标来完成，国家已在十九大报告中制定了到2020年、到2035年、到2050年"三步走"的具体生态目标，并通过"十三五"规划、打赢三年蓝天保卫战、年度计划来完成。地方依此制定了相应的目标规划与时间表，那么考核周期就应该在《生态文明建设目标评价考核办法》（2016年）规定的年度和五年考核周期的基础上，设定一个特殊节点的考核——比如2020年的蓝天保卫目标是否实现的考核。这样就设定定期考核与非定期考核相结合的考核周期，在定期考核中主要考核是否完成了年度计划、五年规划中预定的目标，以及在非定期考核中制定的专门化目标。

（3）考核结果运用

考核并非制度设置的根本，发现、改正问题推进建设才是考核的根本所在。为有助于考核目的的完成，需要对考核结果进行充分运用。依照《党政领导干部考核工作条例》，对考核结果进行激励和惩罚性处理，对评定结果等级较高的进行激励性约束，按照贡献大小对地方政府或领导干部进行物质奖励与记功、授予称号等精神奖励，上级机关对累积物质性与精神性奖励次数较多的获得者在晋升过程中考虑优先使用。对没有完成生态环境政绩目标的地方政府及领导干部进行惩罚性处理，具体措施有限期整改、相关责任人的降级处理并严格追究责任人的责任等。"对造成生态环境损害负有责任的领导干部，不论是否已调离、提拔或退休，都必须严肃追责。"① 并对不顾生态环境盲目决策、造成严重损害的领导干部进行终身追责。

（四）构建政府主导的环境治理体系

发达资本主义国家经济迅猛发展的同时，非洲等落后的发展中国家却出现了生存危机，为了解决危机，国际社会创造了治理理论及治理方式。"治理"现已拓展至生态环境领域，依其理论并结合我国实际构建政府主导的环境治理体系是国家治理体系现代化在环境领域的显性体现。

1. 环境治理体系构建的必然性

（1）环境治理体系是现代工业化发展的产物

环境治理体系是现代化的产物，是对工业化后期复杂化、民主化、信息化问题或特点的积极回应。

"复杂"既可相对于"简单"的参照系而言，又可从超越"主体"的认知能力而言。与工业时代相比，前工业社会的"动荡""不安"已显得微不足道；与工业化的发展速度相比，主体的感知、感悟、回应及处理解决显得稚嫩落后。这一复杂化主要体现在社会需求、价值理念、资源流动、社会组织形式及社会关系等方面，其中夹杂着多样性和动态性，意味着社会发展的不确定性和不可预测性。高度的不确定就需要人的思维及行动更加敏捷、灵活、全面，需要及时对复杂性事物做出快捷反映及应对，需要以统一行动进行有效化解。所以，时代的复杂化需要超越传统社会管理理念，需要增强整体思维和联合行动能力。

民主是反对专制的产物，同时也是人类追求"自主"的过程。与工业化进程相匹配的民主制度对公民权利的保障在呈现超越性的同时，也出现异化倾向。多数票的民主并不一定代表善，并不能确保大多数人的利益，也很难保障每个公民的权利；通过投票产生的代理人或政府成为社会中的强势集团，为了自身利益往往通过规范的合法暴力维持"民主"，所以，工业社会的民主并不具有完全意义上的真实性。随着工业化的深入发展，当知识积累、自我意识及理性能

① 中共中央文献研究室：《习近平关于社会主义生态文明建设论述摘编》，中央文献出版社 2017 年版，第 111 页。

力进一步提升时，公民对民主有了更高层次的理解和要求。不再局限于通过投票或选举等外在形式参与民主，寄希望于通过争取权力的内在方式构建完全真实的民主。正是时代的民主化发展，要求公民自主承担起治理责任，通过沟通或协商，把原先自私的偏好转变为理性的权威共识；通过内在理念一致性的有机合作，将自身变成集体统一行动的催化剂。

信息既可相对于客观实在的"物质"而言，也可指人类在与世界互动中获取的认识世界的手段、方式及材料的总和。与现代工业相比，前工业时代呈现信息荒芜的特点。随着电脑的普及和互联网技术的成熟，信息呈现激增以致泛滥的特点，虽然有时信息经过资本修饰或技术过滤，并非完全真实，但每个人还是被裹挟其中，所以工业化的成就之一就是让信息成为人的生存生活方式。每个人兼具信息享有者和传播者的双重角色，也许不经意间就成为社会事件的"广泛"参与者；沟通的方便快捷使意见相近者极易建立起表达诉求的团体或组织，再加上媒介影响，某种程度上成为解决问题或扩大事件的利器。政府或其他社会机构面对民意表达的诉求也必须及时做出回应和反馈，或澄清真相或对自身的反省。所以，信息化的发展必然要求多元管理，必然驱使传统的金字塔式管理逐渐转变为现代的分权式管理，也必然驱使社会组织管理的代议制或间接民主逐渐转变为参与制或直接民主。

（2）环境治理体系是单一主体管理失灵的产物

在《我们的全球之家》研究报告中，全球治理委员会指出："治理是各种公共的或私人的个人和机构管理其共同事务的诸多方式的总和。它是使相互冲突的或不同的利益得以调和并且采取联合行动的持续的过程。"① 现代意义上的"治理"与传统的"管理"有诸多区别：主体构成不同，前者包括政府、企业、社会组织和公民；后者主要指政府；主体角色不同，前者是主体间的"联合行动"，后者往往表现为政府的命令或控制；主体关系不同，前者是平等主体间的协调，后者是政府自上而下的管控；运行方式不同，前者依靠行政、法律、经济等手段，后者往往凭借行政强制方式；结果导向不同，前者追求"公共事务"的解决，后者倾向"阶级利益"的服务。

工业化初期，环境问题初显仅靠市场自发调节或政府直接管理就可有效化解。但当其发展成为公共问题时，仅靠市场自发调节能奏效吗？需要分析市场

---

① Commission on Global Governance. Our Global Neighborhood. New York：Oxford University Press，1995：2—3．

的运行逻辑及支配规律。无论从市场兴起还是现实运行及未来发展看，资本始终是其历史及逻辑的前提，获取利润始终是企业的"道德自律"。以追求利润为目的的企业"利己"性与寻求公平正义为目标的环境"利他"性天然存在自身无法调和的矛盾。再加上市场产品的竞争性、排他性和边界性等特点，与环境产品/服务的非竞争性、非排他性和非边界性等特点间的差异性甚至对抗性的矛盾，常常导致市场在解决环境公共问题时处于"失灵"状态。

那仅仅依靠政府能否有效并彻底解决？政府是社会公共事务的直接管理者，理应积极解决市场的"失灵"，主动承担危机解决的责任。但一方面政府并非万能，另一方面政府的官僚主义、部门利益主义和地方保护主义的弊端，很难达到理想效果。随着我国现代化建设的加速，环境问题凸显，依赖更多的是政府管理的单一模式。虽在一定程度上取得了成效，但公众对环境的需求与政府管理的不充分不平衡之间的矛盾还很突出。问题主要表现为①：从环境法律体系来讲有立法可操作性、客观性、统一性不足；缺乏对生态环境进行全面保障的法律体系；保障不够，诉讼渠道阻隔；执法依据不足，监管手段有限。从环境管理体系来讲，条块管理方式，难以统一监督管理；重叠交叉、错位的分部门管理导致执法效率大大受限；社会监督机制不完善，信息收集和反馈机制不完善。从治理能力来讲，执法能力不足；技术保障不足；宣传教育重视不足，公众参与有限。

构建多主体的协同"治理"，虽无法根除市场自发管理或政府直接管理的"失灵"，但可为"失灵"的改善提供一种外部约束力，在社会组织和公众更多关注、监督或参与下，企业或政府也会加强自我反思，这既有利于企业或政府逐渐符合现代化治理要求，也有利于企业或政府获得更广阔的世界发展空间，当然最有利于环境公共问题的有效解决。

2. 环境治理体系的主体构成

随着工业化发展兴起的现代治理体系，在主体构成上突破了传统的政府或市场单一模式，正在完善与社会组织和公众的协作方式。根据我国几千年的传统文化与现有国家政治体制的运行，构建政府主导市场其他主体参与的环境治理体系是最佳选择。

---

① 王志芳：《中国环境治理体系和能力现代化的实现路径》，时事出版社 2017 年版，第 76—83 页。

（1）发挥政府的主导作用

权力集中于政府，会产生两种相异力，向心力或离心力。当权为民所用，举全国之力化解危机，社会就会实现从无序到有序到更加有序的转变；但当权为私所用，问题进一步激化，社会就会出现从比较有序到有序进而到无序的转变。虽源于传统的集权思想、受苏联模式影响及地域国情和生产力的现状，我国权力集中于政府，但情况较中国过去和他国现有的政府已然不同，我国政府是中国共产党领导下人民当家做主的政府。政府权力和环境治理的目标所至及运行规则完全一致。从目标所至分析，政府通过不断解决人民日益增长的美好生活需要与不平衡不充分发展之间的矛盾，逐步全面建成小康社会到基本实现现代化到全面建成现代化强国最终实现全体人民的共同富裕；环境治理是通过各种有效的或法律或教育或道德等手段来解决环境污染问题，达到环境与生产相匹配、环境状况与自然承载相符合以及环境供给与人民需求相一致的目标。从运行规则来看，我国政府通过一系列的政治制度及运行机制，坚持人民主体地位，确保社会的公平正义。

这就意味着社会主义政治制度与运行机制符合环境治理的理想架构，也就是说，资本主义制度下因为资本控制无法根治的环境问题在社会主义国家可以得到解决。那么，就应充分发挥政府在环境治理中的作用，它主要体现在党政治话语体系转化的生态文明建设的顶层设计、宏观规划、制度建设、价值引领、方式转化方面等导向性作用的加强。

（2）发挥市场的主体作用

我国还处于社会主义初级阶段，还需要充分发挥市场的决定性作用来大力发展生产。在市场系统内部，各个组成要素如价格、竞争、供求、资本等都异常活跃，从能量来看，它们最初都具有势均力敌的优势，它们之间的各种可能耦合的涨落此起彼伏不断冲击着市场；市场的每次涨落都保有一定的内容和形式，都是市场可能呈现的宏观状态的萌芽，都代表着一定宏观状态的微观组合；当市场中的价格、竞争、供求等因素涨落时，它们的作用虽然频频显现，但始终没有成为波及国内市场乃至国际市场的那个巨大的力量；但是市场中的资本一经出现就带来了生产、销售的规模化，并进而影响了国内整个市场及国际市场，成为支配社会发展的主体力量。所以，市场从无序到有序的升级，从国内到国际的一体化，始终起支配作用的是资本这一因素，价格、竞争、供求等因素也成为依附于资本的显性因素。

虽然市场不可能自发地成为环境建设的主导力量，但可以凭借社会主义的外在力量，沿着有效引导和趋向矫正的方向进行发展。有效引导下的市场主体（企业）还应该成为自销环境问题的主体，也应成为自主创新循环生产的主体和通过内在转型进而驱使经济发展转型的主体。

（3）发挥社会组织及公众的参与作用

马克思恩格斯指出"历史活动是群众的事业"，决定历史发展的是"行动着的群众"①。能否有效解决环境需要和环境现状之间的矛盾，公众是决定性力量。但公民力量在民主制的国家中是独立和软弱的，任何时候他们都不可能通过自己的力量去成就一番事业，他们中的任何力量也不能强迫他人来助力自己，所以，他们必须学会主动互助，否则就会陷入更软弱的状态。尽管我国数千年的封建专制下有公众的抗争甚至胜利，但更多浸染着的是逼迫和无奈。当社会主义民主化开启后，公民独立性增强的同时互助性并未随之增加；况且在未充分发展的社会主义民主下自由意识形态也有局限性，以致公民在政治上的参与力度有限或参与更多的是形式性；社会主义民主化虽在不断地完善基层和直接民主，但制度架构和现实运行还有较大的空间需要填补。制约公民政治参与有限的主要原因外部是国家治理现代化体系的欠缺，内部是公共精神的缺乏。随着我国国家治理体系和能力现代化的提高，就可以充分激发社会公众的公共精神，唤醒公众积极参与现代化的治理。

三、传承生态文化

中华民族五千年的文明发展进程，积累了丰富的生态思想和实践经验。立足于中华民族永续发展和美丽中国建设目标的实现，审视目前严峻的生态危机，传承并弘扬中华民族的卓越生态智慧，可为人与自然的冲突提供化解资源和借鉴。

（一）"天人合一"的生态思想

自然是人类世世代代生存的家园，从人诞生之日就存在与自然关系的思考。我国古代社会比较注重人与自然的和谐统一，其中最为核心性的观点是"天人合一"。

1.《周易》与"天人合一"

"天人合一"词语虽然由北宋张载提出，但其观点最早源于《周易》。

《周易》中有三个最重要的概念——天、地、人，所阐释的哲学思想都从这

---

① 《马克思恩格斯全集》第 2 卷，人民出版社 1957 年版，第 104 页。

三个概念中演绎出来的。八卦虽然可以灵活多变，但乾坤两卦是最主要的，乾体现着天的性质，坤体现着地的性质；由初、二、三、四、五、上构成的六画卦中，位于下的"初、二"代表地，位于上的"五、上"代表天，位于中间的"三、四"代表人。六十四卦的排列结构同样具有天、地、人的意义，乾坤两卦位于首，代表创造万物的天地，其余六十二卦代表包括人的万物。《周易》中八卦性质、六画卦构成或六十四卦的排列都在说明人是天地的产物，是自然界的一部分，人的这种天然特性决定着人与天可以保持原初的和谐关系。

《周易》想达到的最高理想状态是什么？《文言传》中道："夫大人者，与天地合其德，与日月合其明，与四时合其序，与鬼神合其吉凶。先天而天弗违，后天而奉天时。天且弗违，而况于人乎？况于鬼神乎？"圣人在这里想阐明的是在天未发生变化之前加以引导，在天地变化的过程中遵循其运行规律，这样才能达到天地人"三才"的和谐统一。这是《周易》"天人合一"追求的最高理想，是人生的最高目标。

2. 儒家天人关系演化的生态学意义

自汉武帝"罢黜百家、独尊儒术"以来，儒家成为 2000 多年来学术影响最大、延续时间最长的思想。儒家普遍的"天人合一"思想已体现在《周易》中，但不同儒学大师如孟子、荀子、董仲舒、张载等还有自己独特的关于"天"，如何深入看待"人"与"天"的关系，"人"应该如何对待"天"的思想。

关于"天"，儒家给出了多义性的解释甚至充满了歧义，包含了冯友兰先生归纳总结的五种含义，即与地相对的物质之天、人格神意义上的皇天上帝或主宰之天、"人生中吾人所无奈何者"意义上的运命之天、"自然之运行"意义上的自然之天，以及"宇宙之最高原理"意义上的义理之天[1]。这五种含义除了运命之天与个人德性无关联外，其他四种皆与人的伦理生活道德密切相关。因为受生产力发展水平的影响，最具传统意义的主宰之天的信仰对早期儒家仍产生着或隐或显的影响。除了自然之天在荀子阐述的"治乱非天"里发生着重要的影响，总体而言，儒家认为自然界蕴含着的普遍法则与人的伦理道德生活秩序具有根本上的一致性，是人类取象效法的对象。所以儒家所思考的天人关系主要是围绕人类的社会生活而展开的。

（1）孟子"仁民爱物"思想

孟子道性善，揭示了人类因其天性而固有的善良品质。不仅如此，易生之

---

① 冯友兰：《中国哲学史》（两卷本）上册，中华书局 1961 年版，第 55 页。

物具有与人相通的特点，也具有善的本性。人善的本性可以通过易生之物的本性得以洞察，所以，孟子喜欢借助天下易生之物来阐述人性。

孟子借牛山之木比喻人性，其言曰："牛山之木尝美矣，以其郊于大国也，斧斤伐之，可以为美乎？是其日夜之所息，雨露之所润，非无萌蘖之生焉，牛羊又从而牧之，是以若彼濯濯也。人见其濯濯也，以为未尝有材焉，此岂山之性也哉？虽存乎人者，岂无仁义之心哉？其所以放其良心者，亦犹斧斤之于木也，旦旦而伐之，可以为美乎？其日夜之所息，平旦之气，其好恶与人相近也者几希，则其旦昼之所为，有梏亡之矣。梏之反覆，则其夜气不足以存；夜气不足以存，则其违禽兽不远矣。人见其禽兽也，而以为未尝有才焉者，是岂人之情也哉？故苟得其养，无物不长；苟失其养，无物不消。孔子曰：'操则存，舍则亡；出入无时，莫知其乡。'惟心之谓与？"

上述引文，孟子想阐明的一个重要道理是"苟得其养，无物不长；苟失其养，无物不消"。牛山上的树木曾经很茂盛，常用刀斧砍伐，它还能茂盛吗？经过日夜生长，长出的嫩芽又被牛羊吃了，光秃秃难道就是牛山的本性吗？人也有仁义之心，夜晚滋生的善心反复被白天的所作所为而搅乱，禽兽难道是人的本性吗？人的心性需要存养，牛山也同样需要养护。牛山从茂密变至光秃秃的教训需要人类反思自身的放纵行为，反思对易生之物的破坏性行为。人类没有必要把自己置于比其他易生之物更优越的地位，而是应该存养并扩充善性，善待他人以及牛山等天下易生之物。所以，孟子通过牛山之喻想表达的是"君子之于物也，爱之而弗仁；于民也，仁之而弗亲。亲亲而仁民，仁民而爱物"。

（2）荀子"天人协调"思想

与孟子不同，荀子主张人性恶。但也不能任其发展，可以通过礼仪法度来节制和规范人的各种欲望。所以，人仍然可以达到正常的心智状态并与其他人进行群居性的生活。

荀子强调天人相分，比如"天行有常，不为尧存，不为桀亡"，就指出天有其自行运行规律；"天有其时，地有其财，人有其治，夫是之谓能参"，指出天、地、人各有其运行规律和职能，不能混淆。但并不能因此断定荀子完全割裂了天、地、人之间的关系，在他看来天与人虽都是独立的存在，但人像其他自然物一样也是自然孕育的产物，人是自然的一部分，人生来所具有的某种东西是由天所决定。所以天、地、人三者之间也是关联、贯通和一致的。

有人根据荀子天人相分的观点得出他是一个绝对的人类中心论者，即把天地万物仅仅视为被人类进行利用的纯粹的死的物质性东西。然而，在荀子看来，天不仅为人类提供了生存所需的物质资源，还为人类提供了所赖以生活发展的根本法则。正如"天地为大矣，不诚则不能化万物；圣人为智矣，不诚则不能化万民；父子为亲矣，不诚则疏；君上为尊矣，不诚则卑。夫诚者，君子之所守也，而政事之本也"。正因为天地是人类产生的本源，所以人应当恭敬对待天地。而且荀子认为天地也具有一种鲜明的义理之蕴含，与孟子的"诚者，天之道也；思诚者，人之道也"思维方式具有相近性。由此可以得出结论，不能因为荀子强调人的能动性就认为他是绝对的人类中心论者。他的思想实质是既遵循自然天地规律又发挥人的主观能动性的"天人协调"思想。正如方克立教授所言："荀子的天人观是一种以'明于天人之分'为前提的'天人合一'论。他主张'明于天人之分'是为了反对认为'天'有意志、可以决定人事吉凶祸福的宗教天命论，他的'天人合一'论则表现为肯定人能'与天地参'而又必须尊重自然规律的'顺天'思想。"①

（3）董仲舒的"天人互动"思想

董仲舒采用察天以论人的思维方式。其言曰："仁之美者在天。天，仁也。天覆育万物，既化而生之，又养而成之，事功无已，终而复始，凡举归之以奉人。察于天之意，无穷极之仁也。人之受命于天也，取仁于天而仁也。是故……唯人道为可以参天。天常以爱利为意，以养长为事，春秋冬夏皆其用也。王者亦常以爱利天下为意，以安乐一世为事，好恶喜怒而备用也。然而主之好恶喜怒，乃天下之春夏秋冬也，其俱暖清寒暑而以变化成功也。天出此物者，时则岁美，不时则岁恶。人主出此四者，义则世治，不义则世乱。是故治世与美岁同数，乱世与恶岁同数，以此见人理之副天道也。"②

从此引文中可以看出董仲舒认为人之仁根源在天。天对人的作用表现在两个层面：一是先天层面，天创造人并赋予其人性；二是后天层面，人先天之性中善的潜能慢慢显现，为人的后天发展提供了道德行为指南和参与社会管理活动的准则，遵循了这样的天赋准则，人便可以做参天地之事业。董仲舒的天人思想显然带有强烈的宗教色彩，人唯有与天相互感应才能激发其仁的准则；并且这种感应还需要通过王这一中介才能进行贯通，这显然具有虚妄意涵的形而上色彩。但其中也蕴含着政治生态学的含义，"阴阳的失调和自然灾异的发生，作为上天对于统治者谴告，需要统治者对此做出积极的回应，即应调整国家政

---

① 《方克立文集》，上海辞书出版社2005年版，第533页。
② 董仲舒：《春秋繁露·王道通三》，上海古籍出版社1989年版，第23页。

治或具体政策的过失以便消除自然灾异。这事实上是要求统治者承担对自然灾异的重大责任"①。正因为如此,董仲舒对天人之间交互感应关系的探讨,不仅有利于形成人与自然进行有机联系的整体性思维,而且有助于发展人与自然和谐相处的生态思想。

(4)张载的"天人合一"思想

张载在继承孔孟儒学天人思想的基础上,不仅正式提出了"天人合一"概念,而且对其进行了更为系统的阐释。

张载摈弃了董仲舒对天的神秘性阐释,以天的自然含义为基础,认为天有三种特性:自然性、神秘性及哲学性,但其最基本的属性是自然性,神秘性和哲学性是自然性延伸出来的,是附属性特性。天虽为人类提供了生存的场所和生产的资源,但不能将人道与天道相混。天道是其自然法则的呈现,是一种客观行为,人道是人世间运行的规则,饱含着人的思虑忧患及特有的思维方式。人需要认知天道,因为这是人延续发展的必要前提,所以张载特别强调"思知人不可不知天"。

张载认为:"世衰则天人交胜,其道不一,易之情也。"天与人有不同的作用,天的作用在于强者制服弱者,人的作用在于制定是非法则并予以执行,是非法则失去效力,天理胜。"天人交胜"以天与人之间的相互作用为基础,天对人的作用是自然发生的,人对天的作用是不断探索其运行规则,天原本并无私心,之所以存在天理胜,那是因为人对自身能力的质疑和开脱。当人在探索天地的过程中,随着境遇的不同,与天地的关系也会不同。当人类改造、征服天地的力量较弱时,天地因为具有明显的优势,天人关系较为和谐;一旦人通过不断提高的生产技能、手段向天地获取更多的资源时,不可避免地破坏着天地间原有的平衡。人不应只是一味地征服自然,而应该思考如何在提高生存质量的同时,优化生存境遇。所以,张载探究的"天人合一"是以"天人交胜"为前提的。

那如何才能达到"天人合一"呢?张载指出:"儒者则因明致诚,因诚致明,故天人合一,致学而可以成圣,得天而未始遗人,《易》所谓不遗、不流、不过者也。"②"因明致诚""因诚致明",诚与明互通可以达到"得天而未始遗人"的最高境界。"明""诚"则指经由为学的努力,在领悟天道时,能够"穷

---

① 张立文:《天人之辨——儒学与生态文明》,人民出版社2013年版,第38页。

② 张载:《张载集》,中华书局1978年版,第65页。

理"与"尽性"。理是天地万物运动规律，性是天地万物生成的根源。穷理就以认识天地万物规律及动力为始，"不见易则不识造化，不识造化则不知性命。既不识造化，则将何谓之性命也?"① 万物因禀受了天地的本源之性，再加上发展中形成的气质之性，会呈现出较大的差异性。作为万物之一的人性虽然具有后天的气质之性，但本原却是天地之性，尽性就成为穷理的目的。

穷尽万物运行规律和天地之性后，人还需要将所学知识内化。张载认为："精义入神，事豫吾内，求利吾外也。"② 在知识内化于心，并以实践而从之的过程中，人的精神境界也大为提升，人之为大人并进而转化为圣人。"精义入神，利用安身，此大人之事。大人之事则在思勉力行，可以扩而至之；未知或知以上事，是圣人德盛自致，非思勉可得。犹大而化之，大则人为可勉也，化则待利用安身以崇德，然后德盛仁熟，自然而致也。故曰'穷神知化，德之盛也。'自是别隔为一节。"③ 大人至圣人的转化不是一二载就可完成的，需要经过乾坤九五之变。这一过程需要人剔除私念和造作，保持内心的平和。经过内心修为，人的德性和事业就能达到双重圆满，就可以圣王统治管辖天地或以自己的专长与修为为社会做贡献。

所以，张载期盼的天、地、人最终呈现的"合一"状态，涵盖着的是人对社会秩序和自然秩序的执着追求。其阐述的"天人合一"思想不仅是人自身道德修养的实践，更是人与天地万物和谐相处的现实。

综上关于儒家天人关系思想演化及具有的生态学意义的阐述，虽然所侧重的天人关系内涵及意义不尽相同，但都彰显了儒家的对待天地的人道主义意识。这种意识"既不是由追求哲学真知的思辨推理而来，也不是由对破坏自然后的灾难性后果的经验反思而来，而是由道德生命的直觉体认和心灵境界的觉悟而来，因此不同于现代遭遇严重的生态环境危机之后旨在唤起普通民众参与其中的环境意识和生态运动。不过，儒家的理念当中的确蕴含着有益于推动和促进环境保护意识和生态文明建设的思想因素"④。

（二）"仁爱万物"的生态制度

我国古代的生态智慧不仅体现在圣人的理念中，也体现在当时政府颁布的

---

① 张载:《张载集》，中华书局 1978 年版，第 206 页。
② 同上书，第 216—217 页。
③ 同上书，第 217 页。
④ 张立文:《天人之辨——儒学与生态文明》，人民出版社 2013 年版，第 40 页。

政策和制定的法律中。

1. 生态法令

我国历朝历代都颁布了一些关于保护自然与环境的政府法令，最早保护自然环境法令可以追溯至夏禹时期，《逸周书·大聚篇》记载了"禹之禁"："春三日山林不登斧斤，以成草木之长，入夏三日，川泽不入网罟，以成鱼鳖之长，不麛不卵，以成鸟兽之长。"殷商时期就制定了"殷之法，刑弃灰于街者"的法律制度。周朝统治者把土地看作国家安危的象征，设置了专门管理土地的官员——职方，还发明了因地制宜利用土地的策略。秦朝的《田律》《仓律》《工律》等都有关于如何按季节合理开发、利用、保护土地等自然资源的规定，其中《田律》被认为是目前保存最完整的古代生态环境保护的法律文献。为了推广和实施政策法令，还需要设置专门的机构和人员。

西汉时期，由学识渊博的学者编撰而成的《淮南子》一书，不仅系统总结了以往各国的成功治国经验，而且对古代的农业林业等资源的保护政策也有较为完整的论述。比如在山林资源管理方面，非常注重具体的规划，"教民养育六畜，以时种树，务修田畴，滋植桑麻，肥硗高下，各因其宜，丘陵阪险不生五谷者，以树竹木。春伐枯槁，夏取果蓏，秋畜疏食，冬伐薪蒸，以为民资"[1]。

唐代在继承以往朝代资源保护政策的基础上，扩大了资源环境的保护范围，还把京兆等四郊三百里划为禁伐（猎）区。在《唐律》"杂律"中对危害城乡环境的行为还进行了详细的处罚规定，"诸侵巷街、阡陌者，杖七十。若种植垦食者，笞五十。各令复故。虽种植无所妨废者，不坐。其穿垣出秽污者，杖六十；出水者，勿论。主司不禁者与同罪"。

宋元时期特别是北宋官府屡次颁发政令来保护自然资源，涉及的保护对象有山林、植被、河流、湖泊、鸟兽、鱼鳖等诸多方面。比如对动物的保护，颁布的《禁采捕诏》中规定："王者稽古临民，顺时布政。属阳春在候，品汇咸亨。鸟兽虫鱼，俾各安于物性，置罝罗网，宜不出于国门。庶无胎卵之伤，用助阴阳之气。其禁民无得采捕虫鱼，弹射飞鸟。仍永为定式，每岁有司具申明之。"[2]

明清两代的资源管理和环境保护法律多沿用《唐律》，并在此基础上作出了

---

[1] 何宁：《淮南子集释》，中华书局1998年版，第685—686页。
[2] 《宋大诏令集》卷一九八《政事五十一·禁约上》，中华书局1962年版，第729页。

具体的规定和新的发展。比如清代还设有专管水利的官员，并设堡专门保护水道、河堤，这种办法一直沿用至今。但也有造成环境破坏的政令的推行，如明仁宗时，为解决严重的流民问题，开始放弃管制实施弛禁政策，"山场、园林、湖泊、坑冶、果树、蜜蜂官设守禁者，悉予民"。该措施虽在安置流民方面有积极作用，但带来的过度开垦问题又造成了频发的自然灾害。

以上对历朝历代关于资源环境保护政令的简要分析，可以得出统治阶级是想用法律规定的形式把当时主张人与自然和谐相处的思想固定下来，并通过强制性的方式推广实施，以此来约束不当的采猎伐林行为，规范社会生产活动。

2. 虞衡制度

为了推广和实施政策法令，还需要设置专门的机构和人员。虞衡制度就是掌管山林川泽的机构及官员的统称，它代表了我国古代对环境保护制度的积极探索。其中"虞"有防患于未然的意思，虞者主要是掌管政令。"衡"取其资源平衡利用的思想，突出的是平的意思。衡是虞的下属机构，主要职责是执行虞颁发的禁令，调配林泽守护人员，巡查树林河泽情况。

以下仅就掌管全国的山、林、川、泽的"虞官""衡官"职责进行分述。

山虞为"掌山林之政令，物为之厉，而为之守禁"。作为执掌山林政令的山虞，按照厉禁原则及执掌权限，依季节不同，实施不同的砍伐权限。为保证其更好地管理山林的职能，根据山的实际情况，为其配备了较多的下属职员："每大山，中士四人、下士八人、府二人、史四人、胥八人、徒八十人；中山，下士六人、史二人、胥六人、徒六十人；小山，下士二人、史一人、徒二十人。"

林衡为"掌巡林麓之禁令，而平其守。以时计林麓而赏罚之，若斩木材，则受法于山虞，而掌其政令"。设置其官职的目的是保持林麓物产之平衡，政府依照一定时期内林木的繁茂及盗伐情况对其进行奖惩；对林麓进行巡察的林衡，按照厉禁原则保护林木，受山虞管制。其下属职员配置如山虞。

川衡为"掌巡川泽之禁令，而平其守。以时舍其守，犯禁者执而诛罚之"。作为巡察河流湖泊的川衡，按照禁令进行巡察和守护，对犯禁者进行处罚，目的是达到守地之物产的平衡。根据所守之地之大小，配以下属职员："每大川，下士十有二人、史四人、胥十有二人、徒百有二十人；中川，下士六人、史二人、胥六人、徒六十人；小山，下士二人、史一人、徒二十人。"

泽虞为"掌国泽之禁令，为之厉禁，使其地之人守其财物，以时入之于玉府，颁其余于万民"。作为掌管沼泽湿地的泽虞，负责政令的贯彻执行，按照厉禁原则对所守之地的禁令执行赏罚。其下属职员配置为："每大泽、大薮，中士四人、下士八人、府二人、史四人、胥八人、徒八十人。"

除山虞、林衡、川衡、泽虞等管理自然资源的官职外，还有迹人、渔人、卵人等官吏掌管狩猎、捕鱼、矿藏管理事务。除此之外，在上古社会就已设置了管理动物的官吏，"掌养猛兽而教扰之，则有服不氏；掌养鸟而阜蕃教养之，则有掌畜"。"服不氏""掌畜"就是教养动物的专职人员，负责动物的繁殖培养。

以虞衡制度为核心的自然资源与环境保护制度设立至今已有几千年的历史，对保护生态环境起到了十分重要的作用。这种由政府主动倡导的管理行为，有其明确的指导思想和价值取向。正向管子所说的"山林虽广，草木虽美，禁发必有时；国虽充盈，金玉虽多，宫室必有度；江海虽广，池泽虽博，鱼鳖虽多，网罟必有正，船网不可一财而成也。非私草木爱鱼鳖也，恶废民于先谷也"。如果"为人君而不能谨守其山林菹泽草莱，不可以为天下王"。

（三）汲取生态智慧与弘扬生态文化

中国源远流长的"天人合一"思想与西方主客二分观念完全不同，最大的区别在于前者对天人关系的充分肯定。在加强对中国传统生态文化尤其是儒家生态伦理思想的研究中，把握其"仁"的精髓，通过扩大宣传以及开展全球生态文化交流对话，在彰显中国传统生态文化魅力中扩大其影响力。

1. 汲取中国古代生态智慧

随着全球生态危机的加剧，自 20 世纪 90 年代开始，中国学者就从几千年的传统文化中寻求解决之道，"天人合一"思想与古代保护资源环境的生态制度，尤其是前者成为研究的主流。

近三十年的研究正在经历不断挖掘各位大师的"天人合一"思想、这一思想具有的当代价值、质疑反思它的生态智慧以及弘扬中国古代生态文化的过程。

尽管儒家大师在"天人合一"阐述上有分歧，但在具体观点背后，皆是对天人密切关系的肯定，与西方国家崇尚的主客二分的观点有本质的区别。因此，以"天人合一"思想来统领传统社会的天人关系是恰当的。虽然中国古代没有像现代一样严峻的生态问题，关于人与自然关系的生态研究也并非"天人合一"思想关切的主流内容，但研究其潜藏的生态蕴意，不仅可以给现代社会提供生态启示，更能为中国介入世界性生态文化的交流提供重要的契入点。的确，"天人合一"中的天、人都具有与今天不一样的含义，古代的"天"具有冯友兰先生所阐述的那五种含义,"人"在古代并不具备独立意义上的自然人资格,是被森严等级制度框定下的处处受封建礼教约束的人。但今天研究天人关系已经树立了对待传统文化的基本原则——取其精华、去其糟粕,汲取其中的自然之人与自然之天合一的思想是符合现代生态文明研究之需要的,这样的观点对加快生态文明建设实践具有重要的借鉴价值,是弥足珍贵的。

2. 弘扬中国传统生态文化

儒家的"天人合一"思想及"仁爱万物"的生态制度毕竟是在特定文化背景与历史条件下的产物,要想真正成为生态文明建设实践的重要思想资源,并在全球生态危机治理中发挥重要作用,那就需要清楚我们今天弘扬的传统生态文化的精髓是什么,如何开拓弘扬的路径和方式。

(1)中国传统生态文化的精髓

今天弘扬的"天人合一"思想的精髓是它对天人关系的整体思维方式、以"仁"为本的核心价值理念以及"人文化成"的和谐共生之道。

在西方主宰世界的主流文化中,人一直是凌驾于自然之上的。尤其是随着现代科技的诞生,更是加深了笛卡儿的主客二元世界在实际生产生活中的划分,笛卡儿之后,"人类中心主义"成为西方文化的核心思想。随着科技的飞速进步和资本主义的全球扩张,"征服自然"逐渐从口号变成了人类可以完成的目标。但与此同时发生的是遍布全球的生态危机,愈来愈严重的生态问题成为当今世界的共同挑战,批判"人类中心主义"成为学界较为重要的学术任务,中国传统"天人合一"思想中对天人关系整体性的思维方式理应成为最有价值的借鉴思想。在人与自然共同构成的生命体中,人作为道德主体不仅是人与自然关系的参与者,还应是它们关系的协调者,是世界生命体保持动态平衡的主体力量和决定性因素。人作为参与者协调者,必须在思想行为上严格要求并约束自己与自然的关系,摈弃西方倡导的主客二分观念。

实现人与自然关系的内在统一,从现实来看是人与自然的分离,但实际上是人的内在本质与其道德要求之间的分裂,所以仅以科技、制度等手段来解决人与自然之间的对立关系,还无法达到它们关系的最终解决,最本质的是实现人自身的和解。人与自然的和解以及人自身和解都需要人道德境界的极大提高,这就需要用中国传统文化的精髓"仁"为本的核心价值观念进行教育和滋润。以"仁"为基础的儒家生态伦理思想,不仅可以为人与自然和谐关系的构建、还可以为人与社会、人与人和谐关系的构建提供人性论基础。

（2）中国传统生态文化的弘扬路径

弘扬中国传统生态文化应该在研究社会现实的基础上不断开拓和创新传播路径，更为可取的方式是以深化研究儒家生态伦理思想为基础，立足实践、扩大宣传，并面向世界、加强交流。

中国传统生态文化尤其是儒家生态伦理思想作为中国优秀传统文化的代表，应是全球生态文明建设的重要思想来源。从全球生态理论和生态危机解决的双重视角，加强对儒家生态伦理思想的全面、系统、深入化的开发与研究，是中国传统生态文化进行传播的基础，更是时代赋予的使命。在加强儒家生态伦理思想的传播中，应自觉将其融入中国优秀传统文化、习近平生态文明思想，以及美丽中国、和谐世界的宣传、普及及教育中，并将其转化为人们的生态意识和自觉的生态行动。在西方生态思想层出不穷的当下，加强儒家生态伦理思想与西方生态伦理思想的对话交流，既是儒家生态伦理思想自我发展的需要，更是彰显中国传统生态文化魅力的需要，也是凸显中国优秀传统文化世界影响力的需要。

四、提高民生水平

按照国家发展战略规划，我国将于2020年全面建成小康社会。影响这一目标实现的最大的障碍是偏远山区大量贫困人口的存在，这些地区普遍具有的特点是生态环境十分脆弱，存在"一方水土难养一方人"的问题。为了解决这些地区贫困群众的生产生活问题，十八大之后党中央提出了采用精准扶贫方式来消除贫困。在现代化进程加快的过程中，我国生态环境方面的欠账太多了，面临着十分严重的水、土壤等生态安全问题，大大影响了人民生活质量，新时代加强的对污染水、土壤等环境的生态治理，正在凸显总书记所强调的"良好生态环境是最公平的公共产品，是最普惠的民生福祉"。

（一）精准扶贫消除贫困

共同富裕是社会主义与资本主义的本质区别，消除贫困是我党成立以来的重要使命。改革开放40多年来，我国减贫事业取得了令世人瞩目的成就。1978年我国贫困率高达30.7%，2018年末全国贫困发生率1.7%。经过几十年坚持不懈的探索，我国逐渐走出了一条具有中国特色的扶贫道路。

1. 习近平精准扶贫思想

精准扶贫贵在"精准"，改变过去粗放式的扶贫工作机制和方法，把精细化准确化的管理理念及方法贯穿渗透于整个扶贫、脱贫的过程，实现"扶真贫，真扶贫"。

(1) 精准识别

精准识别是精准扶贫的首要环节，解决的是"扶持谁"的问题。那怎样才能找出真正困难的家庭或群众？

首先，通过调研确定识别对象。领导干部一般对当地群众的基本情况比较了解，在此基础上拟定走访对象；调查方式采用到走访对象家里实地调研和对周边群众进行访查调研的方式，对走访对象的调研主要是深度了解收入来源方式、家庭消费情况、家庭成员工作情况及身体情况等；对周边群众访查调研主要是核实走访对象所诉情况的真实性。在把握走访对象情况的基础上，按照致贫原因对其进行精准分类。

其次，建档立卡动态调整。"建档立卡"就是对扶贫群众的家庭成员工作、收入来源、身体等基本情况、致贫原因以及帮扶计划、责任人、措施和成效等具体扶持政策内容登记造册。扶贫对象并不是一成不变的，经过一段时间的精准扶贫后，有些建档立卡的家庭已经脱贫，这些群众因为已不符合国家精准扶贫对象，应该退出扶贫范畴；同时把经过调研走访符合扶贫原则的对象吸纳进来建档立卡，这样的"动态调整"方式既可以做到扶贫对象无一遗漏，又可以防止"养懒汉"的现象。

(2) 精准帮扶

精准帮扶是精准扶贫的中心环节，直接决定着扶贫工作的成效。为如期完成 2020 年的扶贫任务，主要采取的是驻村帮扶和结对帮扶相结合的措施。

十八大后，国家启用了机关企事业单位进行定点扶贫的模式，总书记为此进行了重要指示："党政军机关、企事业单位开展定点扶贫，是中国特色扶贫开发事业的重要组成部分，也是我国政治优势和制度优势的重要体现。"[1] 此模式指的是机关企事业单位组建驻村扶贫工作队，在单位主要领导牵头下，选派工作能力强、愿担责、敢担责的党员干部常驻定点扶贫村庄，与群众同吃同住同劳动，全程参与村庄的精准扶贫的系列工作，做到不脱贫不退村。

在机关企事业单位定点扶贫工作开展中，还采用了"结对帮扶"措施。"结对帮扶"指的是帮扶主体与扶贫村或家庭通过一帮一、一帮多或多帮一的结对形式，帮扶主体不仅要定期看望慰问帮扶村庄或家庭、了解其生活状况，而且

---

[1] 习近平：《发挥单位行业优势立足贫困地区实际做好新形势下定点扶贫工作》，人民日报，2015－12－12。

还要主动想办法帮助他们解决实际困难，确保帮扶村庄率先脱贫，帮扶家庭率先稳定脱贫。

（3）精准监管

精准监管是精准扶贫的保障环节，决定着扶贫目标的完成效率及效果。在以往的扶贫工作中，往往存在"重建设、轻管理"、形式主义等现象，尤其是一些扶贫单位对扶贫资金监管十分不到位，以致出现截留、挪用、贪腐等现象。在精准扶贫政策落实过程中，国家在科学设置精准扶贫管理机制的基础上，强化了对扶贫资金监管力度。2014年初，党中央印发了《关于创新机制扎实推进农村扶贫开发工作的意见的通知》，其中专门就扶贫资金管理进行了规定：各级政府不仅要逐步增加财政专项扶贫资金，而且要加大管理力度。

除了强化扶贫资金监管外，还应该强化贫困退出机制。在以往扶贫工作中，较多强调的是扶贫建立机制即扶谁、谁扶、怎么扶，随着我国扶贫工作的推进，一些贫困县、村或家庭已达到了脱贫水平，但有些县、村或家庭并不愿摘掉"贫困"的帽子，相反还争相戴帽。为防止精准脱贫中的拖延现象，党中央提出了建立贫困退出机制。2016年中共中央、国务院颁发《关于建立贫困退出机制的意见》，其中提出了贫困退出的基本原则：实事求是防止虚假脱贫、甄别情况有序退出、规范流程强化监督、留出缓冲正向激励。

（4）精准考核

精准考核是精准扶贫的关键所在，直接关系着能否在2020年完成脱贫攻坚任务。领导干部对脱贫工作的重视程度及脱贫攻坚能力的大小直接关系着贫困地区能否脱贫，强化对存有贫困地区领导干部的考核力度，有助于扶贫工作的开展及任务的完成。为此，2016年中央出台了《省级党委和政府扶贫开发工作成效考核办法》，其中规定了考核工作的落实原则——设置考核指标注重工作绩效、规范考核程序发挥社会监督、坚持结果导向落实责任追究，考核周期——2016—2020年每年开展一次，考核内容——减贫成效、精准识别、精准帮扶、扶贫资金，考核流程——省级总结、第三方评估、数据汇总、综合评价、沟通反馈，以及考核主体和考核结果的处理等。

2. 精准扶贫实施中存在的问题

精准扶贫政策自推行以来，已在全国贫困县、贫困村展开实施并开局良好，但在具体落实中也暴露了一些现实问题。

（1）贫困识别存在偏差

精准识别的偏差主要表现在前期识别对象的精准判断和精准帮扶后的贫困

退出两方面。

第一，对应帮扶对象的识别存在偏差。负责识别工作的主要是农村本地干部及驻村帮扶党员。具体识别中主要受主观因素的影响，导致少量贫困户流落在国家政策外；一些地方群众为占有国家扶贫资源而争抢贫困指标，一些识别干部利用手里的扶贫指标进行权力寻租，他们在为自己牟利益的过程中，导致一些假贫困户占用了真贫困户的扶贫指标，不仅无法顺利完成真扶贫计划，还有损国家精准扶贫政策的公信力。

第二，扶贫指标层层分配中存在偏差。因为地区发展水平的差异性，国家对贫困线的划定及贫困人口的测算只能是一个宏观的估量。国家在宏观估量基础上，制定年度脱贫计划，下发贫困人口建档立卡指标。指标采取从上到下的层层分解方式，经过省、市、县、村的分解过程，最后落实到村。扶贫指标与贫困户数量经常存在不匹配现象，结果导致扶贫资源的浪费或没有恰当匹配。

第三，动态管理进退机制尚未完善。贫困是不断变化的过程，有人脱贫也会有人陷入贫困。国家虽然出台了对建档立卡的贫困户进行动态管理的相关规定，但在具体实施中，脱贫后的退出受到多种因素的影响。有些是因为贫困地区或贫困户贪图国家扶贫优惠政策或资源，有些是因为扶贫对象与扶贫干部之间的利益关系等，导致真正应该享受扶贫政策的真贫困被排除在外，引发群众不满。

（2）帮扶供需存在矛盾

驻村帮扶和结对帮扶侧重的资源投入是不太相同的，前者更侧重人力资源的投入，后者更侧重物力资源的投入。就目前来看，两种帮扶形式提供的资源与定点扶贫地区的需求基本是匹配的，但在个别地区还存在帮扶资源供需矛盾的现象，具体表现在：

第一，驻村帮扶党员的能力素质与定点帮扶地区的需要存在矛盾。机关企事业单位的驻村帮扶干部原则上是选拔具有脱贫攻坚激情和能力的党员，但在选拔上存在许多困难，最后基本是单位进行指派。指派的驻村干部有些对扶贫工作积极性不高，或者有些专业不对口、业务能力有限；还有一些单位指派的驻村干部采用轮换制，先前安排的驻村干部在慢慢熟悉工作后，因为指派期限已满，新的指派干部还需要花费较长的时间来熟悉村里情况和工作；还有每个扶贫点所需要的专业性扶贫干部会有差异，但对口扶贫单位并不能提供相关专业人员进行帮扶等，这些现象导致扶贫工作中问题频频出现，工作成效较差。

第二，结对帮扶的物质供给与定点帮扶地区的需要存在矛盾。每个单位因为性质、级别、规模、能力的差异性，导致他们具有的筹集资源资金的能力千差万别。有些单位譬如财政局、交通局等因为手中的权力可以筹集到更多的资源资金或发动有合作关系的企业直接投入定点扶贫点的脱贫攻坚中，但如果扶贫点的规模较小、需要的资金资源缺口也不是特别大，就会造成资源的浪费；还有些单位比如学校等因为筹集资源的能力有限，但如果扶贫点的规模较大、需要的资源缺口较大，会大大影响扶贫进度。

（3）精准监管尚未完善

扶贫资金是贫困群众的"保命钱"，是减贫脱贫的"推进剂"。但对扶贫资金的监管还存在违法挪用、违法占用、骗取套取扶贫资金，以及财务工作人员滥用职权弄虚作假谋取私利等问题，大大影响了资金的安全及精准使用。究其原因主要有：

第一，基层资金管理不规范。扶贫资金来源较广，除了国家与地方划拨的扶贫款外，还有社会捐赠、信贷互助等资金。一方面用于对贫困户的直接帮扶，一方面用于扶贫开发项目的支出。扶贫资金支配、发放等流程涉及的部门较广，工作量较大，流程也较为复杂，在责任分割后难以统一进行监管。

第二，监管机制不健全。目前许多贫困村的大量青壮劳动力已外出务工，剩下的较多是年长的男劳力、妇女及儿童。这种空心化的农村人口结构不仅造成村里缺乏优秀的领导干部，还导致精准扶贫落实缺乏相应的人才支持，虽然我国已推行机关企事业单位驻村帮扶干部，但扶贫主要工作还是现有村干部来落实。有些村干部由于个人道德素质和法律意识淡薄，再加上对其有效监管的缺失，还有留守农村的妇女儿童老人的知识水平较低，维权意识不强，对村干部履责以及扶贫资金使用情况的社会监督有限，导致一些村干部贪腐扶贫资金的现象时有发生。

（4）精准考核尚未完善

为提高精准扶贫成效，党中央已经下发了《省级党委和政府扶贫开发工作成效考核办法》，并按规定内容展开从上至下的考核，有些地区还增加了脱贫工作一票否决的考核内容。但扶贫绩效考核制度目前仍处于初步探索阶段，问题也逐渐暴露出来。

第一，考核形式主义较为严重。目前上下级行政关系呈现典型的压力型体制特征，上级政府对需要完成的目标进行层层分解，在一定的期限后进行层层考核。下级政府为完成分配目标，绞尽脑汁，并选择上级较为侧重的考核目标进行选择性处理。现阶段扶贫目标是考核的重中之重，有些地方政府在无法完成目标的情况下，往往采用面子工程、材料扶贫、数字扶贫等形式来应付上级检查，结果是群众并未真正享受国家政策带来的实惠。

第二，考核体系之间存在脱节。上下级政府之间、同级政府各部门之间的考核体系包括具体考核内容、指标等存在脱节或断层，导致应该纳入统计及考核要求的并未纳入，无用或无效的一些数据或内容却被纳入其中。

3. 提升精准扶贫成效对策

精准扶贫开展以来，每年以 1000 万贫困人口的脱贫速度突显国家决策的正确性，针对问题可以从以下方面进行完善。

（1）识别流程与方法的再精准

"再精准"并不是指再创设一套识别机制，而是在现有基础上进一步精准和细化。

第一，根据本地实际优化识别流程、方法。各地可以在遵循上级机关识别原则的基础上，根据多年识别经验，结合扶贫点的实际情况，再进一步细化流程与方法。比如可以制定村干部分片包干的识别方式，让责任干部负责包干片区的最初识别和脱贫后的退出，让贫困动态管理真正"动"起来。

第二，按比例分配扶贫指标。按地区贫困标准统一进行贫困户的识别界定后，根据以往脱贫能力，上级机关按应脱贫人口比例进行等比例分配指标，这种指标分配方式较以往的固定指标分配更能够平衡脱贫指标与实际贫困人口之间的矛盾，同时降低指标分配过程中的政治、人情、关系等因素的干扰。

（2）帮扶单位与对象的再匹配

针对帮扶资源与需求之间存在的矛盾进行进一步的精细化匹配。

第一，根据扶贫点脱贫计划选拔专业性驻村干部。改变以往抓壮丁、凑人数的随意指派驻村干部方式，依据扶贫点的贫困原因、减贫脱贫计划有针对性地选拔驻村干部。有些地方以种中药材进行攻坚脱贫的，选派的应是具备医学知识的专业化人才；有些地方是以发展养殖畜牧进行脱贫的，选派的应是具备农业知识方面的人才等等。

第二，根据扶贫点贫困程度选择针对性的帮扶单位。选择结对单位与扶贫对象时，上级机关在对双方能力及贫困程度充分了解的基础上，进行对等式匹配，也就是帮扶单位资源能力较多、较高的与贫困最严重的地区进行匹配，帮扶单位帮扶能力较弱的与贫困程度较轻的地区匹配。

（3）资金监管体系的健全与完善

为严格扶贫资金监管，确保每一分钱都用在惠及贫困群众的脱贫攻坚计划上，可以通过以下措施进行监管和预防。

第一，构建畅通的资金使用信息监督平台。资金使用的透明化，可以减少甚至杜绝扶贫资金的挪用、占用、贪腐等现象。精准扶贫资金使用过程中的各个环节都需要进行公开、公示，群众可以对资金使用的情况提出质疑，组织必须给予答复；或者就资金使用中可能的违法违规现象向上一级机关进行检举，对群众的举报认真调查和核实。

第二，夯实农村基层党组织建设。基层党组织是扶贫指标的直接分配者、是扶贫资金的重要管理者。针对当前农村存在的严重人口结构性偏差问题，坚持大学生村官优先向贫困地区选派。以大学生村官为抓手加强贫困地区的基层党组织培训和扶贫干部能力与素质的培训，增强他们扶贫攻坚的责任意识，为扶贫资金的安全使用提供组织保障。

（4）精准考核机制的改进与优化

针对目前上下级或不同部门之间考核体系脱节、考核形式主义等情况，提出以下改进建议。

第一，优化精准考核指标体系。以国家脱贫攻坚计划和完成目标为依据，结合本地贫困情况、完成进度、脱贫攻坚目标，省级政府组织专家详细讨论指标体系，在宏观指标确定的基础上，再细化微观考核指标，对没有实际考核意义的指标进行剔除，对需要纳入考核体系的指标进行增加。

第二，改进扶贫政绩考核方式。精准扶贫工作做得好不好，贫困地区的群众最有发言权。上级机关在考核贫困地区精准扶贫效果的过程中，除了查看各种总结汇报、指定的考核地方时，还应该对当地群众进行调研，听听群众对扶贫工作开展的意见、评价，对群众反映的问题深入调查。上级机关考评与当地群众评价相结合的上下联动考核方式，更能够真实反映扶贫效果。

（二）加强治理保障生态安全

在中央国家安全委员会第一次会议上，习近平指出当前我国既重视传统安全，也重视非传统安全，构建集政治、国土、军事、经济、文化、社会、科技、信息、生态、资源、核方面等安全为一体的国家安全体系。由此，生态安全已成为国家安全的重要组成部分。

生态安全有狭义和广义之分，狭义指的是自然界生态系统自身的安全，主要反映的是生态的完整性和健康性；广义指的是"人类的生活、健康、安乐、基本权利、生活保障来源、必要资源、社会秩序以及环境变化适应能力等方面不受威胁的状态，包括自然生态安全、经济生态安全和社会生态安全 3 个方面"①。从其含义可以看出狭义侧重自然系统自身的安全性，广义侧重于人类生产生活息息相关的经济、社会、自然三者耦合的安全性，自然系统的安全是经济、社会安全的基础。由于篇幅有限，下面仅就与人民生活息息相关的水及土壤安全问题进行阐述。

1. 协同推进水环境治理

十八大以来，习近平提出的"节水优先、空间均衡、系统治理、两手发力"成为新时期治水的总方针。

（1）水污染防治取得的成就

我国历来重视水污染防治工作，经过多年治理，供水保障能力大幅提升，基本解决了人民群众的饮水安全问题。截至 2017 年"全国总供水量为 6043 亿 m³，约为新中国成立初期的 6 倍。城市自来水普及率达到 97% 以上，供水保证率达到 95% 以上，生活用水基本得到满足。农村自来水普及率 76%，集中式供水人口比例提高到 82% 以上，3.04 亿农村居民和 4152 万农村学校师生喝上安全水"②。

经过多年水污染防治工作，我国积累了丰富的治理经验，逐渐认识到制度防治水污染的重要性。十八大之后国家出台了一系列水污染防治的法律法规等规范性文件。2015 年国务院印发的《水污染防治行动计划》最大亮点是凸显了水污染防治与水资源保护管理相结合的原则，为保证水资源安全进行了突破性探索。为落实该计划，2017 年生态环境部牵头印发了《重点流域水污染防治规划（2016—2020 年）》。与以往规划相比，该规划明确了分流域分地界的断面考核目标，并与省级人民政府签订了水污染防治目标责任书；进一步细化了流域分区管理，并精确到了乡镇基层行政单位；采用动态管理方式，让各地根据本地实际自主实施上级机关储备的水污染防治项目。

（2）水资源存在的安全风险

生态环境部——"大部制"的设立解决了以往多头管理、相互牵制的部门职权交叉问题，为进一步改善水环境、实现水安全提供了重要契机。但因为水

---

① 张琨、林乃峰、徐德琳、于丹丹、邹长新：《中国生态安全研究进展：评估模型与管理措施》，生态与农村环境学报 2018（12），第 1058 页。

② 李维明：《中国水治理的形势、目标与任务》，重庆理工大学学报（社会科学）2019（6），第 2 页。

资源历史欠账问题较多，我国仍面临较为严重的水安全风险。一是水资源供需矛盾仍旧突出。随着经济持续增长、城市化率快速提高，再加上人口绝对数量的增加，用水效率加速提升，但我国安全水资源的供给能力却十分有限。二是传统行业还在严重影响水环境。目前以及在以后较长的时间里，煤炭、石油、冶炼、化工、制造等产业仍是我国经济的重要支撑，虽然党中央加强了对这些行业的绿色化改造，但企业所在地对水环境污染的风险仍将长期存在。三是新型污染导致部分流域治理十分困难。目前在一些流域发现了持久性干扰物、疯涨性有机物、微塑料等污染物，它们大多具有难以降解性特点，严重影响了水环境。四是国控断面劣质水、水源地污染，以及城市、农村污水、黑臭水体等突出问题的解决力度仍然有限。

（3）构建水环境协同治理机制

为公众提供更多的优质水生态产品，已成为目前及今后水环境治理的重点。逐渐改变以往单纯解决水问题的模式和单一主体发力的方式，需要融入新的治理理念和治理方式。

第一，贯彻系统治理理念。习近平强调"要统筹山水林田湖治理水。在经济社会发展方面我们提出了'五个统筹'，治水也要统筹自然生态的各要素，不能就水论水。要用系统论的思想方法看问题，生态系统是一个有机生命躯体，应该统筹治水和治山、治水和治林、治水和治田、治山和治林等"①。另外加强陆域与海域生态协同治理研究，比如地表水、地下水与海水水质标准衔接研究、陆地与相邻海域环境功能区环境质量技术标准研究、陆地与相邻海域控制污染物排放总量研究等。

第二，创建多主体协同治理模式。十九大关于环境治理体系建设，习近平特别强调构建包括政府、企业、社会组织和公众参与的多主体协同治理方式。目前，我国水环境治理的责任主体主要是政府，其实还可以调动其他主体治理的积极性，明确并落实各主体责任。为了有效治理水环境，我国设置了河长、湖长等制度，除了督促各长严格履责外，还应该督促地方政府建立水环境承载监测预警机制，明确水资源、水环境及水生态等管控措施；对于企业要进一步落实其治理水污染的主体责任，水环境的污染主要是由于企业向流域、河域等违规排放污染物导致的，那就应该依法明确企业的达标排放、污水处理、自行

---

① 中共中央文献研究室：《习近平关于社会主义生态文明建设论述摘编》，中央文献出版社 2017 年版，第 56 页。

监测等义务，使企业确实承担起治污责任；有些水环境污染是由于社会公众不良的生活行为所导致的，比如把生活垃圾乱排在河域中，针对公众的不良行为，在以文明生活观引导其行为的同时，对不良行为进行适当惩戒，可以取得事半功倍的效果。

2. 强化责任修复污染土壤

土地是人类基本生活资料的来源，但随着现代化进程的加快，土壤污染问题已经对人类健康构成了极大威胁。党中央对土壤污染问题越来越重视，十八大提出强化土壤污染防治，在此基础上十九大提出了强化土壤污染管控和修复。

（1）污染地块土壤修复的立法规定

生态环境部审议通过的《污染地块土壤环境管理办法（试行）》第2条对污染地块进行了解释："从事过有色金属冶炼、石油加工、化工、焦化、电镀、制革等行业生产经营活动，以及从事过危险废物贮存、利用、处置活动的用地，按照国家技术规范确认超过有关土壤环境标准的疑似污染地块。"污染地块土壤修复指的是按照国家相关标准对污染地块土壤进行调查测量、风险评估后，通过人工技术改善土壤环境的过程。对污染严重难以修复的土壤进行风险管控，降低对人民生活的负面影响来保障人体健康。

污染地块土壤修复的规定散见于法律、法规、部门规章等规范性文件中。2015年施行的新《环境保护法》对土壤保护进行了开展调查、监测、评估与修复等原则性规定，2019年施行的《土壤污染防治法》专章规定了土壤污染风险管控和修复制度，包括编制土壤污染状况调查报告、风险评估报告，以及土壤污染责任人负有修复义务等内容。2016年颁布的《土壤污染防治行动计划》中对开展土壤治理与修复进行了专门规定，按照"谁污染，谁治理"原则，明确了修复主体，并要求各级行政机关制定修复计划、有序开展修复活动以及定期发布土壤环境状况等内容。2016年生态环境部颁布的《污染地块土壤环境管理办法（试行）》较为全面地规定了土壤修复的各方责任、土壤环境调查与风险评估、开展污染地块治理与修复以及修复后的效果评估等详细性规定，是我国第一部对污染地块土壤进行管理的规范性文件。

（2）污染地块土壤修复存在的问题

污染地块土壤修复的立法虽然随着我国法治治理能力的提高在不断完善，但在微观层面还存在一些不足。

第一，土壤治理与修复制度的规定尚不健全。《污染地块土壤环境管理办法（试行）》与《土壤污染防治法》虽已对土壤环境调查、污染监测、风险评估与管控、治理与修复等内容进行了较为详尽规定，但关于一些具体落实的内容尚不完善或尚未规定，比如对污染地块进行调查的制度、对土地评估机构的监管、土壤修复资金的来源及保障等。

第二，污染地块土壤修复相关责任主体权责不清。污染地块土壤修复涉及的法律责任主体较多，主要有土地使用权人、对土地造成污染的单位或个人、污染单位变更后的继任者、责任主体不明时的地方人民政府等。除这些直接承担土壤修复的主体外，还涉及监管主体、调查评估主体、与污染地块具有密切关系的社会公众等。总体来讲，这些主体责任分布存在土地使用权人的责任较重、政府责任较轻、社会公众监督权利较弱等特点，不健全的权力（利）分配关系会大大影响土壤的有效治理与修复。

（3）土壤修复制度的完善

针对土壤修复制度实施中存在的上述问题，提出学理性的修改建议。

第一，建立土地修复基金制度。污染地块的修复首先要解决的是资金来源问题，如果修复资金全部来源于政府的拨付，将会加大政府负担。运用市场化手段多渠道筹集资金更符合现代化的治理方式，资金来源可以包括政府用于土地修复的专项拨款、对土地污染责任单位或个人的罚款收入、社会公众对土地修复的捐款、发行与土地修复相关的彩票债券等。对筹集来的资金设立土地修复基金，并设专门机构、专业化财务人员进行管理、依法划拨或支付。

第二，完善污染土地调查制度。这里的调查对象特指疑似污染土地，调查环节包括调查启动、过程及结果等部分。疑似污染土地的调查启动可以源于群众举报、土地使用权人、政府土地管理部门。调查主体的确定，可以是土地管理部门及第三方土地评估机构。调查过程可以分为两个阶段：对污染土地先进行一般性了解，主要采取现场勘察与访谈调研的形式，大概了解土地使用的历史及现状；在一般性了解基础上，进入专业检测阶段，这一阶段需要使用专业测量设备、采集实验样本、分析样本数据，以及对照相关国家土地标准得出土地是否被污染、污染等级和应该采用的修复对策。

第三，明晰修复土地相关责任人的权责。秉承"谁污染谁担责"的土地修复原则，对土地造成污染的单位或个人承担修复责任；因为大多土地污染具有较长的潜伏期，建立土地污染责任终身追究机制，可以增强土地使用权人或相关人员积极使用意识；污染土地有多个责任主体的，按照责任大小承担修复义务和费用，责任无法分割的，履行共同担责原则与公平分摊修复费用；如果调查机构对污染土地存在调查失职情况，承担连带责任；污染土地的责任人不明确的，由土地使用权人承担修复责任；如果责任主体尚无修复能力的，启动土地修复基金制度，政府土地管理机关负责土地修复管理；社会公众具有修复土地信息的知情权，相关机构具有公开信息的义务；公众还具有对不积极履责者进行检举揭发的义务。

第五章

生态环境治理行为主体协同

党的十八大以来，我国环境状况已得到明显改善，但生态环境形势依然严峻。受权力、资本、经济发展、经济利益等因素影响，当前环境治理最大的障碍在于政府、市场和社会组织及公众的分割、隔离及区别上。这既不符合现代化国家治理标准，也很难在线性框架内探索到长远之策。打破线性框架，构建政府为主导、企业为主体、社会组织和公众共同参与的各司其职、协同发力的环境治理体系，进一步推进生态环境治理。

一、提升政府环境治理主导能力

洛克等契约论思想家阐述了现代国家或政府的权力来源完全不同于传统的"君权神授"，这样就把政府的责任从纯粹的伦理道义转变为对公共秩序的合理维护。"自从政治步入现代之后，责任从传统的伦理道德主张过渡为'委托—代理'下的关系，如此便奠定了现代政府责任的理论基础，也是现代政府责任理论的内在逻辑。"[①] 基于"委托—代理"的现代关系，建立政府的目的正如洛克在《政府论》中的描述，是"为了人民的和平、安全和公众福利"。所以，现代化的政府责任是保障民生福祉。

（一）政府主导能力表现

现代政府责任的理论框定，就需要一个责任政府进行具体的贯彻与落实。责任政府是现代国家的政府形式，是国家治理体系和治理能力提升的核心要件，是有序公共秩序得以维护的根本保障。作为责任政府，首先要落实的是保障民生福祉的基础性责任。十九大对我国社会主要矛盾的新定位，表明了新时代政府的基础性责任即应围绕主要矛盾而展开。现代化的治理要求不仅要发挥政府

---

① 潘照新：《国家治理现代化中的政府责任：基本结构与保障机制》，上海行政学院学报2018（3），第29页。

执行人的身份，更要发挥调动其他治理主体积极性的协调人角色。为了实现政府与其他治理主体的优势互补，需要对政府进行制度、机制等方面的创新。我国持续进行的政府改革、不断落实的简政放权，就是在为责任政府履责解除结构性障碍。现代化治理能力的提升还需要增强政府的自主性，面对日益复杂的局面政府才能具备高瞻远瞩的处理公共事务的能力。

责任政府具体到本书所研究的环境治理体系中，基础性责任就是解决人民日益增长的美好环境需要和环境治理不平衡不充分发展之间的矛盾。通过环境治理制度、机制等改革在增强政府处理环境公共事务能力的过程中，充分发挥政府治理环境的主导性责任。主导性责任需要主导性能力相匹配，或者说主导性能力是主导性责任发挥的前提条件。在环境治理中，政府应该具备哪些主导性能力呢？

第一，绿色发展理念的宏观架构能力。随着十七大到十九大绿色发展理念的日趋成熟，政府需要把纯粹理念逐步呈现为宏观图景，并为构建绿色社会制定宏观性战略。

第二，具体战略之间的协调能力。社会主义现代化建设是全方位的——"五位一体"，其中重要的是处理生态建设与经济建设的关系，这就需要生态战略和经济战略之间相互适应性的调整，争取实现美丽中国与经济发展双赢效果。

第三，生态文明建设目标的推进能力。从辩证论角度讲，根本不存在脱离其他建设的纯粹性生态建设，即便是单纯的生态修复也需要经济、政治及文化等支撑。所以，美丽中国的实现是个融入性的过程，考验的是责任政府在这一过程中的推进能力。

第四，调动其他主体积极参与的能力。环境治理是个复杂的系统工程，需要政府与企业、社会组织及公众共同参与。责任政府除了充分发挥执行人作用外，还需要调动其他主体积极参与。积极参与需要按照其他主体的社会角色、责任能力等合理定位，并采取针对措施进行有效调动。

第五，具体环境问题的解决处理能力。实际环境问题具有种类多、影响大等特点，政府能否妥善解决是对其综合能力的考验；有些环境问题是突发的、社会反映强烈的，能够在第一时间有效处理，是对政府应变能力的考验；还有些环境问题是持续的、历史性的，能否取得满意的处理效果，是对政府解决魄力的考验。

（二）加强政府系统内部的协同

从系统理论来讲，政府主要由中央政府（包括中央各部门）和地方各级人民政府（包括地方各部门）等子系统组成的维护社会公共秩序的一个庞大系统。根据马克思矛盾理论，大系统内部、子系统之间、子系统内部存在的矛盾是推动系统发展的直接动力。我国政府整体责任能力的提升正是中央政府和地方各级人民政府、地方政府之间、政府内部各部门之间矛盾不断协调的结果。为了有效发挥政府在生态文明建设中的主导作用、体现政府在环境治理中的主导能力，必须进一步协调好政府系统内部的各种关系。

1. 中央与地方政府之间的协同

就行政隶属关系而言，地方应该绝对地无条件地服从中央，但在具体政策制定与执行过程中却存在偏差。中央在制定生态文明政策时，已经在尽最大努力做好顶层设计，但却存在着中央生态美好设想与地方环境低效治理之间的偏差。其主要表现为中央制定的一些生态文明政策和一些生态文明制度并没有在地方得到充分体现或实质意义上的贯彻落实，有些地方在落实的过程中还大打折扣，甚至存在个别地方没有落实的情况。

（1）中央与地方之间协同矛盾原因分析

中央在制定生态文明政策时，会深度思考以下几点：政策的国际影响力，一国政策的制定主要依据的是本国自身需要，但也会充分考虑国际因素以及实施后的全球影响力；政策的整体性，中央会在总结以往国家整体建设经验、吸收某些地方成功经验的基础上展开政策的设定，考虑国家整体性利益和最广大人民群众利益；政策的长远性，中央制定的政策是对未来几年、十几年甚至几十年的设想，可能这些设想会暂时地损失一些眼前利益，但从长远来看，利益是长久的。

地方政府在落实中央制定的政策时，往往思考的是以下几点：政策对本地的影响力，如果执行该政策能在较短时间内给本地带来利益，地方政府会积极推行，但如果贯彻该政策可能有损本地利益，延缓执行可能性较大；政策的地方性，地方政府在学习中央政策后，有些地方领导干部主观上认为不符合当地实际，就会找借口推脱执行；政策的当前性，地方领导往往考虑更多的是自己在位期间的政绩，因为这是他进行政治升迁的最大资本，如果执行政策可能影响自己任职期间的利益，也会推诿执行。

地方政府与中央政府之间出现协同矛盾，根源在于政治站位不同，表现为中央顶层设计与地方执行力之间的矛盾，主要在于地方执行力偏差。

（2）强化中央权威与提高地方执行力

中央与地方之间的理想状态是中央的权威性和地方的积极性充分体现，表现在生态文明建设具体实践中就是地方政府积极并认真贯彻执行中央政府制定的生态文明规划和政策。

中央政府的权威性，来源于三个方面：生态文明规划和政策的科学性、地方政府的较少裁量权、对政策执行不力的地方领导干部进行严惩。生态文明政策的科学性源于对生态文明建设规律的把握，中央应在加大对以往生态文明建设经验的研究中逐渐总结规律，还应该在了解地方生态文明建设实践的过程中适当考虑地方实际、平衡中央与地方利益。强化中央的权威性，必须宽严相济，必须减少地方环境治理中的自由裁量权，对拖延执行、折扣执行、抵制执行中央政策的地方政府进行严惩，对做出贡献的地方政府进行相应奖励等。

地方生态治理成效低的原因主要在于地方领导干部执行生态文明政策效率的低下，如何提高地方执行力？地方领导干部应加强习近平新时代中国特色社会主义思想和习近平生态文明思想的学习，理解其真谛，不断提高政治性，始终与党中央保持政治上的一致性；地方领导干部还应加强对新时代生态文明建设相关政策文件的系统性学习，把握文件精神，结合本地建设实践提出有针对性的地方生态文明建设政策；地方党政领导班子齐抓共管中央政府每年下发的亟须解决的生态环境问题和实现其他生态建设目标，并在层层下发部署下级机关落实任务的过程中，进行奖罚分明的制度设计。

2. 同级政府之间的协同

亚当·斯密曾在《国富论》当中，把经济决策主体假设为理性经济人，即一切经济决策的设定执行都是为了实现自身利益最大化。各级地方政府是一个地方如何发展的决策主体，经济决策是所有决策的核心，从这个意义上，理所当然可以把地方看作一个独立的理性经济人。经济人之间的普遍性关系是竞争，那么同级地方政府之间的关系也主要表现为竞争。"在市场改革导向的条件下，今天的县政府正以'收益最大化'为目标，致力于资本原始积累的努力之中，依靠加强税收征集能力并不断强化垄断利益，它已发展到可以形成自身政策偏好的地步。"①

同级地方政府之间的经济竞争主要表现为获取上级机关更多政策优惠的竞争、为争取更多财政自由度的竞争、为争夺招商引资机会的竞争以及领导干部为自身政治晋升展开的经济发展速度的竞争等。竞争虽可以促使地方政府不断

---

① 周庆智：《中国县级行政结构及其运行——对 W 县的社会学考察》，贵州人民出版社 2004 年版，第 43 页。

优化政策、革新工作方式、提升地方发展能力，但在某些情况下纯粹化的经济竞争行为也会演变为恶性竞争。譬如自然禀赋及社会发展条件大体相同的同级政府，为了争夺招商引资机会，会给投资方提供更多的优惠甚至出现亏本、倒贴现象；又如有些地方政府由于经济发展决策的有限性，往往会效仿与自身发展条件大体相同的周边城市，导致简单的低水平重复建设频频显现，为了争夺周边有限市场还展开了地区封锁、贸易壁垒等。

（1）地方政府之间存在的协同矛盾

由于地方之间的关系实质上是经济竞争关系，在某些情况下又表现为恶性竞争。同级地方政府尤其是毗邻政府之间的恶性竞争对生态文明建设和跨域生态环境问题的解决产生了重大影响。

第一，毗邻政府对生态文明建设的观望性竞争。因为地方政府把经济发展作为其核心性工作，所以生态文明建设仅是从属于经济建设的边缘性工作。尽管十八大之后党中央提升了生态文明建设的地位，并下发了生态文明建设规划及时间路线图，但一些地方对此采取的态度是形式主义或者数字游戏的应付，并没有真正认识到生态文明建设的重要性；当然地方也不会完全忽视生态文明建设，采取的节能减排、治理环境的一些举措也是为赢得更多的经济发展机会；况且地方政府也深知没有较为优良的生态环境，也会失去更多的招商引资机会，所以在生态文明建设投入中往往与毗邻政府开展攀比式竞争，即如果毗邻政府投入多、力度大，地方政府就效仿之；反之也如此。这种竞争实质是观望式竞争，因为他们进行生态文明建设的根本目的不是真正要解决人民关心的环境问题，而是在为实现地区经济利益最大化创造条件。

第二，毗邻政府对跨域生态环境问题的消极性态度。因为许多生态环境问题比如大气、水流污染具有跨域性特点，解决时跨域政府之间的合作会起到事半功倍的效果。但就目前来讲，生态环境问题的解决主要采用的是属地管理模式，也就是地方政府仅对本区域产生的生态环境问题负责，所以对跨域性问题一般采取的态度是消极对待。因为自觉主动关停或搬迁污染源企业会降低本地的 GDP 总量，或者主动承担临界大气、水流的治理会增加本地财政支出，所以在对待跨域生态环境问题时，毗邻政府会陷入囚徒困境。

（2）加强府际之间的跨域合作

地方政府之间的关系是政府系统内部十分重要的关系，它们在跨域生态环境问题上存在的协同矛盾只有通过强化地域合作来解决。

第一，府际跨域合作是必要的、可能的。跨域性大气、水流等污染问题出现的原因更为复杂,最为可能的是毗邻地区各方都存在危害行为,在无法理清责任的情况下,各方都应承担治理责任。如果各方持续采取观望性竞争或消极性态度,不仅会导致自身投入的治理成本难以取得理想效果,还会增加上级机关协调双方关系的成本,降低行政管理效率。每个地方政府都是责任政府,都有保障人民生态安全的责任和义务。绝不能因为毗邻地方的相互推诿而放任跨域性生态环境问题的恶化,应该采取的有效解决措施是消除分歧、加强合作。

第二,府际跨域合作的原则和前提。跨域地区之间的经济发展水平一般会存在较大差异,合作是在尊重双方历史和现实发展现状的基础上展开的,经济发展速度较快、发展水平较高地区理应承担较多的治理责任,或者是通过建立跨域性的生态补偿机制,设立生态补偿基金来协调跨域地区之间的利益矛盾,给经济发展速度较慢、发展水平落后地区进行适当补偿,可以提高落后地区生态环境问题治理的积极性。

3. 政府部门之间的协同

为了有效处理庞杂性和复杂性事务,政府内部依照治理体系现代化标准进行了相应分工,设置了具有相关职能和权限的一系列部门。设立的部门具有相对的独立性及其利益,部门间也就由此产生了相应的冲突和利益之争。

(1) 部门之间存在的协同矛盾

从理论上讲,环保部门与财政部门、公安部门、检察部门等机构一样(虽分工不同),对推动社会发展具有同样的作用和意义。但事实上,在相当长的时间里,环保部门的作用并未充分体现,甚至在查处环境违法问题时常常受制于其他行政部门的干扰或阻挠。生态文明建设实践的开展和生态环境问题的解决,需要多部门配合协同发展,比如环境部门对破坏环境的单位进行查处有时需要公安部门的配合,但事实上因为隶属不同、分工不同,部门之间的配合或协同发力是很难实现的。

环境治理中,部门间的不协调问题主要体现为治理资源和权限的分散,以致难以形成有效合力。比如国务院设立了专门负责环境预防、治理和保护的生态环境部,但同时又在国家发展改革委员会下设立了资源节约和环境保护司负责资源节约和环境保护等领域战略性意见的提出。从宏观职权来看,生态环境部比资源节约和环境保护司在环境治理中有更大的权力,但在综合处理经济社会与资源环境协调发展的重大战略性问题中,发改委显然有更多的话语权。部门权力大小、经费多少和支配资源多寡都与其职能大小密切相关,因职能范围的重叠和交叉使部门间相互竞争。但遭遇难度大责任大付出多成效慢事务时,彼此又相互推诿。无论竞争还是推诿，都是"权力"或"利益"影响和控制的结果。

(2) 构建部门之间的协调机制

部门之间的协同需要通过整合相同或相似权力形成对环境事务统一管理与支配的大部门，再在大部门内部按详尽职能进行部门细分，各司其职、各尽其能，细分时还应设置专门部门负责与外部门的衔接协商协调，以此形成政府内部环境治理的合力。

十九大之后，党中央在深化国家结构改革方案的过程中组建的生态环境部，整合了原来归属于其他部门的环境保护和污染防治之责，为加强环境治理创造了更好的条件。现在要做的是：落实职能整合，将新划入的职责与原职责进行融合，并增加现代环境治理所需要的职责，比如严守生态保护红线职责等；落实生态环境保护"一岗双责"，既发挥其保护生态环境的责任，同时也对各部门所涉的生态环保问题进行监管；加快机构内部职责和业务的整合，将新划入的职责归口到相应的部门并尽快理顺和开展相应工作，比如在水环境保护方面，将原属水利部流域生态环境保护职责和力量并入原水环境管理司，尽快统筹力量管好重点流域的生态环境。随着国家机构及职责的整合，地方各级环保部门的整合也正积极展开。生态环保机构"大部制"下各司分工明确、各尽其职的现代化管理机构正在建立。

尽管大部制的组建将在很大程度上解决以往生态环保"九龙治水"现象，但生态文明这一复杂建设还需要更多部门之间的协调配合，比如环保部门与财政部门之间、环保部门与发改委之间。环境保护及更宽泛的生态建设需要及时有效地获得财政部门的资金、资源的支持；生态文明建设战略实施中需要地方积极进行节能减排、改变发展方式、发展绿色经济等，那就要避免地方发改委在招商引资中重项目轻环保的现象，预防消除这些问题都需要强化环保部门与发改委之间的沟通协作。所以建议在生态环境"大部制"下专门设立与其他部门进行协调的机构并制定相应的协调机制等。

(三) 府际大气污染跨域治理研究

随着经济的快速发展，大气污染成为突出的公共问题，这不仅严重制约社会发展的速度成效，而且严重威胁人民群众的身心健康。从生态环境部公布的2018 年中国生态环境状况公报看，虽然蓝天保卫战成效显著，但城市大气重度、严重污染天次占比仍较高，PM2.5、PM10、O_3 等污染物浓度仍较高①。所以，在我国生态文明建设"着力解决突出环境问题"过程中，重点之一仍是大气污染的治理。在现有政治体系中，地方政府是本行政区大气治理的主体，但这种单一治理主体越来越难以适应大气的"跨域"特性。打破行政区划，实行跨域协同治理就成为解决问题的钥匙。由此，笔者以跨域治理为基础探讨三个问题：一是大气污染跨域治理模式的选择，二是跨域治理中府际关系的构建，三是持续性的跨域合作如何运行和奏效。

1. 政府主导的跨域治理是大气污染防治的最佳模式

"跨域"的一般性理解是跨行政区域、跨领域等，但随着治理理论的兴起，其扩大性含义已延伸至跨部门。自 1989 年世界银行提出"治理"概念后，因其具有对传统官僚制行政的改革性/替代性特征，有关"治理理论"的研究迅速成为学界热点。随着跨行政区域、跨领域的公共性问题越来越突出，同时这些问题的解决也需要跨部门协同合作，"跨域治理"自然成为治理理论研究中的重要分支。中国最早开展跨域治理研究的是台湾学者，其主要代表有林水波、李长晏合著的《跨域治理》和林水吉的专著《跨域治理——理论与个案研析》。据现有文献查找，大陆在此领域的最早研究成果是刊登在《地理与地理信息科学》2008 年第 1 期马学广等合著的《从行政分权到跨域治理：我国地方政府治理方式变革研究》。之后关于跨域治理的研究成为公共管理热点并延续至今。

林水波、李长晏认为，跨域治理是指针对两个或两个以上的不同部门、团体或行政区，它们彼此之间的业务、功能重叠和疆界相接，导致权责不明、无人管理与跨部门的问题发生时，需要公部门、私部门及非营利组织的联合行动，通过协力、社区参与、公私合伙或契约等方式，来解决棘手的公共问题②。大陆学者以此为基础，大致从治理主体的多元化、多元主体应建构的关系及多元主体共同应对跨域问题的过程三种视角对"跨域治理"进行界定。学者们都赞同跨域治理的主体是多元的，但在多元化的阐释上有偏差，有些指的是包括政府、企业、社会组织及公众的广义多元，而有些学者仅指跨域的多个行政政府。差异形成的原因主要在于研究的需要，笔者倾向于从"跨域治理"突破"行政区治理"的视角进行阐释。跨域治理是突破传统政府管理理念的一种新型治理

---

① 生态环境部：《2018 年中国生态环境状况公报》http：//www．mee．gov．cn/．第 7—9 页。

② 林水波、李长晏：《跨域治理》，五南图书出版股份有限公司 2005 年版，第 3 页。

模式，涉及的主体不仅包括政府部门，还包括企业、社会组织及公众；所要解决的问题应跨越传统行政区划，非单一地方行政力量能解决；所采取的措施应体现战略性和前瞻性，也就是说措施不仅有利于当下问题的解决，还要考虑到地方的整体及长远利益；跨域治理还应体现多元主体间的协同性及治理的过程性等特点。由此，跨域治理指的是多元治理主体（包括政府、企业、社会组织和公众）共同应对、解决、预防因疆界相接、业务交往或功能互通等产生的跨行政区公共问题，通过通力协作解决问题的过程及期待取得良好效果的统称。

与"跨域治理"相近的还有"区域治理""都会区治理"等，这些模式均非源于大陆。但是，随着我国近些年经济、政治及文化诸多方面的变化，有关公共问题的"行政区管理"已逐渐向"跨域治理"转变。具体来讲，当地方经济发展的体量逐渐增大，随之产生的跨域公共问题超越地方政府解决范围时，客观上需要跨行政区处理；还有随着我国民主政治的不断发展，政府对非政府组织参与公共事务的渐趋式放松管制；再加上公众参与公共事务的意识不断增强，跨部门的合作成为趋向性选择。具体到大气污染防治领域，除上述多种因素合力外，还可以从议题本身及解决方式的传统性进行深入分析。从议题本身看，大气与其他公共问题相比最大的特性就是"无界性""外溢性"。"无界性"即归属边界不清或归属处于不断的流变中，对其治理往往超越了单一地方政府的管辖能力；"外溢性"即大气的正外部性或负外部性，当一地方大气处于较优状态时，边界区域可以共享，反之共担风险。所以，为持续良好状态的多赢结果或避免问题扩大时的相互推诿，客观上需要跨域政府间的合作治理。从传统解决方式看，基于韦伯科层组织理论，完全合法化、正式化、稳定化的行政管理机构可以有条不紊地追求常规化的管理结果，但"官僚主义、仪式主义、行动僵化等科层治理机制缺陷形成的组织失败常常导致政府在满足社会需求方面的无能和无效"[1]。所以，大气污染防治应该包含并体现所有利益相关者的智慧，这样才能获得更大的治理空间。

很多因素影响了跨域治理，比如治理主体的地位、彼此间关系、利益冲突等。具体到大气污染跨域治理，除上述因素外，有学者从治理主体的单一性、协调的碎片性进行分析，有学者从地方政府目标差异性及影响的不均衡性进行阐述。综合以上成果，笔者认为影响大气污染跨域治理的关键性因素是"属地

---

① 李有学：《反科层治理：机制、效用及其演变》，河海大学学报（社会科学版）2014（1），第40页。

化"特性，具体表现为属地化发展、属地化考核、属地化治理等。相邻边界的地方政府因为客观外在条件如气候、资源、地质等趋于同质性，与之相伴的是彼此间的较高依赖性。但是，地方发展均有自我选择性和自身偏好性，发展中往往只会顾及自身利益，几乎不会考虑地方追求可能带给毗邻地的影响或威胁。对地方政府官员的考核虽然加入了除经济指标之外的如生态等其他指标，但由于环保问题的潜在隐藏性、生态建设的较长周期性，GDP 考核仍是重要指标（有时甚至是唯一指标）。明确的行政区划虽有利于促进权属清晰的地方化管理，但当地方发展排放的污染物跨越行政区划对毗邻地造成伤害时，属地化的解决方式就需要被打破，跨域性的地方协同就成为必须。

如何解决影响跨域治理的不利条件？有学者提出了构建多主体内部及之间伙伴关系的解决策略，有学者从市场机制和官员考核两角度进行破解，有学者提出了完善跨域治理结构设计和创新合作执行机制的对策。大气污染跨域治理研究，除了进行具体机制回应性探索外，首要是要探寻适合我国国情和现状的治理模式。一般而言，公共问题的解决模式有三种——政府、市场和社会。三种模式各有优劣且优势互补，政府、市场及社会治理的最大优势分别在于宏观长远性、立竿见影性及自由民主性。在我国实际大气污染治理中，虽已有其他力量（企业、非政府组织、公众）的参与，但根本性力量仍是政府。虽然地方权力有限，但最具有因地制宜的策略选择权，所以地方政府依然并将长期是污染治理的主导性力量。再加上党领导下的政府最能彰显集中力量办大事的优势，政府主导其他主体参与的跨域治理模式更符合大气污染防治的战略选择。

2. 构建以契约为基础的跨域府际合作关系

为确保政府主导的跨域治理模式现实构建的合理性，就需要进一步探索其价值支撑和理论依据。

（1）跨域合作的理论依据

西方公共问题的解决走过了"传统区域主义—市场机制—新区域主义"的发展路径，新区域主义是对传统区域主义治理主体单一化及地方政府治理割裂化的超越，是对市场机制多中心治理效率低下及忽视社会公共整体利益的创新。这三种路径的主要区别在于传统区域主义强调行政手段的权威性，主张通过"巨型政府"解决公共问题；市场机制理论强调个人主义的重要性，主张通过市场手段的运行对跨域公共问题进行制度安排；新区域主义"并不关心体制结构的改变，而是强调社会力量和公民对大都市区治理的参与，这也是它与传统区域主义的本质区别"①。从三者手段对比看，新区域主义更具有现代化治理的内质；从逐渐解决巨型政府及市场主导弊端的发展过程看，新区域主义更有利于复杂性跨域公共问题的长效解决。这种从国外传入的理论因为强调"治理""跨部门""合作""公民社会的参与"等现代化主张，对我国进行跨域治理研究具有重要的借鉴意义。为了解决区域经济一体化与行政冲突，我国学者王健等提出了强调多中心、交叠与嵌套及自主治理的"复合行政"理念②，其主要特点在于充分发挥政府和非政府组织等多元主体的积极性，进行多元主体之间的多层次合作，形成民主合作的自主治理网络。从其特点可以看出"复合行政"致力于对传统政府管理体制的转变，对于跳出传统行政区划的思维束缚具有重要的启示意义。

新区域主义及"复合行政"理论虽起源于不同的文化背景，但都对传统行政管理提出了挑战，是政府主导的跨域治理模式提出的理论基础。

（2）制度对府际合作的规范

"复合行政"与传统单一行政的本质区别是强调积极发挥中央政府、地方政府及非政府组织"多中心"作用，这与"新区域主义"构建的多元主体具有形式上的一致性。但是，我国"复合行政"理念的提出具有独特的地域性原因，是对"行政区经济"进行反思、积极跨域行政区划屏障、保障区域经济一体化发展的政府管理改革理论，其核心性观点是多中心的"合作"，这既不需要建立人员臃肿的复杂行政机构，又能满足对跨域行政区划提供统一行政服务的要求。"这种机制既不是政府之间按照行政命令，采取兼并或合并的方式，建立的集权的一级行政机构，也不是松散的政府间协调机构，而是具有一定行政职能（仅限于跨行政区职能）的政府间合作机制。"③ 这一理论强调，地区经济不论发达与否，地方政府不论是否强弱，均是平等主体，都有平等组建或退出合作关系的自由，也有平等表达意愿的自由，还有违约后接受公平受罚的义务。

新区域主义不仅强调社会力量的参与，而且强调多元主体之间的协调行动。协调行动要有区域认同意识，在认可跨界公共事务休戚相关及利益一致的基础上，形成区域认同、归属及一致性的期待结果；需要灵活的协调机制，用于协

---

① 王佃利、杨妮：《跨域治理在区域发展中的适用性及局限》，南开学报（哲学社会科学版）2014（2），第105页。

② 王健、鲍静、刘小康、王佃利：《"复合行政"的提出——解决当代中国区域经济一体化与行政区划冲突的新思路》，中国行政管理2004（3），第47页。

③ 同上。

调多元治理主体之间的决策—落实—执行—评估等过程；为了提高协调效率，必须制定协调制度进行规范。由此可以看出，新区域主义是"规划者聚集所有的潜在利益相关者汇集成协作网络，透过对话和协商过程，取得目标和具体行动的共识"①。实质是通过制度来协调多元主体之间如何合作的理论。

新区域主义提倡的政府合作，虽然也包含非同级政府之间的合作（隶属性上下级政府之间实质是服从关系），但笔者侧重研究的是同级别即平行性政府之间合作关系的构建。首先是构建前提——依赖性和冲突性。并不是所有的平行政府都需要建立合作关系，只有在共同面对需要解决的问题且仅靠单方力量无法解决时，才有建立合作的必要和可能。其次是构建规则——制度性和保障性。具有独立经济权和行政管辖权的政府之间的合作必须依靠制度保障，制度可以提升策略的普遍性及维系关系的稳定性。最后是构建过程及结果——落实性和惩罚性。自主协商的规章制度落实中还会出现预期未见的困难，仍需继续协商达成一致。为了减少落实障碍，尽量取得期待结果，也应提前预设一方拖延落实的惩罚性措施。从现有分析可以得出，新区域主义构建的政府合作关系实质是制度约束下的合作。

（3）"契约合作型"跨域府际组织的构建

有学者曾经撰文论述跨域治理理论与现实存在差距，因为理论假设的两个条件——成熟的多元主体及它们之间的合作在我国现有实践中并不具备，所以需要认真审视跨域治理的适用性②。这就需要进一步研究我国解决公共事务的运行机制及公民社会的发展程度。从运行机制看，我国是中央政府统一负责、地方政府贯彻执行的集中式管理，这虽与跨域治理主张的平等主体理念不契合，但并不影响平行政府基于现实需要之间的合作。如何处理中央政府与地方政府的治理关系呢？中央政府在跨域治理中依然要发挥统一规划、统筹安排的宏观主体角色。这是对跨域治理理论的灵活性运用，既考虑到我国治理的特殊性又体现出理论构建的设想性。社会力量虽仅在环保知识宣传、教育、研究等领域发挥着有限作用，但随着我国政府建设生态文明社会信心和决心的提升，党和国家已逐渐在高规格的政策、法律当中积极鼓励其参与政府治理。

接下来的关键是讨论平行政府之间的合作关系如何构建。稳健长久的合作

---

① 耿云：《新区域主义视角下的京津冀都市圈治理结构研究》，城市发展研究 2015（8），第 16 页。

② 王佃利、杨妮：《跨域治理在区域发展中的适用性及局限》，南开学报（哲学社会科学版）2014（2），第 107 页。

关系需要一个既独立又依附于地方政府的合作性组织。这一组织的权力从何而来，是来自中央政府的授权还是地方政府的让渡？授权与让渡是权力获取的两种不同方式，传统的"君权神授"是愚昧社会统治阶级麻痹被统治阶级的神圣辩词，现代意义上的政府权力源于洛克阐述的政府理论。按照洛克对政治权力起源的追溯，人类最初处于自然状态，由自然法保护自身财产和人身安全，每个人兼有执行自然法的权力。但是，人的自私容易偏袒自己及朋友，又极容易过分惩罚别人，所以政府共同体是制止人类偏袒和暴力的恰当方式，政府权力是每个人自愿放弃一些自然权力并统一交由作为整体的共同体处理的结果。所以，一切政治权力的根源在于让渡。由让渡组建的最高政府为了方便管理及提高效率，有权组建各级政府及政府各部门，并分别授予其权力，所以，授权是上级政府对下级政府的分权，而让渡是平等主体的权力出让。

跨域合作组织的建立完全出自临界地域对于大气污染防治必须性的客观需要，或者说只有跨域行政区认为完全有必要建立此机构才讨论构建问题。既然"所有这一切都不是为了其他目的，而是为了民众的和平、安全和公共利益"①，那么就需要跨界地方政府把原属于自己拥有的解决大气污染的部分权力让渡出来，统一交由自愿组建的这一共同体。虽然跨域政府有组建的完全自由，从理论上讲也有完全解散的自由，但因为一个机构的建立有它自身的使命或运行期限，所以完全有必要正式签署多方自愿协商及具有法律效力的协议（图5-1-1）。

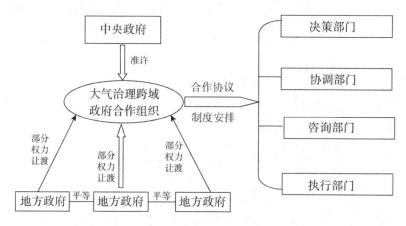

图5-1-1 大气治理跨域政府合作组织运行流程

---

① ［英］约翰·洛克：《政府论》（下篇），北京大学出版社2014年版，第114页。

2006 年环保部组建的华东等 6 个区域环保督察中心是跨行政区域治理的有益尝试，"在很大程度上弥补了我国环境管理体制在区域环境治理监管层面的空白，在跨域环境问题治理、地方环境政策执行监督等层面发挥了重要的作用"①。理论上区域环保督察中心应是国家权力机关的代表机构，但在实际运行中存在国家主义设计与区域主义运行的逻辑矛盾。国家主义运行的逻辑是中央对地方的信任并未完全建立，需要通过代理机构对地方落实政策等进行监督，但由于代理机构监督权力与范围并非完全匹配，往往产生的结果是代理机构的软弱性；区域主义强调所建机构代表地方政府，是实际问题的解决者，但往往产生的结果是政府部门的臃肿及跨界性问题的突出。十九大之后，6 个区域环保督察中心已变更为督察局，作为生态环境部的派出行政机构，有效地解决了其执法身份问题，是环保治理体系渐趋现代化的进步。笔者探讨的跨域合作组织，有别于纯政府性的派出机构，中央可在相关政策和文件中进行原则性规定，所以其运行的逻辑前提并非国家主义和区域主义，而是维系平等主体关系的契约。

有学者曾撰文指出，地方政府跨域合作作为横向府际关系的一个展开，打破了以土地管辖权为基础的权力配置格局，与现有国家结构形式安排存在相当程度的紧张，因此需要对其合法性及正当性予以证明②。合法性是合作性机构设立的基本前提，有学者指出可以通过宪法的补充性或解释性修订进行证明；也有学者指出宪法并未涉及跨域政府合作的条款，那就并未禁止地方政府的缔结权。解决合法性问题可以继续在法律框架下探讨，但地方政府进行跨域合作是对公共事务的积极回应，这种价值正当性诉求可为跨区域合作组织的设立提供充分依据。

3. 大气治理跨域政府合作组织的运行

跨域政府合作意向达成后，接下来主要讨论如何合作的具体事项，这就需要组建一套完整的运行机构及制定完善的运行流程。

（1）合作原则是组织运行的前提

首先要解决的是合作组织领导者人选的问题，可以依据解决问题的专属性，从相关部门选拔具有担当精神及能力较强的领导干部担任。因为打破了土地管辖权的限制，依照平等原则，领导人应由合作各方选出的干部轮流担任，并按

---

① 毛寿龙、骆苗：《国家主义抑或区域主义：区域环保督查中心的职能定位与改革方向》，天津行政学院学报 2014（2），第 52 页。
② 张彪：《从合法性到正当性——地方政府跨域合作的合宪性演绎》，南京社会科学 2017（11），第 92 页。

照跨域大气问题解决预期确定担任周期。

成立跨域政府合作组织委员会作为决策部门，成员自然源于合作各方选出的领导者，主要就跨域合作的原则性事项进行谈判和磋商。

确定共同但有区别责任的分担原则。"共同但有区别责任"是我国在联合国气候谈判大会上提出的不同于发达国家的分担原则，这一原则同样适用于具有不同发展程度的区域之间。"共同责任"是因为跨域地区因自身发展的需要对大气污染做出了历史和现实的"贡献"。"区别责任"主要是按照对大气污染"贡献"程度进行分担，但仅单纯考虑现实污染物的来源结果往往是由污染严重的经济落后地区承担更多的责任。这显然有失公允，因为并未均衡考虑污染的历史性贡献。所以，"将历史形成的分工和区域经济社会一体化与污染来源因素综合考虑，建立成本分担机制"①。

确立利益补偿机制。"利益的补偿机制是指基于利益共同体，当协作治理出现利益不均衡时，对于利益受损方应当进行合理的补偿以保证治理的公平和后续合作的开展。"② 在上述跨域治理影响因素的梳理中，地方利益是主要原因。所以，这一机制是影响跨域治理能否实现的关键。在协商确定了补偿原则、补偿标准、补偿资金来源、补偿方式等基础上，对跨域合作较落后地区、落后产业或因为治理利益受损产业进行利益补偿。

确立技术互助机制。企业虽是大气污染的主要责任者，但也是污染治理的主要承担者，其中一个重要职能是为治理提供技术研发及使用。跨域治理中也可以尝试构建企业之间在不违反商业秘密和道德的情况下进行技术互助合作机制，已有成熟治污技术的企业可以对同类企业污染治理提供技术或经验援助，促使污染物治理的内化及高效化。为保障合作的长期性有效性，合作机构还可以进一步协商建立有偿的服务机制进行对口合作。

构建大气跨域治理基金制度。跨域合作机构所需经费采用多渠道进行筹集，部分来自跨域政府的拨款，部分来自企业对治理大气污染的捐赠。虽然捐赠源于自愿，但可以按照企业实力及效益，政府进行相应的委派捐赠。还可以设立大气跨域治理捐赠平台，吸收社会自愿捐赠。设立基金管理部门，对资金进行专项管理，专款专用。如跨域合作目标达成或中断中止，清算基金，按照协议

---

① 姜玲、乔亚丽：《区域大气污染合作治理政府间责任分担机制研究——以京津冀地区为例》，中国行政管理 2016（6），第 50 页。

② 张成福、李昊城、边晓慧：《跨域治理：模式、机制与困境》，中国行政管理 2012（3），第 107 页。

回拨地方大气污染治理部门。

（2）多方协调是组织运行的核心

"政府跨域治理就是一个涉及多个子系统且子系统之间关系复杂的系统，具有复杂巨系统的属性。"① 笔者提出的跨域政府合作组织就是跨域政府有合作解决大气污染意愿的产物，但粗框架下的意愿还需要更多协调才能变为真正的落实，所以成立一个协调部门是完全必要的。这一机构主要用于跨域合作政府之间的大协调、相关部门协作的中协调及治理主体间的小协调等。依照内容复杂程度、难易程度采取不同的协调方式。涉及跨域地区根本性利益的，可以采用高规格的如领导人峰会（如省长峰会）达成框架性协议的方式进行协调。其中协调的一个重要内容应是与大气污染相关信息的公开披露程度，由于信息披露制度的不健全及地方利益保密性，合作方应拿出诚意协商公开原则、程度、方式等。合作组织对大气污染的治理需要更多部门的通力协作（如企业的管理部门、交通部门等），地域性的部门间协作由当地政府自行协调，跨域性的部门间协作由协调机构搭建平台展开。跨域政府合作组织内部政府与企业、企业与企业、政府与非政府组织等治理主体之间的协调也应由协调机构制定规则、方式等展开。所以，跨域治理"更重要的是协调"②。

（3）专业咨询是组织运行的支撑

大气跨域治理比地方单主体管理更具有复杂性，需要更为专业的研发团队。虽然政府具有较为丰富的治理经验，但可能缺乏解决问题的前瞻性和世界性，构建此领域专家学者组成的咨询团队可以和政府形成互补性优势。成员构成主要是来自地方高校、研究所、企业等的专家学者，形成地方知名专家牵头的凝聚力专业团队，并聘请全国性专家进行宏观指导，有条件的也可以邀请国际专家介绍成功经验。具体运行主要参照跨域合作议程，采用政府主办的讨论会方式展开。专家首先要对问题进行前期评估，形成评估性报告，之后对其展开讨论，形成一致性的讨论意见供合作机构参考使用；合作期间要展开调研，对新出现的问题或潜藏的问题早发现、早商讨，将商讨意见及时反馈给合作领导机构；预期目标完成后的合作性经验，要经过理论提升后进行扩展性推广。

---

① 曹堂哲：《政府跨域治理的缘起、系统属性和协同评价》，经济社会体制比较 2013（5），第 121 页。

② 饶常林、黄祖海：《论公共事务跨域治理中的行政协调——基于深惠和北基垃圾治理的案例比较》，华中师范大学学报（人文社会科学版）2018（3），第 40 页。

（4）有效执行是组织运行的关键

协议是政府间合作关系持续维系的保障，在实际中往往受机会主义的影响出现一方违约的情况。为保障合作协议有效执行，必须成立具有强制执行力的部门。成员主要来自合作方的各自委派，考虑到其强制性特点，合作方可以向共同上级机关申请由其指派一定的成员，指派人员要督促合作协议的执行。强制执行的权力来自合作协议中的强制性条款，所以条款必须明确如果一方违约应承担相应的经济责任、政治责任及法律责任。经济责任主要依照违约程度进行核算，在确定的交付期限内违约方要把违约金交由合作组织统一管理和使用；政治责任的承担可以采用减少违约方领导人的轮值任期、委派人的数量的方式，也可以采用减少对违约方政治合作优惠等方式；法律责任的承担主要指如果一方在合作期限内，经另一方的多次催促仍不履责的，可以诉诸法律让违约方承担强制条款中的经济责任及相应的滞纳金。赔偿所得费用由履约方享有，交由当地大气污染治理部门进行统一管理使用。

在我国诸多公共事务的解决中，大气污染是最为突出的难题，它的有效解决将是个漫长、反复的过程。在这一过程中，可能更为重要的是打破传统思维定式及原有体制的障碍，探索能够协调各方利益的灵活机制，也许构建跨域政府主导下的多方合作将是更为有效的方式。

二、增强企业环境治理的主体能力

对企业宏观性研究的焦点往往集中于，是只顾自身经济利益还是应当兼顾社会责任？仍未摆脱世界工厂之称的一些中国企业，正在经受环境危机源头的强烈谴责。其实政府及许多企业已经意识到不能再沿袭以往的透支生产方式，正在进行产业结构的优化升级。现代化的生产方式已使企业难以离开社会及环境因素的"嵌入"，再加上逐渐融入世界体系并产生持续影响的目标诉求，强调企业应肩负更多的社会责任就成为国家产业振兴新一轮战略中的主要元素。学界对企业社会责任的评价模式一般归纳为六种①，三重底线、金字塔、利益相关方、主要议题、交叉复核和单一替代。其中的"三重底线"和"利益相关方"经典学说逐渐受到重视②。"三重底线"即经济、环境及社会底线，与之相

---

① 肖红军、徐英杰：《企业社会责任评价模式的反思与重构》，经济管理 2014（9），第67—78 页。

② 杨力：《企业社会责任的制度化》，法学研究 2014（5），第131—158 页。

对应的就是企业应付的经济、环境和社会三种责任。全球倡议组织在《可持续发展报告指南》中构建的企业社会责任绩效评价体系是此模式的最典型应用。"利益相关方"模式就是从利益相关方的维度评价企业绩效，或者说企业应付照顾契约所涉利益相关方的特定责任。深证交易所公布的《深圳证券交易所上市公司社会责任指引》中，除了考虑股东等利益相关方之外，还要兼顾环境及可持续发展的相关利益。从两种主流评价模式及现实评价来看，现代企业的发展必须在追求经济利益的同时承担更多的社会责任——环境及可持续发展的责任。

（一）企业主体能力表现

环境治理体系建设除了积极发挥政府的主导性作用外，更为重要的是充分调动市场经济主体——企业积极履行社会责任。十九大在构建环境治理体系中明确指出"企业为主体"，企业应该履行的就是"主体性"社会责任。主体性责任的担当，应该以主体性能力的具备为前提。在目前的环境治理中，企业应该具备什么样的主体性能力呢？

第一，平衡企业经济利益与环境利益的能力。追求经济利益是企业资本的必然诉求，应充分肯定；但企业也应该以战略性眼光舍弃一些短时的单一性利益，着眼于长远的综合性利益，以此来消解内部这一根本性矛盾。

第二，污染成本外部化到内部化的转化能力。企业传统的利益思维模式选择污染物外化让社会共担方式逃避自身责任，即便在严查之下也铤而走险。现代企业需要在政府的导引下逐渐建立废弃物/污染物的内化机制，通过技术处理降低污染，或通过市场机制内化为成本，这将是企业参与竞争的重要资本。

第三，绿色生产方式的引领能力。我国生态环境问题的根源在于粗放式生产方式，只有转化成绿色生产方式才能根本解决问题。生产方式的主体是企业，唯有企业逐渐形成节约、循环、低碳及清洁生产，才能真正引领未来发展。

第四，绿色技术的研发能力。环境危机是现代化的伴生物，或者说是现代科技的产物，但现存危机的解决或绿色经济的发展仍需要借助科技的力量。企业应该侧重的是绿色能源/资源及清洁生产技术的研发及普及性使用，这已成为是否引领未来的标志性能力。

第五，绿色消费模式的革命能力。现代化的消费模式也是生态环境危机的主要源头，解决危机需要进行全社会的消费革命，形成简约适度、绿色低碳的生活方式和消费模式。因为生产方式决定消费模式，从绿色生产源头入手，强制进行消费革命。

（二）加强企业系统内部的协同

企业既是社会产品或服务的提供者，同时也是污染物的主要创造者，其生产活动与生态环境息息相关，直接影响着我国生态文明建设的速度和质量。随着国家现代化治理体系的构建，越来越强调企业在环境治理中的主体作用。企业环境治理主体作用的发挥和主体能力的体现，都必须以企业系统内部的协调为条件。

1. 企业之间的协同

传统计划经济体制下，企业之间的交换联系主要通过政府来进行；市场经济体制下，企业之间的交换交流正在趋向于市场化的联系，企业的动力性在提高，但社会责任意识并未随之提高。在我国加快生态文明建设，尤其是着力解决突出性生态环境问题中，对产业投资、企业构成比例等政府应该进行方向性引导，生态环境资源配置应该发挥市场的决定性作用。

（1）生态文明建设型企业与非生态文明建设型企业之间的协同

从生态文明建设角度分析，根据企业提供的核心产品与服务，可以把企业分成生态文明建设型企业与非生态文明建设型企业。生态文明建设型企业指的是与我国生态文明建设或环境治理密切相关，以提供生态产品或服务为主业，或独立经营或由政府授权或与政府进行合作的企业，这类企业主要包括资源回收类企业、污水处理企业、植树造林企业等。非生态文明建设型企业指的是不以提供生态产品或服务为主业，也不直接参与资源回收利用、创造绿色环境或参与生态环境基础设施建设的企业。

这两大类企业因为自身特点、承载的社会功能不同，所以承担的生态环境责任也有所区别。从整体上讲生态文明建设型企业对资源利用效率的提高和生态环境的改善具有直接的明显的作用，但就目前来说，这类企业现存的数量远远低于非生态文明建设型企业。如何协调它们之间的比例关系，需要发挥政府的导向性作用，即加大对生态文明建设型企业的支持、扶持力度，或允许更多的社会资本、企业资本参加到生态环境基础设施建设、生态产品生产或生态服务提供中来。

十八大以来国家鼓励私营企业、民营资本与政府进行合作，参与公共基础设施建设，随之政府与社会资本合作即 PPP 模式相关政策密集出台。2014 年财政部成立了政府和社会资本合作（PPP）中心之后，国家发改委发布了《关于开展政府和社会资本合作的指导意见》，其中明确规定了政府和社会资本合作的项目范围，与生态文明建设直接相关联的包括污水、垃圾处理等市政设施以及资源环境、生态保护等项目。为强化社会资本与政府的合作，2015年国家发改委联合财政部、住建部、交通运输部、水利部、中国人民银行颁发了《基础设施和公用事业特许经营管理办法》，其中不仅明确规定PPP模式适用于环境保护等基础设施建设，而且还对PPP模式特许经营许可、管理等进行了详细的规定。

PPP模式具体指政府负责PPP项目的规划、招标，私营企业或民营资本负责PPP项目的具体运行并提供社会公共产品或服务，政府对运行进行管理监督并支付费用的模式。目前PPP模式正以较快的速度应用于环保项目，比如水环境的治理、污水处理、生活垃圾分类处理等，这不仅大大减轻了政府财政投资压力，而且提高了环保项目的建设效率及专业化处理效率。

随着更多的社会资本投入生态环保项目中，我国生态文明建设企业的数量会越来越多，这将为人民群众提供更多更优质的生态产品或服务。

（2）非生态文明建设型企业之间的协同

非生态文明建设型企业虽然并不直接参与生态环境治理，但其生产必然对生态环境造成影响，降低资源消耗、减少污染物排放对生态文明建设同样具有十分重要的意义。为了实现企业节能减排目标，国家创设了排污权交易制度与碳排放交易制度。排污权交易指的是在污染物排放总量一定的情况下，有些企业因为排污设备的改善、排污技术的改进，节省了一些污染物排放指标，与此同时市场上有些企业却存在着排污指标缺乏的情况，多余的排污指标可以拿到市场上进行自由交易，以满足指标缺乏企业的需求。碳排放交易是排污权交易发展中的一种形式。

我国在积累了一些排污权市场交易经验的基础上，碳排放交易市场也于2017年正式启动。排污权、碳排放等都属于社会稀缺资源，应该完全按照市场供求、价格、竞争等机制进行交易，我国现已制定了相关政策尤其是市场化的交易制度来推进。

企业之间完全市场化的排污权交易与碳排放交易正在慢慢形成，但目前实施效果还有限。在市场成熟化的过程中需要政府加强规范化引导与违法违规惩治力度，主要原因在于我国企业还没有进行排污权交易的市场自觉，超标排污的感性自觉是如何规避风险，往往采取偷排方式。规范化引导与加强惩治力度是两种不同的行为矫正方式，前者主要通过宣传教育形成自觉意识，后者往往采取加强检查监督和加重处罚进行。理论上讲温和手段更长远更有利，但持续加重的环境压力强制手段更直接更有效。尤其是我国对偷排、超排企业的处罚力度有限，导致企业的违法成本过低，加重处罚可以进行警示教育。通过强制方式完成过渡，再加上持续有效的宣传教育，完成企业从规避风险到自觉交易的转变。

2. 企业部门之间的协同

"企业的动机是金钱上的利益，它的方法实质上是买和卖，它的目的和通常的结果是财富的积累"①，制度经济学家凡勃伦直接指出了企业设立的直接目的就是获取生产利润。随着社会的进步，越来越多的企业意识到了其社会责任的重要性，也开始有企业积极主动承担社会责任。就生态文明建设而言，离不开每个企业生态环保意识的提高以及生态环境责任的承担。从目前企业整体承担社会责任的现状来看，效益好的企业较高，所以企业生态环境责任的承担与其利润密切相连。也就是说，只有把交易成本降低到企业可以承担的范围之内，它才有可能积极主动地承担生态环保责任。企业的交易成本主要包括内部成本与外部成本，前者是企业内部运行成本，包括购置生产资料、支付员工工资、管理日常事务、设计建设新项目等；后者是支撑企业运行需要支付的成本，包括申请项目的花费、应缴的税负等。

（1）企业部门之间的协同矛盾

21世纪之初国家环保总局环境与经济政策研究中心在对城市环境基础设施建设进行深度调研的基础上，出具了《我国城市环境基础设施建设与运营市场化问题调研报告》。其中指出了企业参与城市环境基础设施建设项目面临的风险主要有："一是政府不讲信誉和政策不稳定，它是民营企业介入环境基础设施领域的最大障碍和风险。二是项目设计和建设中的风险，包括项目设计缺陷、建设延误、超支和贷款利率的变动。三是项目投产后的经营风险，包括项目特有技术风险和价格风险等。"② 这三大风险对企业参与政府项目来说具有普遍性，如果企业与政府规划项目没有关系，那企业在运行中面临的风险主要是后两类。

一个项目的开展，先还要进行设计，包括项目想法的提出、关于想法的讨论、项目设计规划报告、规划报告的审核及通过等复杂流程，需要经过企业设计部、工程部、财务部、行政部、经理、总经理、董事等多部门的讨论协商沟通等才能通过。如果某一或几个环节存在偏差，极有可能导致项目设计本身存在缺陷，企业将承担由此带来的一切成本。如果项目设计本身不存在缺陷，而

---

① 凡勃伦：《企业论》，蔡受百译，商务印书馆2012年版，第16页。

② 国家环保总局环境与经济政策研究中心：《我国城市环境基础设施建设与运营市场化问题调研报告》，中国环境报2003年2月18日。

是项目建设中或建成后出现了偏差，也是企业相关部门没有有效协商、没有尽到最谨慎的注意才导致的结果。所以，各部门之间缺乏有效协同沟通是造成企业内部运行成本较高的主要因素。

（2）强化管理降低运行成本

降低企业内部运行成本需要协调企业内部各部门之间的关系，良好关系的建立需要企业加强内部管理、优化设计、预设好解决方案等。具体来讲：

第一，优化管理流程。进行企业内部改革与调整，做好统筹规划，协调部门间的利益，提高管理及生产效率，把成本降到不影响产品质量的限度。

第二，优化设计、加强检查监督。设计项目前相关部门要进行充足调研，透彻分析可能隐含的缺陷，经过多次专家论证之后再建设。建设中排查一切可能潜藏的风险，通过细致科学的验收合格后交付运行。

第三，投入有效资源、做好干预方案。通过先进技术、设备及高效人才的投入使用，直接降低企业的生产运行成本。还要做好风险干预方案，当风险可能或发生时，积极有效应对。

（三）发挥国有企业的绿色引领作用

发挥企业环境治理主体的作用，除了协调生态文明建设型企业与非生态文明建设型企业的布局、实施企业之间的排污权和碳排放权市场化交易、强化企业管理降低内部运行成本外，还必须进一步发挥国有企业的绿色引领作用。

1. 国有企业绿色发展障碍

在2015年中共中央、国务院出台的《中共中央　国务院关于深化国有企业改革的指导意见》中明确提出：到2020年，"国有资本配置效率显著提高，国有经济布局结构不断优化、主导作用有效发挥，国有企业在提升自主创新能力、保护资源环境、加快转型升级、履行社会责任中的引领和表率作用充分发挥"。从权力属性来说，国有企业归全民所有，在追求经济利润的过程中，必须更多考虑社会公众利益、整体利益及长远利益，承担更多的社会责任。国有企业以往发展中，对推动社会经济发展和改善人民生活状况发挥了重要作用。在我国加快生态文明建设过程中，应该持续发挥国有企业对经济的示范引领作用，但就其绿色发展目前还存在一些障碍性因素。

（1）国有企业能耗较高

国有企业主要分布于第一、二、三产业，尤其以第二产业为代表，大多是煤炭、石油、化工、钢铁等高耗能、高排放、高污染企业。该类企业依赖自然资源的天然储备及人力物力的高投入获得快速发展，虽然也包含一些技术性内容或产生一些技术性关联企业，但比重较小，并且革新性技术水平能力十分欠缺，关键领域的尖端技术缺口较大，低碳绿色高效技术研制缓慢；这些企业大多仍采用老旧设备、原有技术，生产能耗及人力成本较高，产品定价就会较高，与国外同类产品相比没有太多优势，导致市场份额经常遭到国外产品争抢；企业生产对资源、能源的需求量非常大，但因为以往快速发展消耗了大量的不可再生资源能源，资源能源供给严重不足，再加上替代性能源的研制开发力度有限，供需矛盾成为制约这些企业发展的大瓶颈。

（2）国有企业历史积淀巨大

以传统产业为代表的高耗能国有企业，与其较长历史发展相伴的是其巨大的历史积淀，主要表现为生产方式、资产专属、行政管理及依附关系等内容的巨大沉淀性。许多国有企业一以贯之的传统生产方式包括技术、设备、资源、能源、人力等生产资料的配置，虽随着社会进步有所调整，但效率仍旧较低；企业因为生产需要扩大了厂区基础设施建设、专业化人力物力资产建设，相互匹配性厂区、厂房、人才资源等成为企业转型的巨大障碍；计划经济体制下部门多、程序多、流程复杂等完全行政化的管理方式不仅使其背负沉重的运行成本，而且也成为其转型发展的人力障碍；这类国有企业一般都具有庞大的依附性机构，虽然随着学校、医院等社会化改革的需要，它们逐渐脱离企业，大大减轻了企业的运转成本、提高了其运转效率，但除此之外其内部还存在其他庞而杂的依附性机构，导致企业的转型发展异常复杂。

（3）国有企业转型积极性不高

煤炭、石油、化工、钢铁等企业的转型积极性往往不高，其根本原因在于能够持续获得利润或国有订单或国家财政补贴等。譬如我国石油能源的产出与销售，基本上由中石油、中石化和中海油三大公司所垄断，那么在石油供给方面呈现的状态则是虽然价格会有小的波动起伏，但石油价格居高不下，难以反映资源的稀缺程度和真正的市场供求，持续的高额垄断利润固化了垄断企业的革新思维，当然也阻碍了其对绿色转型的探索。另外，国家或地方对国有企业的考核指标仍是经济利益，为了获得更多即时利益，管理者们不断进行投资和建设，常常缺乏长远性或绿色性建设规划；因为缺乏对发展绿色经济的约束和激励措施，一些国有企业领导干部的生态环保意识淡薄，对节能减排认识性不高，发展绿色经济动能也就不足。

2. 国有企业绿色转型措施

在国家绿色发展理念指导下，针对国有企业存在的转型障碍，深度研究促使其转型的支撑体系及具体路径是十分必要的和现实的。

第一，创新绿色技术、更新节能设备。企业能耗高、污染大直接原因就是技术落后、设备老化。在国有企业绿色转型中，首先需要对老化设备进行淘汰更新。对经济效益较好的企业，国家按照相关行业标准进行强制性淘汰；经济效益一般的企业，在对其生产、去污设备等严格检查后，设置一定的设备淘汰缓冲期；对经济效益较差或连续亏损转盈机会较小的企业，进行破产重组或清算。绿色技术是促使企业降低能耗、较少排污的关键和核心，鼓励国有企业加大内部科研部门的投资力度，或者加强与相关高校、科研所等机构产学研的结合，或者直接引进国际专业团队进行绿色技术突破攻击。

第二，调整工业结构、发展新型产业。以绿色发展为标准，重新审视国有企业工业结构，一方面充分发挥市场机制淘汰低效益高能耗产业，另一方面培育发展低碳循环等新兴产业；一方面对企业进行技术和制度化的革新，把传统产业搞活，另一方面通过政策补贴金额优惠鼓励转型升级。譬如，对国民经济发展具有支撑作用的制造企业，其转型发展应该采取的措施有：通过供给侧结构性改革去产能、去库存、去杠杆、降成本、补短板，优化库存资源配置，扩大优质产品供给；支持企业瞄准国际标准优化升级、提高产品品质、增加品牌附加值；加快发展先进制造业，推动其与大飞机、人工智能、高铁等深度融合，培育发展新动力。

第三，深化企业改革、完善制度建设。改革开放以来，我国就持续不断地对国有企业进行改革，并掀起过多次改革高潮，但国有企业仍不是完全独立的市场主体。国家应继续深化改革，逐渐完成企业与政府的剥离，让企业真正面向市场，运用市场机制优化分配企业资源，形成降低能耗、成本市场自觉性，真正提高企业效益；创新对国有企业的监管体系，从管资产向管资本转变，选拔优秀的职业经理人对企业进行管理，使企业领导干部逐渐去行政化，以便企业降低管理成本，增加效益；国有企业市场化的改革离不开制度性支撑，其核心是为了保障国家出资人的资产、利益不受损失，同时也为了保障企业独立的法人资格以及自主的经营权。

第四，提供绿色金融保障、创新绿色评价体系。国有企业的绿色转型必须有金融机构提供的资本作为支撑，那就需要银行创设支持企业转型的绿色资金，用于绿色技术的开发研制、绿色项目的启动支持等；转型发展需要更多的资金支持，仅有银行绿色资金支持是有限的，可以以政府为主体创设绿色经济发展基金，撬动更多的社会资本为企业转型提供多元化的金融支撑。随着企业的转型，原有评价指标体系尤其是 GDP 的考评指标也应随之进行调整，那就不能仅从企业创造的利润角度进行评价，而应该以经济效益为基础综合资源能源消耗、污染物无害化处置情况、绿色技术研制水平、绿色项目进展程度、节能减排指标等绿色评价体系进行考核。

第五，建立与其他资本合作，发展混合所有制经济。我国企业按所有权属性进行分类，除了国有企业外，还有私营经济，它们各自的运行特点、效率等有所差异。国有企业的特点是体量大、市场占有份额大、实力雄厚、与政府联系紧密、更易获得金融机构的资金支持，但灵活性较低、内部创新动力不足等；私营经济体量虽然较小、市场占有份额有限，实力也较弱，与政府、金融机构的联系较少，但灵活性大、市场适应快、内生创新激励机制。简而言之，它们优劣互补。可以在我国经济的绿色化转型中，加强国有企业与私营企业的资本合作，共同推进绿色技术研制和绿色产品的开发；或者吸纳私营资本参与国有企业绿色项目运转与经营，为国有企业的绿色转型提供创新性动力。

第六，加强企业党建工作，培育绿色转型文化。国有企业是否积极转型、转型效果怎么样，关键在企业管理者、经营者的社会责任感和政治觉悟。加强国有企业中高层领导干部以及其他党员的政治学习，深刻领会习近平生态文明思想、把握中央生态文明建设政策精神，并在企业发展中积极贯彻落实；企业文化是企业发展的内生动力和精神支柱。在深化国有企业改革，增强其社会责任的现实背景下，创建以绿色经济为核心的企业新型文化体系，将绿色发展理念、低碳思维方式等融入企业的生产、经营、管理过程中，为企业绿色转型发展营造良好的文化氛围，促进企业的转型升级。

三、提升社会组织的参与能力

在构建环境治理体系中，社会组织指的是相对于政府、企业而言的环保非政府组织（环保 NGO），它是以保护环境为目的自愿成立的非营利性公民组织。环保 NGO 创建目的决定了它具有公益性和非营利性两大特点，公益性指的是它致力投身于环保公益事业，非营利性指的是它所从事或开展的活动目的不是获取利润。这两大特点也是环保 NGO 成立的基本条件，是它成为具有较高公信力社会组织的必要前提。

（一）社会组织参与能力表现

社会组织作为凝聚社会力量支持和参与生态环境治理的重要载体，是联结政府与社会公众的重要纽带，对动员社会力量参加生态文明建设具有至关重要的作用。积极发挥社会组织在环境治理中的参与作用，除了更好运用政府提供的广阔空间和平台外，还需要其自身参与能力的不断提升。第一，环境意识敏锐性的提高。环保 NGO 与其他社会组织最大的区别就在于活动范围的特定性，那就要求具备更高的生态环境意识的自觉性，为环境干预、修复、治理提供前瞻性的提案和措施。第二，经济独立自主性的提高。环保 NGO 既没有企业资本创造利润的自主性、更多的也不具备政府划拨经费的条件，所需经费过度依赖政府补贴，大大限制了参与性的发挥。所以，提高参与能力的前提则是经费来源的自筹自主能力的提升。第三，制度化建设水平的提高。有些环保 NGO 具有较为严格的规章制度及组织架构等，但更多的是较为宽泛的或缺乏式的规范管理，这既降低了工作效率又限制了有效参与。所以，内部管理制度化规范化严格化的加强是提升环保 NGO 参与的有效条件。第四，专业化队伍建设能力的提高。除了少数较大环保 NGO 有固定的专业团队外，更多的是规模较小，专业人员较少，有的仅有兼职人员的现状。参与环境保护及修复等是专业性较强的活动，提高专业人员比例及专业素质能力就成为必须。

（二）环保 NGO 发展现状

改革开放 40 年来，公众已经有了较为积极地参与经济政治发展的民主意识，这就给予处在政府与企业之间的社会组织更大的社会需求及动员潜能。自 1978 年政府发起成立我国第一个环保 NGO——中国环境科学学会后，经过 20 世纪 90 年代的迅速发展，现如今，环保 NGO 无论从经济社会环境、政府政策支持等外部性依赖，还是发展数量、组织能力等内在性发展都发生了巨大变化。

1. 外部依赖性条件的变化

非政府组织的发展速度与经济社会环境变化、政府政策支持力度等存在密切联系，如果后者呈现出经济形势向好、政策支持等状态，非政府组织就会获得较快发展，反之发展较慢。

（1）经济社会环境变化

社会公众对公共经济政治事务的深度关注及参与是现代化民主国家发展的客观要求。随着改革开放进程的加快，市场经济体制已在我国建立，政治体制改革也正在积极推进，这一宏观环境的变化，为公众更广泛地更深入地参与经济政治治理活动提供了客观条件。计划经济体制下，政府对经济管得过多过死，生产单位、生产者只需按政府的要求进行生产经营，企业是否盈利与企业、个人都无直接联系，在此情况下公众对参与社会事务管理失去了较多偏好；随着市场经济体制的逐渐建立，政府开始给予企业、公众越来越多的自主生产或经营的机会，公众参与市场的热情被日渐释放出来，同时也日渐关注国家方针政策的调整和变化。市场活力的释放提升了经济发展速度，政府对中国经济的发展与未来越来越有能力和信心，政府不断进行的政治体制改革尤其是简政放权就是最好的例证。

正是在我国经济政治不断变化的过程中，政府对非政府组织的性质和功能也发生了态度上的转变——宽容和积极，这为非政府组织的发展提供了更多的政治机会结构。政治机会结构指非政府组织在创建、发展过程中的政策、制度环境及系列影响因素等的组合。政府制定了鼓励非政府组织发展的政策、制度，并在实际经济政治活动中促进其积极参与，就为其发展提供了更为广阔的政治空间。突出性事例是2006年至今，环保NGO年会已成功举办12届，为促进环保NGO的有序发展、为凝聚社会力量支持环保事业提供了交流与沟通的平台。

（2）政策支持力度的增加

改革开放以来尤其是20世纪90年代以来，我国颁发、修订了一系列促进非政府组织发展的规范性文件。最早的支持性法规《社会团体登记管理条例》发布于1989年，九年后进行了修订。该条例除总则与附则外，主体部分规定了非政府组织的管辖、成立登记、变更登记、注销登记、监督管理、罚则等内容，成为规范非政府组织从申请成立到开展活动的重要法律性文件。之后还制定了保护捐赠人、受赠人和受益人合法权益，促进公益事业发展的《公益事业捐赠法》，颁发了维护基金会、捐赠人和受益人的合法权益，促进社会力量参与公益事业发展的《基金会管理条例》。《基金会管理条例》中国家加强了对基金会的监督管理，包括日常监督、年度检查、依法处罚，以及违反相关规定的处罚措施。

随着社会组织成长速度的提升以及参与社会事务能力的增强，传统化的管制方式已很难适应现代社会的需求，在一定程度上约束了社会组织良性发展。十八大尤其是十八届三中全会以来，在国家不断推动政府简政放权措施下，为了促进社会组织有序发展，国务院对《社会团体登记管理条例》进行了修订。修订主要呈现以下特征：一是在肯定社会组织参与社会治理的主体地位、认可其社会服务功能的基础上，国家保护它们所从事的法律法规范围内允许的活动。二是加强了对社会组织的监督管理。该条例规定社会组织必须执行国家规定的财务管理制度，并接受财政部门的监督；社会组织应向主管部门报告接受、使用捐赠等情况，并向社会公布；社会组织对代表机构等疏于管理的，造成严重后果的，撤销其登记并追究刑事责任。

2. 内在发展变化

（1）发展数量稳步增长

为了及时掌握中国环保 NGO 的发展动态，中华环保联合会在 2005 年调研的基础上，于 2008 年再次启动了"中国环保 NGO 现状调研工作"，历时 8 个月的调研后，编制了《中国环保 NGO 发展状况报告》。该报告指出截至 2008 年 10 月，全国共有环保 NGO 3539 家，仅 2005—2008 年就增加了 771 家，占比约 22%。3539 家中，政府发起成立的、学校环保社团、草根组织、港澳台地区注册、国际驻中国机构分别占比约 37%、39%、14.4%、7.1%、2.5%。报告不仅再次证明了环保 NGO 发展速度与国家发展政策的变化密切联系在一起，而且与政府关联度较大的环保 NGO 占有绝对比例。

最近十年，经过市场机制的调整，在经历了大幅增长之后，环保 NGO 基本呈现稳定增长状态。从民政部近些年发布的《社会服务发展统计公报》可以看出：2008—2010 年，环保 NGO 三年增速较快，增加约 4500 家，增速高达 127%；2010 年之后，环保 NGO 增长热潮开始降下来，在 2010—2013 年期间发展规模基本稳定在 8000 家的状态；随着市场的优胜劣汰，2013 年至今基本稳定在 6500 家左右。

（2）组织能力有所提高

通过比对 2008 年、2005 年中华环保联合会编制的《中国环保 NGO 发展状况报告》，可以发现仅仅用了三年时间，环保 NGO 的组织活动能力有所提高，主要表现在：负责人为党员和团员的占比较大，政府发起型负责人均为党员；学历结构有所提高，组织拥有研究生以上学历平均增加 3.4 人；办公环境有所改善，组织拥有专用办公室的比例提高了 15.2%；组织管理有所规范，70% 的组织都设有理事会，草根型组织的理事会也提高了 13.3%；90% 以上的组织均设有章程，草根型组织成文章程设置也提高了 7.1%；71% 的组织有年度报告，并对进行的活动或项目开展过绩效评估等。虽然中华环保联合会还没有编制最新关于环保 NGO 发展状况报告，但随着社会发展的进步和市场机制的运行，稳步增长的环保 NGO 无论是办公环境、学历结构等外在条件，还是管理章程、组织结构及项目评估等内在素质都在提高。

（三）环保 NGO 与政府关系研究

环保 NGO 可依照不同的标准进行异质化分类，如按组织级别划分，可分为国际性、国家性、地方性的环保 NGO；如按发起人划分，可分为政府发起型、高校社团型、草根型的环保 NGO；如按目标议题划分，可分为关注工业环境污染型、野生动物保护型、社区环境保护型等几类。结合笔者研究范畴——环境治理体系的构建，重点考察的是政府、企业及社会组织在环境治理中的角色承担和作用发挥，所以将着重研究环保 NGO 与政府之间的关系。

1. 环保 NGO 与政府关系类型

通过上述分析已经清楚环保 NGO 的快速成长得益于国家经济政治环境变化和政府相关政策的出台，但环保 NGO 与政府之间的关系很难简单界定，它们之间的关系会因为发起人、目标议题、组织级别等差异性而有所不同，况且关系也会随着经济社会变迁而发生变化。

（1）依附型关系

改革开放之初，随着经济发展，除民间环境专家学者外，国家也开始关注经济发展与环境问题。为了搭建环境科技工作者与政府进行交流的平台，中国科学技术协会批准成立中国环境科学学会，成为政府部门发起成立的第一个环保 NGO。之后政府又相继发起成立了中国野生动植物保护协会、中国环境保护产业协会等。这类由政府发起成立的具有官方性质的社会组织，与政府之间的关系是依附型关系，组织负责人与工作人员多为政府部门兼任、组织运行经费主要靠政府拨付资金，政府管理往往采用与其对下属机构相同的方式。

中国环境科学学会理事长或名誉理事常常由相关部门领导或权威专家担任，开展的活动如学术交流、学术传播、环境科普、咨询评价、国家交流、损害鉴定、教育培训，这些活动及取得的成果直接影响政府有关决策；该学会制定了非常详尽的章程，包括学会宗旨、业务范围、会员管理、组织机构和负责人产生罢免、资产管理与使用原则、章程的修改程序、终止程序及终止后的财产处理等；学会组建了体系性的组织管理架构，从上至下包括会员代表大会——理事会、监事会，理事会下设工作委员会、分会、专委会、秘书处等。从中可以看出，依附型环保 NGO 具有非常明显的优势：与政府关系稳定、经费来源充足、有较好的办公场所及条件、组织架构齐全、活动组织能力强、社会影响力大等。但也存在着门槛较高、缺乏普通公众参与、管理行政化、活动偏抽象化等特征。

（2）协作型关系

有些环保 NGO 经过长期发展，逐渐具有了较强的组织能力、专业化的优势以及大量的社会资源，与政府的联系和沟通不断顺畅，并向制度化的方向发展。政府越来越关注这类组织的社会影响力，也会为其参与环境保护工作提供更多的机会和便利。这类环保 NGO 与政府之间的关系可以称之为协作关系。此类关系下的环保 NGO 在成立之初或与政府有某些联系，或在其发展过程中与政府之间沟通交往越来越频繁，虽然政府具有权力优势，但双方基本能进行形式平等上的协作；环保 NGO 自筹经费进行运作，在经历初创时期的艰难后，逐渐形成了较为完备的管理体系和核心性的专业内容。

"自然之友"与政府之间的关系就是协作型关系的代表。自然之友由曾经担任全国政协委员、中国文化书院导师梁从诫发起成立，自筹经费，主要从事倡导环境法律与政策、促进公众参与环保事业、开展环境教育等。该机构因为积极发起云南金丝猴、可可西里藏羚羊等保护行动而声名鹊起，也因为坚定守护长江鱼、云南曲靖铬渣污染事件等环保案件成为守护大自然的卫士。发展至今该机构已有了较为稳定的捐助来源，并制定了较为完善的章程、组建了专业化部门对全国众多会员进行管理。

（3）疏离型关系

在我国现存环保 NGO 中，有些组织的创建与政府没有任何关系，完全由民间环保人士自发组建而成，它们中的一部分过去因为找不到合适的挂靠单位而游离于"非法"边缘，这类环保 NGO 与政府的关系较为疏远，主要从事周边脆弱地区的环境保护，或者对敏感环境问题热切关注。我国最早成立的第一个环保 NGO "威海市民间绿色协会"，与政府之间的关系就属于此类。

此关系下的环保 NGO 根据自身发展规划开展活动，很少与政府部门进行联系，与此相对应是政府几乎不知该类组织，对其从事的组织活动也很少或根本不了解，从而该类组织基本游离于政府监管之外。与自然之友这类全国知名环保民间团体存在境遇完全相反的是，它们大多存在经费紧张、成员流动性大、缺乏办公场所、管理松散、活动缺乏持久性、生命周期较短等特点。

（4）竞争型关系

有些环保 NGO 围绕较高政治性环境问题频频发声，或就政府提出的环境政策进行批评，并通过大众媒体或自媒体进行传播，客观上对政府造成了较大影响，产生了较大压力。还有一些民间环保 NGO 与依附政府的环保 NGO 之间产生了对稀缺资源的争夺现象，它们虽没有与政府进行直接竞争，但也会间接对政府产生影响。这两类组织往往成立较早，并具有与政府交往的丰富经验；具有较为固定的筹资来源，即便没有政府购买项目的支持也能发展下去；因为经常性地发表对政府不当的言论，第一类环保 NGO 往往成为政府媒体宣传方面严格监管的对象；因为与附属机构争夺资源，第二类环保 NGO 就成为政府资源配置方面严格限制的对象。

2. 环保 NGO 与政府协同关系的构建

十八大以来，党中央积极推进生态文明建设的决心和信心调动了环保 NGO 及人士的参与热情，国家出台的政策、制定的法律给社会民间力量参与环境治理提供了政策和法律支持。政府和环保 NGO 应该建构什么样的关系才能发挥各自的优势呢？在政府与环保 NGO 上述四种关系——依附型、协作型、疏离型、竞争型中，协作型关系能发挥二者优势应继续完善，还应对后两重关系进行调整和变革，构建地位相对对等、广泛交流、开展合作的协同关系，当然变革与调整需要双方共同努力。

（1）政府对环保 NGO 的制度化管理

在政府与环保 NGO 协同关系的构建中，政府处于主导地位，为了有效发挥环保 NGO 参与环境治理的作用，政府需要变革管理理念、加强制度建设、完善管理手段、改革评估办法等。

随着社会民主制度的进步和民众参与意识的提高，政府允许更多社会组织参与社会公共事务治理将是民主制国家的发展趋势。党中央在十九大虽已明确提出积极鼓励社会组织参与环境治理，但受到传统集权思想影响，中央一些部门、地方政府仍然固守传统管理观念——社会组织是管制对象，不可能把其纳入社会事务治理主体的地位。建成生态文明社会，与发展理念变革具有同样重要意义的是管理观念的变革——变管理为治理，吸收更多社会主体参与公共事务的治理。允许环保 NGO 参与环境治理，就要将其视为合作伙伴，给予政治信任，赋予其项目建设有关环境问题的知情权、建议权、评价权及监督权，以确保其在环保活动中的合法地位。

十八届四中全会通过的《中共中央关于全面推进依法治国若干重大问题的决定》中明确提出，建立健全社会组织参与社会事务的机制和制度化渠道。鼓励环保 NGO 参与环境事务的治理，必须预先进行制度化设计，以此来引导、规范、惩罚、矫正其行为方式。制度化的第一步是赋予其合法身份和地位，与政府之间是竞争型关系的有些环保 NGO 因为与政府发起成立的官办社会组织具有功能上的重合性而导致注册困难，或者与政府之间是疏离型关系的有些环保 NGO 因为社会组织准入门槛较高只能选择工商注册或不注册，这两种情况其实是政府监管的盲区。适当放宽社会组织的准入门槛，变"严进宽管"为"宽进严管"更符合现代化的治理要求。再通过完善《社会团体登记管理条例》，制定《社会团体管理条例》等制度，对社会民间组织进行法制化的管理，引导、规范其行为；法制化的治理还应该加大对负责人的问责与处罚，如果社会民间组织违反社会团体管理条例则启动问责机制，严厉处罚负责人或该组织。

社会民间组织所涉社会公共事务众多，仅就环保 NGO 来说，可以分为保护森林、水源、气候、动物、城市等大类，有些大类下还分多个小类。"宽进严管"的现代化治理还需要政府专业化的管理——分类管理，也就是说当环保 NGO 取得合法身份之后，应该按其注册登记范围划归对口性部门进行管理。比如致力于森林、林业、树木等保护的，应该由林业、园林管理局等进行监管；致力于水源等保护的，应该交由水利局进行监管；致力于气候等保护的，应该交由气象局等进行监管，等等。管理监督与登记注册相分离的制度设计，既能避免民政部门因为专业知识欠缺而疏于管理的现象，还能充分发挥对口管理部门与专业化环保 NGO 的协同合作的最大优势。这种分类管理方式通过设置专门对接人员和定期沟通方式也不会给对口管理部门增加太多的管理成本和造成机构的臃肿。

对社会组织的制度化管理还应包括定期性评估，目前民政部出台的《社会组织评估管理办法》并未将具有合法身份的环保 NGO 都纳入评估范围，导致大多数组织因为缺乏政府权威性的评价而失去获得更多优惠政策支持的机会。适度放宽评估范围，以政府管辖范围为依据，国家性或国际性的环保 NGO 由中央民政部门设置具体评估条件，地方性环保 NGO 由地方各级民政部门设置具体评估条件，根据以往评估经验，采取逐年放宽评估范围的方式，逐渐让更多的环保 NGO 获得权威性评价，以此来获得与其努力相匹配的政策性优惠或机会。具体评估办法的执行也采用分类评估办法，对口性管理部门依据民政部制定的评估办法、地方性民政局制定的评估实施办法，通过制定规范化的操作流程、组建专业化的评估小组开展具体评估。因为对口性管理部门与归口性环保 NGO 有日常管理的对接，所以在吸纳同级民政部门或其他专家参与评估时，会达到高效与公平的双重评价结果。

（2）环保 NGO 内部的制度化管理

环保 NGO 创建目的是表达自己的环境理念，以及通过实际行动来实现对环境的保护。为了提高环境治理参与度，除需要政府提供政策机会，搭建平台外，还需要自身良好发展。通过专业化建设、加强内部管理、获得社会认同等手段来提升自身能力和素质。

首先，加强专业化建设。社会组织包括环保 NGO 的创立及活动的开展是个专业化建设及专业化能力展现的过程，而我国很长时间以来有些环保 NGO 的成立常常靠的是发起人的一腔热血，在实际运行中就会呈现出诸多弊端，比如组织缺乏规划难以长久、资金来源单一且不稳定、环保行为被动且易受挫等。解决这些弊端首先要做的是进行专业化建设，一方面提高发起人的专业性，可以通过自身学习环保理念、国家政策，或者聘请环保专家担当顾问，或者以与高校等环保院系合作等方式来提高；另一方面提高组织的专业性，招聘专业人才，选择环保、管理等专业的大学生组建专业团队。按组织自身或其他资源优势选择环保工作范畴，是侧重于环保理念的宣传、环保教育的开展，还是侧重于环保技术的应用，环境公益诉讼的开展；根据从事领域选择对口性合作单位，并与其进行专业化的沟通、开展专业化合作，或者为其提供专业化服务。

其次，加强组织内部管理。强化内部管理可以节约运行成本、提高工作效率、展现专业能力及素质。一方面制定或完善组织章程，章程是组织活动的原则和范畴、是加强各部门及组成人员的规章制度，是组织进行内部管理的基本准则；该准则对于环保 NGO 这种松散社团来讲，具有特别重要的意义。大多数环保 NGO 都已制定了章程，但有些太过简单，难以起到规范、约束组织及成员的作用，所以应随着组织活动的开展及时完善章程。在制定或完善组织章程的同时，还应该制定或完善部门规章，明确各部门的权责。另一方面构建内部管理体系且严格履责，好的管理一定是兼具凝聚性与分工性特点的，凝聚性强调的是组织负责人的能力，体现了团队各部门的合作性、行动性；分工性强调的是组织内部划分为不同的职能部门，各部门分工明确、各司其职、相互监督，体现了组织的专业性、效率性。环保 NGO 初创时期的凝聚性较高，但随着组织活动的拓展，凝聚性会逐渐减弱，组织负责人应持续强化自身、各部门素质、能力的提升来葆有组织的凝聚力；即便是初创时期较小的组织也应该划分出不同部门或由不同的人分工负责，专业化的分工促使组织更快成长起来，当组织成熟时，最初搭建起来的管理体系会逐渐发展成为理事、理事会、监事会等自上而下的体系化管理框架。

第三，获得社会广泛认同。提升环保 NGO 对环境事务的参与度，还必须以获得社会广泛认同为前提。在国家逐渐放宽评价社会组织范围的过程中，环保 NGO 应积极主动地参与评价，并将政府权威性认可或奖励传递给社会，在政府—组织—大众有效的传递结构中提升大众对组织的认同；环保 NGO 之间可能存在事务拓展上的竞争关系，但通过加强与本地其他环保 NGO 人财物等资源的合作，可以在提升其事务效果的同时提高社会认可度；地方性环保 NGO 也可以凭借其专业化建设能力展开同国家性、国际性等知名环保 NGO 的交流合作，扩大其社会影响力；环保 NGO 还可以通过参加譬如"中华环保 NGO 可持续发展年会"等专业学术会议阐述环保理念，通过进行专业化的环境公益诉讼获得媒体和大众关注来得到更多支持和认可。

（3）契约型关系的构建

政府对外的制度化管理、环保 NGO 对内的制度化建设，为双方协同关系的构建提供了条件。市场经济条件下，最为理想的合作模式应是契约型关系。那政府与环保 NGO 的契约型关系是什么，怎样才能构建呢？

市场经济条件下，因为拥有对方所需要的资源，需求方与供给方通过签署契约（合同）来实现资源的有偿转让。在生态文明建设中，政府有购买环境公共服务的需求，环保 NGO 正好可以提供环境公共服务；环保 NGO 有获得政府项目支持的需求，政府正好可以提供有关环保项目，双方契约关系的构建基于环境资源的互换，政府成为环境项目的委托者、环境公共服务的购买者，环保 NGO 成为环境项目的实施者、环境公共服务的提供者。此种关系的构建与上述四种关系最大的区别在于双方皆是市场主体，具有平等的法律地位。政府与环保 NGO 之间关系的建立、调节、解除皆因所签订的契约，按照契约双方享有的规定权利、履行规定义务和职责。

十八大之后，国家加大了购买社会组织服务的力度，并给予政策性的支持，出台了《财政部关于推进和完善服务项目政府采购问题的通知》《关于做好政府购买环保服务工作的指导意见》，不仅明确将环境服务列入其中，而且要求以改革思路进行战略部署。由此可以看出，与政府建立契约型关系将是环保 NGO 发展趋势，通过这种以环保服务为媒介建立起来的契约关系，政府可以对环保 NGO 进行间接管理和引导，环保 NGO 也可以解决发展资金、发展渠道、发展平台等问题。

契约关系虽然强调了双方的平等地位，但在实际运行中，政府始终处于资源拥有者的主导地位，环保 NGO 应通过建立制度化、正式化的沟通渠道开展同政府的联系和沟通。双方契约关系的构建一般应经历四个阶段——酝酿、建立、合作、维系。酝酿阶段，环保 NGO 需要明确政府具体的环保服务需求是什么，再根据自身专业业务范围明确能够提供什么；建立阶段，双方通过沟通表达了合作意愿，在政府对环保 NGO 合作能力评价的基础上，共同协商具体合作途径；合作阶段，双方在明确各自职能的基础之上，相互协调相互监督；维系阶段主要是双方进行合作过程的信息反馈，以便开展持久性合作。

四、提高公众参与能力

生态环境问题关系到每一个人，生态环境治理与每一个人都有密切关系，所以生态文明建设离不开社会公众的积极参与。

（一）公众参与能力表现

公众参与环境治理源于公民的环境权，这是一项不可剥夺的公民民主权利。公民的环境权包括"环境资源利用权、环境信息知情权、环境信息传播权、环境意见表达权、环境决策参与权、环境政策监督权，以及环境侵害赔偿权等。其实质，乃是公民的生存权和发展权"[①]。公众参与环境保护，不仅有助于协调环境政策制定过程中各方利益，增强政策的正确性，还有助于协助环境执法部门及时准确地处理环境违法行为，减少违法行为的伤害性。

保障公民环境权、提高公众参与性，除需要国家给予政策性支持外，还需要公众自身参与能力的不断提高。第一，环保意识的提高。有无环保意识、环保意识高低等直接影响着公民自身行为及参与环境保护的力度，环保意识较高的公民一般会以较高标准来严格要求自己、他人及社会，也会有更为积极地参与冲动，这样的参与也才会从更大力度上推进环保工作。第二，参与意识的提高。较长时间以来，我国公民对社会公共事务处理的参与性普遍较低，随着国家民主政治的不断发展，公民参与热情不断提升；但参与环境问题的解决还需要以了解环境现状、生态文明建设状况、国家政府环境政策、相关法律法规等为前提，以避免参与的盲目性、无效性。第三，自觉意识的提高。公民参与环境保护，真正成为环境治理的主体，不是人云亦云的跟风，而是理性审慎思考的表现，不是冲动行为的感性表达，而是意识提高的理性诉求。

（二）公众参与现状

随着国家绿色发展政策的实施以及政治民主化进程的加快，公众参与环境治理的政治环境发生了较大变化，不仅获得了法律法规等规范性文件的支持，而且参与途径和方式也在不断拓展。

1. 公众参与制度现状

国家鼓励公众参与环境治理，从2018年修订的《环境影响评价公众参与办法》中首先可以得到充分证实。该办法旨在保护公众的环境权，明确规定对环境可能造成不利影响的十类专项规划应该进行公众参与的环境影响评价。除了

[①] 郇庆治、李宏伟、林震：《生态文明建设十讲》，商务印书馆2014年版，第263页。

重视公众对建设项目的环境影响评价外，国家还制定了公众参与生态文明建设的一系列规范，主要包括参与范围、参与主体、信息公开、公益诉讼及立法参与、行政参与等。

公众参与环境保护范围指的是公众可以就哪些环境事务或问题进行参与。国家关于参与范围的规定呈现的特点是概括性规定为主，具体性规定为辅。《环境保护法》《水污染防治法》《环境噪声污染防治法》等采用的是概括性规定，一切单位和个人都有环保的义务，并有检举破坏环境行为的权利。相比较而言，《环境影响评价法》规定的公众参与范围——环境规划与建设项目就较为具体和明确。

参与主体指的是哪些单位或个人具有参与环保的资格，有参与资格的主体，行为具有合法性，否则非法。关于参与主体的规定呈现的特点是多样性，如《环境保护法》《水污染防治法》《环境噪声污染防治法》规定的是：任何单位和个人；《环境影响评价法》规定的参与主体则是有关单位、专家和公众；《清洁生产促进法》规定的资格主体是社会团体和公众。

公众参与环境治理的前提是环境信息的公开，环境信息公开制度的形成是国家对公民环境知情权保障的体现。2007 年《政府信息公开条例》的实施，标志着我国公众有序进行政治参与取得了实质性进展；同年国家环保总局出台的《环境信息公开办法》为公众有效参与环境治理提供了制度性保障。除了这些关于环境信息公开的专门性规范外，在根本法和基本法中还有一些分散性规定。如《宪法》赋予公民有对任何国家机关和国家工作人员进行监督的权利，监督应以信息公开为前提，这可以看作根本大法对国家机关信息公开的原则性规定；《环境保护法》规定国家及各级地方政府应将环境保护纳入国民经济社会发展规划并向社会公布实施，省级以上人民政府环保主管部门应定期发布环境状况公报，对突发性环境事件造成的影响和损失进行评估并向社会公布结果等；《环境影响评价法》规定项目建设单位在报批建设项目环境影响报告书前，应采取论证会等方式征求有关单位、专家和公众的意见等。

当公众环境权益遭到损害时，公众有权通过司法救济途径，要求责任人停止侵害、承担赔偿责任，环境诉讼制度于是就成为保障公众参与环境治理的一种重要方式。在我国刚刚起步的环境公益诉讼，可以从根本法和诉讼法中找到其法律依据。如我国《宪法》中明确规定"国家保护和改善生活环境和生态环境，防治污染和其他公害"，该规定为环境公益诉讼制度的创设提供了宪法依据，因为环境公益诉讼是保护环境、改善生态的一条有效途径；2012 年修订的

《民事诉讼法》第 55 条"对污染环境、侵害众多消费者合法权益等损害社会公共利益的行为，法律规定的机关和有关组织可以向人民法院提起诉讼"，明确提出了环境诉讼制度；另外在《刑事诉讼法》等相关条文中规定，被害人由于被告人的犯罪行为遭受损失的，可以在刑事诉讼过程中提起附带民事诉讼。

我国法律法规还规定了公众可以参与环境立法、环境行政。就公众参与立法而言，我国《立法法》有原则性规定，列入常务委员会会议议程的法律议案，法律委员会等机构可以采用座谈会等形式听取各方面的意见；关于公众参与环境立法，2005 年修订的《环境保护法规制定程序办法》有明确规定，起草环保法规应当广泛听取有关机关、组织和公民的意见。多年立法实践中，公众参与的主要方式有公开征集立法建议，立法调研、座谈、听证与论证，法律草案公开征求意见等。诸多方式中，关于立法听证的规定较多，最为典型的制度则是2004 年国家环保总局通过的《环境保护行政许可听证暂行办法》。该办法明确提出两类建设项目可以举行听证：对环境可能造成重大影响、应当编制环境影响报告书的建设项目，可能产生油烟等污染，严重影响居民生活质量的建设项目。之后，环保总局就《排污许可证条例（草案）》在南京举行了立法听证会，标志着环境立法听证制度的建立。

2. 公众参与形式

我国鼓励公众合法参与经济政治等社会事务管理，就目前而言，体制内途径至少有"政治投票和选举、通过各级人大政协参政议政、信访制度、基层群众自治、行政复议和行政诉讼、社会协商对话制度、通过大众传媒参与政治、通过社会团体参与政治、通过专家学者参与决策咨询，以及公民旁听和听证制度"①。具体到生态环境领域，主要有以下一些途径。

（1）参与实践环保活动

通过开展具体实践活动来保护环境是社会公众参与环境保护的传统方式，也是最为常见的方式。具体实践活动内容随着社会发展的需要正在发生变化，公众除了继续沿袭种树、观鸟、捡垃圾"老三样"自发性活动外，还积极参与到国家环保政策执行中来，比如为了减少白色垃圾污染，公众响应政府号召执行"禁塑令""禁止一次性餐具"等；为了减轻大气污染，公众积极响应政府提出的少开私家车、多乘公交出行的号召；为了减少能源消耗以及降低大气污

---

① 郇庆治、李宏伟、林震：《生态文明建设十讲》，商务印书馆 2014 年版，第 264—265页。

染，公众积极响应政府提出的购买新能源电动汽车等。

（2）检举破坏环境行为

国家赋予公民检举揭发环境违法行为的权利，检举途径目前主要来源为电话、微信、网络平台、电子邮件等。随着公众生态环保意识的提高，近些年的环保举报量呈现出居高状态。比如2018年全国"12369"环保举报平台受理群众举报71万多件；2019年前6个月，该平台共接到举报23万余件；又如仅2019年7月，该平台就接到环保举报5万多件，环比增长13.2%，主要集中于大气污染、建筑业、住宿餐饮娱乐业和畜禽养殖业等几类。除现代化的检举途径外，公众还采取信件与登门面谈等传统方式直接向有关部门反映破坏环境行为。

（3）参加团体贡献力量

自20世纪90年代环保NGO成立以来，就对推进我国环保事业发挥了越来越重要的作用，加入环保NGO是公众参与环境治理的重要途径。公众既可以通过有组织的传统活动保护生态环境，也可以通过更高的机会平台为经济社会可持续发展献计献策；既可以通过开展持续性的教育活动增强社会生态文明意识，又可以在社会焦点性事件中发挥积极作用。一些环保民间组织如自然之友、地球村等具有较大社会影响力，如他们不仅在反对怒江建坝，在"圆明园防渗工程"论证中积极发声，而且也积极为可再生能源法论证、北京绿色奥运计划制定贡献力量。

（4）参加听证表达意见

随着政府服务型职能的提升，越来越重视决策的民主性。在决策前，政府会对一些重要问题进行问卷调查、专家论证以及召开座谈会、听证会等形式，其中听证会是公众参与生态文明建设的重要法定形式。它具体指国家机关遵照听证程序，邀请利害关系人参加，就有关环境问题听取被邀请人意见的过程。经过听证不仅使做出的生态环境政策或决策更加透明，而且限制了权力机关的自由裁量权，降低了不法决策发生的可能性。近年来，听证会对促进生态文明建设的作用越来越凸显，最具代表性的是"圆明园防渗工程听证会"，不仅仅是因为它规模大程序正式，更为重要的是它超过了听证会本身的意义，是我国公众参与社会事务的标志性进步。

除以上途径外，政府在制定关于生态环境保护重大法律法规时，为了决策科学性、民主性，通常会公布草案征求意见稿，公众可针对条款直接发表意见；公众还可以通过各级人大代表在"两会"期间提出环保议案和提案，间接参与环保政策方针的制定；也可以通过现代发达的网络媒体充分表达环保诉求等。

3. 公众参与存在的问题

公众参与环境治理，不仅是现代公共管理理论贯彻实现的过程，同时也是我国生态文明建设目标达成的过程。但就目前来讲，不管是公众参与制度建设，还是公众参与实践建设都存在一些问题。

（1）公众参与制度存在的问题

我国虽已制定了促进公众参与的一些法律、法规、办法等规范性文件，但在具体落实中有些条款却存在较大困难，影响落实的重要因素是制度本身存在缺陷。

以概括性规定为主的参与范围看似最大限度地赋予公众权利，但在现有框架体制下，过于笼统的规定难以付诸实践。关于"公众"参与主体，规范性文件中的不统一、不明确规定导致的结果是理解上的分歧。单从理论上来讲，公众作为参与主体，应是与决策主体相对应的人或组织；现实中这里的人仅指本国公民还是也包括外国公民、无国籍人或被剥夺政治权利的人？这里的组织仅包括企事业单位、社会团体还是也包括与环境政策、决策制定或环境影响评价相关联的组织？

环境信息公开的规定也存在一些缺陷，比如《环境保护法》规定环保主管部门有定期发布环境状况、突发环境事件影响与损失的义务，但并未制定违反义务的相应处罚性措施，结果可能导致有些部门履责时的消极懈怠；又如，除了政府应公开所管辖区域的环境信息外，企业也应该公开与环境有关的信息，但目前规定采取的原则是自愿公开为主，强制公开为辅，结果是企业公开的环境信息十分有限，很难满足公众的知情权；再如，环境信息公开还应保证信息的真实性，环境监测是保障信息真实性的关键环节，但1983年制定的《全国环境监测管理条例》缺失了环境监测机构的相关责任，2006年发布的《环境监测质量管理规定》虽然补充了对环保部门的处罚责任，但规定太过简单且缺乏操作性，结果导致一些地方环保信息的水分较大。

关于公众参与环境保护，《环境保护法》侧重公民对环境问题的举报，并未体现公众参与立法的情形；《环境保护法规制定程序办法》虽有公众参与立法的权利，但并未规定参与程序与参与情形，结果导致公众参与的不确定性和不规范性，甚至有限的参与也成为一些地方政府标榜政绩的手段。关于公众参与环境行政的规定，相关法律也仅是进行了原则性规定，缺乏具体的可操纵性；况且我国环境问题末端治理的传统化解决思路，大大影响了公众对环境行政的事前参与和过程参与；还有公众的末端参与往往检举的对象是环境破坏者，对环境主管部门的消极懈怠等不作为很难发挥参与作用。

除以上问题外，在公众参与环境公益诉讼方面还存在公民环境权未明确规定、诉讼主体资格过于严格、环境损害救济较为困难、诉讼经费紧张与举证困难等问题。

（2）公众参与实践存在的问题

环保实践中，公众虽然通过多条途径参与其中，但与我国快速发展的生态文明建设并不匹配，主要表现为参与主体的分散性、参与层次的低端性、参与内容的有限性。

公众参与环保工作的渠道一般分为两类：一类是通过加入环保 NGO 有组织地参加，另一类是以分散性的个体力量参加。我国公众选取的参与渠道一般是第二类，主要表现为实施政府环境倡议、检举环境违法行为、参加学术交流会、建设项目座谈会、环保项目听证会等，这种参与渠道具有自由、灵活的特点，虽然参与效果因具体内容不同而存在差异，但总的来讲，活动缺乏持续性、较大影响性；有些公众会选择第一类渠道参与，虽然较第二类渠道具有号召性、组织性、影响性等优点，但由于我国环保 NGO 本身存在的数量少、规模小等问题，导致其影响力也十分有限。

随着我国生态环境问题的日益严峻，公众对生态文明建设的关注度在不断提高、参与性在不断增强，但从参与形式的层次来讲还处于较浅参与阶段。一般表现为三种，当个人权益由于环境污染遭到破坏或损害时，往往通过与环境污染者交涉、谈判或检举、告发等方式来维权；宣传节约水、电、能源或多植树、少使用塑料袋等日常生活常识；利用特殊节日举办环保讲座、宣传环保先进人物等。这些参与形式对于维护自身环境权益、纠正不良环境行为、增强社会环保意识具有十分重要的作用。但由于这些形式的主题多样性、目标多元性、状态暂时性难以激励更多公众持续性、理性化的参与。

公众参与环境治理的内容包括环境立法、环保行政决策、环境问题的维权救济等。就目前来看，公众主要参与的是侧重环境问题末端治理的维权救济，关于环境立法、环保行政决策参与的较少，这种不平衡性的参与抑制了公众参与生态文明建设作用的发挥。从公众有限的参与环境立法、行政决策的内容和影响来讲，可以分为初级、中级和高级三个层次。初级层面的一般指参与具体行政决策，公众有权参与的建设项目环境影响评价就属此类；中级层面的一般指参与政府抽象性行政决策，主要表现为生态环境战略规划的制定；高级层面的一般指参与法律法规等规范性文件的制定。就目前来讲，我国公众参与环境立法、行政决策的内容基本上还处于初级层面，有些专家学者参与了中级和高级层面，但影响力还十分有限。

（三）促进公众参与对策

在我国，因为受多种因素尤其是民主政治发展程度的影响，公众参与环境等社会公共事务管理问题充分体现在参与制度不健全和公众参与能力有限上。促进公众自觉主动地参与，需要从完善参与制度、提高参与意识上下功夫。

1. 完善公众参与制度

随着国家环境保护事业的快速发展，公众参与正逐渐发展为环境治理中一项基本制度，该制度的确立需要法律法规的完善为其提供保障。

关于公众参与环境治理的范围，概括性规定之外需要制定公众参与原则，并体现广泛性、核心性、影响性等特点。广泛性指公众参与环境事务管理的事前、事中、事后的全过程，核心性指公众参与内容应逐渐向环境决策与环境立法靠拢，影响性指重大环境事件、问题公众有参与的权利。关于公众参与的主体资格，抽象性法律、政策等的制定修改，参与主体应泛指除决策者之外的具有中国国籍的个人或合法身份的单位和组织；具体性环境问题比如建设项目的环境影响评估，其参与主体应是与建设项目具有利害关系的个人和单位。

完善公众参与制度的核心之一是在法律上明确公民具有环境权，以及保障环境信息的公开透明。环境权作为影响公民生产、生活的一项基本权利，应在《宪法》中进行抽象式的明确规定，这可为公众参与环境治理和环境信息公开提供宪法依据。公民环境权确立的必然要求是环境信息的公开，我国虽在一些环保法律法规中制定了关于环境信息公开的条款，但并没有形成体系，建议制定《环境信息公开法》来弥补缺陷。单行法模式可以从以下几大板块进行制定（除总则和附则外）：信息公开主体，分为权利主体和义务主体，权利主体一般指社会全体公众，涉及较少利害关系人的环境项目，可以缩小公众范围；有义务公开环境信息的主体不仅包括政府，也应包括企业、社会团体。公开范围的制定应以义务主体为大类进行清单式规定，即政府、企业、社会团体必须公开哪些信息；信息公开采取义务主体主动公开与权利主体申请公开相结合的方式，明确应该主动公开的范围和依法申请可以获得的信息；各义务主体违反信息公开制度应该承担的法律责任，以信息应该公开而未公开、未公开信息等造成影响大小详细制定处罚规则；当义务主体应该公开信息而未公开时，权利主体可以采取行政复议、行政诉讼、申请仲裁、民事诉讼等方式进行司法救济，以保障其环境信息知情权。

建立畅通表达机制是公民参与制度完善的又一核心，它将为公众参与环境行政与环境立法提供多样化的表达渠道和程序化的表达路径。具体来说，公众的表达渠道可以进一步拓展民意调查方式，以往政府较为侧重具体政策实施后的满意度调研，可以把民意调研前置，在一定时间内（通常为一年）针对公众关心的环境问题、环境发展规划战略、环境政策方针实施中存在的问题进行调研，在此基础上政府组织环境专家、公众代表一起分析问题、商议解决对策；制定公众民意表达的科学化程序，比如听证会是公众参与行政决策的重要途径，但我国并未制定听证开展的科学化流程，已开展的听证会，其流程仅是主办方一种经验性思维的落实。政府相关部门以理性思考和实际操作作为依据，经过不断总结经验制定听证流程，会大大节约管理成本、提高行政效率。

2. 提高公众参与意识

公众自身的参与素质和参与能力大大影响了参与主体的凝聚性、参与形式的层次性、参与内容的广泛性，为了最大限度地发挥公众的参与作用，必须提高公众的参与素质和能力。

公众参与素质的高低主要取决于其参与意识的高低，参与意识可以从主体意识、权利意识两角度进行理解。主体意识指的是公众对自身在国家中所处地位的认知和对经济政治社会事务管理作用的认知，一般性的主体意识是公众虽在国家中占有十分重要的地位，但管理社会公共事务是领导精英层的职责，单独个体没有参与的可能和必要。主体意识是公众参与的主观前提，没有这一前提，再完备的法律也难以促进公众参与。享有权利是主体意识在法律层面的表达，那权利意识指的是公众认为自己作为社会环境主体，既应该享有国家社会提供的良好生态环境条件，同时也应该履行环境治理和生态建设的责任和义务。公众主体意识和权利意识可以通过国家生态文明建设倡议和各级各类教育培训等形式得到增强，党的十八大以来加大的生态文明建设倡议，已经使很多公众意识到了自身参与的重要性和必要性，增强了参与的责任感。现代化的参与不仅需要主体的积极性，更需要公众参与的理性和有序性。理性有序的参与必须以相关科学知识和法律知识的掌握为前提，通过加强生态文明教育，让公众掌握一定的环境技术知识和法律知识，提高参与的针对性和有效性。

参与能力高低直接决定着它的影响力大小，通过组织化、制度化、专业化运行可以提高公众参与环境保护的能力，进而提升其影响力。组织化、制度化、专业化的运行指的是公众在宣传节水、节电、节能等环保理念或举办环保讲座时可以借助于一定的组织平台来开展，当公众需要与政府或企业就环境事务或问题进行沟通时，尽量采用程式化的有序沟通模式，公众也可以通过环保专业技能和法律知识的提高给予国家社会专业性的环保服务。"三化"仅仅靠分散的个体力量是无法实现的，但可以通过组建或加入环保 NGO 来实现。尽管目前我国环保 NGO 的力量仍然十分薄弱，影响力还不十分明显，但随着更多公众的加入，它的力量会越来越强，不仅可以让日常性的环保宣传得以持续，而且还可以在与政府有序性的沟通中更好参与环境立法和环境行政。

综上所述，生态环境治理除了政府、企业、社会组织和公众发挥其自身能力外，还需要从宏观上协调好它们之间的关系。

实现政府、企业、社会组织和公众的宏观协同，健全法治是关键。一是建设法治社会。在全社会树立法律信仰，处处以法律严格要求自身，养成包括政府在内的各市场主体自觉自主守法的氛围；政府依法依规进行环境执法、企业依法依规进行环境减排，社会组织及公众依法依规合理表达环境诉求，进行环境维权。二是建设法治政府。把政府在环境治理中主导作用的职能范围通过法律或法规等形式确定下来；通过相关法律强化环境信息公开透明建设；健全政府环境决策法定化的程序；深化政府环境执法改革，透明执法；加强社会组织和公众对政府环境执法的有效监督等。

实现宏观协同，协调利益是核心。正是因为政府、市场和社会组织及公众各主体追逐的利益核心不同，才产生了相互间的利益悖论。环境治理中，应充分考虑各主体的合理利益，并通过法律或道德等方式规范各主体的逐利行为，通过法律解决有些主体在环境治理中不当或违法利益问题等。实现宏观协同，强化企业责任是根本。社会中各种污染或破坏环境的行为，都直接或间接与企业的生产关联，从这个意义上说，企业是环境危机的根源。强化企业责任，需要促使企业改进技术达标排放，促使企业采用有效环保措施不断降低排污点以减少排放，促使企业不断推进改革创新创造更加环保的资源和产品。

第六章

山西生态文明建设实例分析

　　山西因居太行山之西而得名，是典型的内陆省份，位于黄河中游东岸，华北平原西面的黄土高原上；是典型的被黄土广泛覆盖的山地高原，地势东北高西南低，属于暖温带、中温带大陆性气候；整个行政区轮廓略呈东北斜向西南的平行四边形，下设11个地级市。

　　分析山西生态文明建设状况，首先需要对其进行量化评价。在此基础上进一步分析山西生态文明建设与经济建设的关系，分析问题症结所在，积极探索因地制宜的对策更为重要。

一、生态文明建设量化评价指标体系

　　推进生态文明建设客观上需要建立一个科学合理的考核评价机制，尤其是定量意义上的评价具有十分重要的意义。因为对各级政府和社会进行的生态文明努力与绩效做出科学合理的评价，不仅可以在形成激励与惩罚互动机制的过程中促进生态建设实践，还可以促进考核评价指标体系的不断优化，发挥其规范引导作用。

（一）量化评价指标体系考核内容和构建原则

　　在具体讨论生态文明建设量化评价指标体系之前，有必要先弄清楚设置量化评价指标所要考核的内容是什么，以及所构建的量化体系应遵循的原则是什么。

　　1. 量化评价指标体系考核内容

　　我国提出生态文明建设有其特定的背景，是在现代化建设的中后期，主动解决传统工业发展理念、模式造成的生态危机而进行的实践努力。这一努力对构建人与自然、人与人、人与社会和谐共生关系的生态文明社会具有建设性的意义。依据生态文明建设的特定背景可知，现实生态文明建设重点是如何在推进现代化的过程中，充分考虑并尊重自然生态规律及对自然价值的关爱，其方

224

法论意义在于为了构建生态文明社会而进行生态化的努力和改变；从生态文明建设要求来讲，如同需要融入经济、政治、文化、社会建设内容的多样性一样，要求也具有多样性，其方法论的意义在于量化评价指标体系的构建应该是一个多元尺度下的多样化过程；从生态文明建设目标来讲，就是要解决因工业污染所导致的对生物多样性与稳定性系统的破坏问题，其方法论意义在于对生态文明建设的量化评价都要以服从这一目标为根本。

从生态文明建设背景、重点、要求、目标等进行分析，构建生态文明建设量化评价指标体系所要考核的内容主要在于两方面：自然系统的生态性、与自然系统相关联的社会系统的生态性。其具体指如何通过生态文明建设实践修复了已被破坏的自然生态系统，或对尚未遭到破坏的自然生态系统的持续保护，以此形成不同空间层面上的生态环境系统；如何通过提出新的理念、制度来改变传统的生产生活方式，提升整个社会生态文明意识来实现对社会生态系统的改变。

2. 量化评价指标体系构建原则

为体现量化考核的意义，保证评价的公正性，制定量化评估指标体系必须遵循的原则主要有科学性、系统性、可行性、动态性等原则。

（1）科学性原则

科学性原则可以从宏观、微观两个层面来理解。宏观层面指的是构建生态文明建设量化评估指标体系是在对评估对象进行详细考察和具体研究的基础之上建立的，或者说我国生态文明建设量化评估指标体系不是机械照搬国际或其他国家的现成评估体系、模式、方法的。微观层面指的是指标整体设计、核心性概念量化、分级指标设置等方面的科学性。一个科学指标体系的构建必须设计一个合理的框架体系，哪些可以作为一级性指标、应包括哪些二级性指标等；无论是整体性评价指标，还是层级性评价指标，都要求必须将它明确凝练为一个核心性概念，并进行科学量化；每一个具体指标的设置，都必须是可以通过数据进行测量或计算的，否则会影响指标体系的量化程度。

（2）系统性原则

系统与孤立相对应，系统性原则在这里指的是评价生态文明建设的指标不止一个，而是多个，并且多个指标之间的关系不是孤立没有关联的，而是相互影响、相互作用的一个有机整体。根本原因在于生态文明建设所涉领域的复杂性，过分简化的数据指标极容易导致评价结果的片面性。在理论建构指标体系时，尽量把生态文明建设所涉领域进行高度整合提炼，体现指标种类的完备性、大类指标的互斥性、层级指标的包含性等特点。值得注意的是，指标体系的构建是围绕特定研究目的展开的，所以，系统指标的选取和处理，都以服务于考核目的为原则。

（3）可行性原则

可行性指的是指标的可操作性，包括获取时的难易程度和计算时的难易程度，所以在构建指标体系时应把感性思维和理性思维相结合，不能仅考虑指标的应然性，还应充分考虑指标在实践中的存在性，尽量选取能够量化的指标，以及能够进行深度学理分析的指标。选取量化指标时还应考虑指标的代表性，也就是说并不是所有容易量化的指标都应成为选择对象，而是对量化的指标进行筛选，最大限度地选择具有代表性的指标。可能有些指标难以取得完整数据，可靠的方法论依据是在进行理论分析时，自觉将所获得的数据置于更大背景或语境下。

（4）动态性原则

生态文明建设是个渐进的发展过程，在对其效果进行评价的过程中，也以渐进发展性即动态性为原则，在建设中评估，在评估中建设。那么指标体系的设计就应充分考虑各指标的运动、变化之特性，使之可以根据社会发展、评价目的等变化进行必要的增减、补充和完善。体现动态性原则的方法论意义在于如果指标太低，建设中感受不到压力而失去构建的必要性；如果指标太高，建设中难以真正实现而失去评价的激励性。所以，让量化评估指标体系保持一种动态的平衡，可以使生态文明建设成为一个充满生机活力不断提升的过程。

（二）量化评价指标体系比较分析

生态文明建设量化评价指标体系主要包括国家层面制定的规划化指标体系和学界层面制定的绩效化指标体系。前者从生态文明建设示范区需要达到的要求角度进行制定，后者从生态文明建设地区实际建设情况视角进行研究。

1. 国家生态文明建设量化评价指标体系

20世纪末，我国政府就已经开始着手研究层级化的生态文明建设量化评价指标体系，并于2007年颁布了《生态县、生态市、生态省建设指标（修订稿）》。为了完善量化评价指标体系，环保部于2013年公布了《国家生态文明建设试点示范区指标（试行）》[①]，在延续五年前生态县、市、省建设指标评估体

---

① 生态环境部：《国家生态文明建设试点示范区指标（试行）》，http：//www. mee. gov. cn/gkml/hbb/bwj/201306/t20130603_ 253114. htm，2019年9月10日。

系框架结构的基础上，制定了全国统一的量化评价标准。该标准不仅包括国家生态文明建设试点示范区的基本条件，而且包括生态经济、生态环境、生态人居、生态制度、生态文化五大类指标。

为深入践行习近平生态文明思想，贯彻落实中央加快推进生态文明建设决策部署，充分发挥生态文明建设示范市县引领作用，2019 年生态环境部修订了《国家生态文明建设示范市县建设指标》。该指标包括生态制度、生态安全、生态空间、生态经济、生态生活、生态文化六大类指标。

（1）2013 年生态文明建设试点示范区指标体系

生态文明建设试点示范区包括县（含县级市、区）、市（含地级行政区）、省三级行政区划。

①示范县基本条件和指标体系

在 2013 年颁布的生态文明试点指标中规定，成为国家级生态文明示范县试点建设必须具备生态文明建设规划、考核验收、节能减排、环境质量持续改善、严守生态红线五大基本条件。

从生态文明建设规划来讲，必须具备的条件是建立生态文明领导工作机制，制定了建设规划并已实施 4 年以上；国家与上级政府颁布的生态文明建设法律法规、政策制度都得到了有效贯彻；整个管辖区域内的良好生态氛围已形成。从考核验收来讲达到国家生态县建设标准，具体包括该县建成了国家环保模范城市、县区 50% 以上的风景区建成国家生态旅游示范区、辖区国家级工业园建成国家生态工业示范区、所辖乡镇全部获得国家级美丽乡镇命名。从节能减排来讲，不仅完成上级政府下达的任务，而且总量控制考核指标以及自然资源保护、安全监管等都应达到要求。从环境质量持续改善来看，突出环境问题得到了有效解决、近三年未发生重大环境问题、区域环境应急能力显著增强、危险废物处置已达要求、生态灾害得到有效防范、环境质量持续好转等。从生态红线来讲，严守耕地、水资源等红线，实施主体功能区建设、产业结构及技术符合国家相关政策、开展循环经济试点及推广工作、清洁生产企业全部通过审核等。

国家级生态文明示范县建设试点，不仅要满足以上五大基本条件，还应符合生态经济、生态环境、生态人居、生态制度、生态文化五大类 29 个具体指标。

从指标属性来看，五大类 29 个具体指标分为两大类——约束性指标和参考性指标，其中约束性 15 个，参考性 14 个。其中生态经济 8 个具体指标中，约束性指标（5 个）多于参考性指标（3 个）；生态环境 6 个具体指标中全部是约束性指标；生态人居 5 个具体指标中只有新建绿色建筑比例是参考性指标；生态制度 6 个具体指标中，参考性指标（4 个）多于约束性指标（2 个）；生态文化 4 个具体指标中全部是参考性指标。

从五大类具体指标构成来看，关于生态经济的资源产出增加率≥15%—≥20%、单位工业用地产值≥65—≥45 亿元/平方公里、再生资源循环利用率≥50%—≥80%、碳排放强度≤600—≤300 千克/万元、单位 GDP 能耗≤0.55—≤0.35 吨标煤/万元的 5 个具体指标分成三类区域（重点开发区、优化开发区、限制开发区）进行了细化规定；还有关于单位工业增加值新鲜水耗≤12 立方米/万元和农业灌溉水有效利用系数≥0.6，节能环保产业增加值占 GDP 比重≥6%，主要农产品中有机、绿色食品种植面积的比重≥60% 的 3 个具体指标。

生态环境 6 个具体指标，包括主要污染物排放强度（吨/平方公里）分别从 COD≤4.5、SO_2≤3.5、NH3–N≤0.5、氮氧化物≤4.0 进行了约束；受保护地占国土面积比例≥25%—≥20%、林草覆盖率≥80%—≥20%、污染土壤修复率≥80%、农业面源污染防治率≥98%、生态恢复治理率≥54%—100%。

生态人居 5 个具体指标，包括新建绿色建筑比例≥75%、农村环境综合整治率≥60%—100%、生态用地比例≥45%—≥95%、公众对环境质量的满意度≥85%、生态环保投资占财政收入比例≥15%。

生态制度 6 个具体指标，包括生态文明建设工作占党政实绩考核的比例≥22%，政府采购节能环保产品和环境标志产品所占比例、环境影响评价率及环保竣工验收通过率、环境信息公开率、党政干部参加生态文明培训比例均为100%，生态文明知识普及率≥95%。

生态文化 4 个具体指标，包括生态环境教育课时比例≥10%，规模以上企业开展环保公益活动支出占公益活动总支出的比例≥7.5%，公众节能、节水、公共交通出行的比例分别为≥95%、≥95%、≥70%，还有一个自定特色指标。

②示范市基本条件和指标体系

成为国家级生态文明示范市试点建设必须具备的基本条件框架与生态示范县相同。从五大基本条件来看，关于节能减排、环境质量持续改善、生态红线与生态县要求完全相同；关于生态文明建设规划，增加了"建立实施基于主体功能区区划和生态功能区区划，符合当地实际的生态补偿制度"一个内容；关于考核验收的具体条件"国家级风景名胜区、国家级森林公园建成国家生态旅游示范区"从 50% 调整到 45%。

与示范县试点建设指标相比，示范市建设仍需符合五大类指标，但具体指标数量从 29 个增加为 30 个，考核内容也发生了变化。

从指标属性来看，五大类 30 个具体指标仍分为两大类——约束性指标和参考性指标，其中约束性指标 16 个，参考性指标 14 个。其中生态经济 8 个具体指标中，参考性指标（5 个）多于约束性指标（3 个）；生态环境 8 个具体指标除中水回用比例是参考性指标外，其余 7 个都是约束性指标；生态人居 3 个具体指标中 2 个约束性指标、1 个参考性指标；生态制度 5 个具体指标中约束性指标 3 个、参考性指标 2 个；生态文化 6 个具体指标中参考性指标 5 个、约束性指标 1 个。

从五大类具体指标构成来看，与示范县相比，考核内容发生了以下变化。关于生态经济的资源产出增加率、单位工业用地产值、再生资源循环利用率、碳排放强度、单位工业增加值新鲜水耗 5 个指标与示范县的指标完全相同，但剔除了农业灌溉水有效利用系数、节能环保产业增加值占 GDP 比重、主要农产品中有机、绿色食品种植面积指标，增加了生态资产保持率 >1、第三产业占比 ≥60%、产业结构相似度 ≤0.30 的 3 个指标。

生态环境 8 个具体指标，与示范县相比，主要污染物排放强度、污染土壤修复率 2 个指标完全相同，但调整了 3 个指标比例，包括受保护地占国土面积比例 ≥20%—≥15%、林草覆盖率 ≥75%—≥18%、生态恢复治理率 ≥48%—100%；剔除了农业面源污染防治率指标，增加了本地物种受保护程度 ≥98%、国控、省控、市控断面水质达标比例 ≥95%、中水回用比例 ≥60% 3 个指标。

生态人居 3 个具体指标，与示范县相比，新建绿色建筑比例、公众对环境质量的满意度 2 个指标完全相同，但剔除了农村环境综合整治率、生态环保投资占财政收入比例 2 个指标，调整了生态用地比例（≥40%—≥90%）1 个指标。

生态制度 5 个具体指标，与示范县相比，生态文明建设工作占党政实绩考核的比例、政府采购节能环保产品和环境标志产品所占比例、环境影响评价率及环保竣工验收通过率、环境信息公开率 4 个指标完全相同，但剔除了党政干部参加生态文明培训比例、生态文明知识普及率 2 个指标，增加了生态环保投资占财政收入比例（≥15%）1 个指标。

生态文化 6 个具体指标，与示范县相比，生态环境教育课时比例、规模以上企业开展环保公益活动支出占公益活动总支出的比例完全相同，增加了党政干部参加生态文明培训比例（100%）、生态文明知识普及率（≥95%）2 个指

标，调整了公众节能、节水、公共交通出行的比例（≥90%、≥90%、≥70%）
1 个指标，还包括一个自定特色指标。

③示范县、市指标体系特点

通过以上示范县、市试点基本条件和指标体系的阐述和比较，可以得出
2013 年试行指标体系的特点。一是关于建设基本条件和指标框架，生态示范市
与生态示范县有多大区别，只是在层级量化指标设置构成上存在诸多不同，尤
其是生态示范市的"指标体系更加注重了对更大地理与生态空间范围内的，人
类经济开发强度控制，和人与自然关系的协调"①。二是在具体指标中，不仅对
指标属性进行了约束性、参考性划分，而且还根据重点开发区、优化开发区、
限制开发区、禁止开发区制定了具体目标要求，这不仅避免了建设目标"一刀
切"的现象，而且体现了指标体系原则性与灵活性相统一的原则。三是试点示
范区基本条件、指标体系的设置侧重的是如何从政策制定角度上推进生态文明
建设实践，所以量化性具体指标指的是生态示范区建设应该完成的指标，即规
划性指标。这些规划性指标既可以对县市生态文明建设的不良行为进行矫正，
又可以指引县市应该从哪些方面持续推进生态文明建设实践。

④示范省基本条件和指标体系

值得注意的是，环保部 2013 年颁布的《国家生态文明建设试点示范区指标
（试行）》中并没有包括生态文明建设试点示范省基本条件和指标体系，原因在
于试点示范省建设所涉范围更为广泛、省际的差异性较大，还有我国目前尚未
从省级层面上开展生态文明建设试点。

鉴于生态示范省对提升我国整体性生态文明建设的重要性，亟须在《生态
县、生态市、生态省建设指标》（2008 年修订稿）中关于"生态省建设指标"
的基础上进行先导性研究。比较现实的路径是在不断完善生态县、市等指标的
基础上，尽快制定生态省建设的指标体系，并适时推出省级层面的生态文明示
范区建设。

（2）2019 年生态文明建设示范市县建设指标

与 2013 年生态文明建设试点示范区指标相比，宏观上调整最大的主要体现
在：一是并未给出示范市县建设基本条件，也没有对示范县、市的具体指标进
行分别规定，而是在具体指标适用范围上标明适用县还是市。二是从过去的生
态经济、生态环境、生态人居、生态制度、生态文化五大类指标调整为生态制

---

① 郇庆治、李宏伟、林震：《生态文明建设十讲》，商务印书馆 2014 年版，第 232 页。

度、生态安全、生态空间、生态经济、生态生活、生态文化六大类指标。三是明确了通过示范市县需要完成的十大任务：目标责任体系与制度建设、生态环境质量改善、生态系统保护、生态环境风险防范、空间格局优化、资源节约与利用、产业循环发展、人居环境改善、生活方式绿色化、观念意识普及。四是具体指标数量从原来的 29 个或 30 个调整为 40 个，在量化指标更加细化的同时明确了指标设计要完成的任务。五是具体指标设计中约束性指标明显多于参考性指标，这是因为经过多年生态文明建设，我国已积累了丰富的建设经验，逐渐清楚了生态文明建设具体指标哪些应该硬约束，哪些应该是参考性条件。

具体地说，生态文明建设示范市县建成需要满足以下六大类 40 个具体指标：

生态制度 6 个指标中，包括生态文明建设规划制定实施、党委政府对生态文明建设重大目标任务部署情况有效开展、河长制全面实施、生态文明建设工作占党政实绩考核比例≥20%、生态环境信息公开率100%、依法开展规划环境影响评价市应达到100%、县应开展实施。

生态安全 10 个指标中，包括环境空气质量、水环境质量须完成上级规定的考核任务并保持稳定或持续改善、海岸生态修复须完成上级管控目标、生态环境状况指数分为≥35%—≥60%、林草覆盖率为≥18%—≥70%、国家重点保护野生动植物保护率≥95%、危险废物利用处置率100%，还需要建立建设用地土壤污染风险管控和修复名录制度和突发生态环境事件应急管理机制等。

生态空间 3 个指标中，自然生态空间面积不减少、性质不改变、功能不降低，自然岸线保有率与河湖岸线保护率须完成上级管控目标。

生态经济 7 个指标中，单位地区生产总值能耗与用水量须完成上级规定的目标任务并保持稳定或持续改善，碳排放强度须完成上级管控目标、应当实施强制性清洁生产企业通过审核的比例须完成年度审核计划、单位国内生产总值建设用地使用面积下降率≥4.5%，农业废弃物综合利用率≥75%—≥90%、一般工业固体废物综合利用率≥80%。

生态生活 11 个指标中，集中式饮用水水源地水质优良比例与村镇饮用水卫生合格率须 100% 合格，城镇污水处理率市≥95%、县≥85%，城镇生活垃圾无害化处理率市≥95%、县≥80%，城镇人均公园绿地面积≥15 平方米/人，农村无害化卫生厕所普及率须完成上级规定的目标任务、城镇新建绿色建筑比例≥50%、公共交通出行分担率≥50%—≥70%、政府绿色采购比例≥80%、生活废弃物综合利用须已实施等。

生态文化 3 个指标中，党政领导干部参加生态文明培训的人数比例为 100%、公众对生态文明建设的满意度和公众对生态文明建设的参与度须达到 ≥80%。

从以上阐述的生态文明建设示范市县具体量化指标中可以看出，进入新时代我国更加注重从制度上推进生态文明建设、更加强调生态安全对于国家安全的意义、更加重视从改善人民生活的角度切实改善人居环境。

2. 中国省域生态文明建设评价指标体系

随着生态文明建设成为学界研究的焦点，关于生态文明的评价研究自然也成为研究的热点之一。在学者们展开的各种生态文明量化评价指标体系中，最具代表性的是北京林业大学推出的中国省域生态文明建设评价指标体系（EC-CI）。该指标体系包括生态活力、环境质量、社会发展、协调程度四大类指标，22 个具体指标。生态活力包括 5 个具体指标：森林覆盖率、建成区绿化覆盖率、自然保护区的有效保护、湿地面积占国土面积比重、地表水体质量；环境质量包括 3 个具体指标：环境空气质量、水土流失率、农药施用强度；社会发展包括 6 个具体指标：人均 GDP、服务业比重、城镇化率、人均预期寿命、人均教育经费投入、农村改水率；协调程度包括 8 个具体指标：工业固体废物综合利用率、工业污水达标排放率、城市生活垃圾无害化率、环境污染治理投资占 GDP 比重、单位 GDP 能耗、单位 GDP 水耗、单位 GDP SO_2 排放量、农林牧渔人均总产值。

该指标体系的量化以国家发布的权威数据为依据，采取相对评价法、逐级加权求和，分别测算各省生态文明建设得分即生态文明指数（ECI），在此基础上再进行各省生态文明进步率、所属类型及其他相关性深度分析。研究成果通常以生态文明绿皮书的形式发布，目前已发布到 2016 年版。该绿皮书不仅内容全面，而且结论合理，是学界关于生态文明建设量化评价研究的标志性成果。

ECCI 的创设是建立在方法论假设基础之上的，一是生态文明政治、制度、文化、精神层面等内容最后都会通过器物和行为表现出来，对器物和行为评价的量化可以测算出一个地区的生态文明建设水平；二是对各省生态活力、环境质量、社会发展、协调程度四大指标的定量分析，反映的就是该省生态文明建设的整体水平，虽然所涉指标数据来自国家发布的权威数据，但四大指标所包含的每个具体指标的权重来自对专家咨询意见的科学处理和计算，由此可以看出，所得出的量化结果或生态文明指数实质是各省域间的相对性排序。所以，ECCI 重在比较各省的生态文明建设进展和取得的绩效。这种注重结果性评价的考核方式可以在一定程度上补充国家制定的侧重规划性评价的建设方式。

从发布的多版《中国省域生态文明建设评价报告》中可以看出，北京、广东、浙江、天津、上海、海南等省份的生态文明建设水平较高，甘肃、宁夏、山西、青海、新疆、河南等省份的生态文明建设水平较低。评价报告显示的结果基本上呈现出与各省经济社会发展水平大体相对应的排序，或者说经济社会发展水平高的省份，生态文明建设成效显著，经济社会发展水平落后的省份，因为自然生态禀赋条件较差而排名靠后。当然，并不意味着，生态文明建设水平较高的省份所有指标都是优于其他省份的，最能说明问题的典型事例则是近些年肆虐北京的雾霾天气。

ECCI 在对各省份生态文明建设成效进行量化的同时，也显示其评价研究和指标体现的一些不足和需要改进的空间：一是生态文明建设成效的偏重，在一定程度上忽视了不同省域生态文明建设上的先天差异性。比如，山西省与浙江省在森林覆盖率上的差异是很难通过后天努力发生实质性改变的。所以，按什么标准来划定评价对象、多大的评价对象范围更合适，目前还存在争议。从评价公平角度而言，能不能在把各省作为评价对象的基础上再进行细化，比如按照重点开发区、优化开发区、限制开发区或禁止开发区划分评价对象，并采用相应的评价标准。二是数据发布与评价研究之间缺乏良性互动，评价研究的基础是收集数据，但实践操作的结果可能是应纳入的评价指标缺少数据支撑，或者数据资料并不齐全，或者由于统计路径的不同而存在数据差异等，缺乏了有效可靠数据的支撑，评价结果就会大打折扣。那就需要在具体评价指标设计的过程中，把理论研究与实际研究相结合，在考虑评价指标设定的科学性的同时充分考虑指标现实可获得性。三是评价方法的不断改进。科学评价除了指标设定应更科学外，还需要评价方法设定的科学性。目前，关于生态文明建设评价采用的方法有很多，比如，从指标数量上来讲，可分为单指标评价法和复合指标评价法；从评价注重过程还是结果上，可分为过程评价法和结果评价法；从评价比对对象上来看，可分为相对评价法和绝对评价法。ECCI 采用的是复合指标评价法、结果评价法、相对评价法，为了更好反映各省份生态文明建设现状，也可以增加单指标评价法、过程评价法和绝对评价法。

以上关于"国家生态文明建设量化评价指标体系"与"中国省域生态文明建设评价指标体系"的阐述分析表明我国在生态文明建设量化评价指标体系的构建中已经取得了重要进展。尤其是2013年环保部颁布的生态文明试点示范区指标，在相当程度上终结了生态文明量化评价"各行其是"的局面；更为重要的是 2019 年生态环境部颁布的《国家生态文明建设示范市县建设指标》为基层生态文明建设的开展进行了规范性引领。

二、转型山西生态文明建设现状

山西矿产资源尤其是煤炭的储备量十分丰富，中华人民共和国成立后到 20 世纪 60 年代十多年时间里，该地区经济远远高于全国平均水平。"文化大革命"期间，山西产业发展政策受到较大影响，产业结构严重失调。改革开放之初，山西开始了能源基地建设、成为国家建设的重点地区，能源产业也成为该地区的支柱性产业；这一时期山西经济保持较高的发展速度，在全国发展格局中也处于较好的发展状态。但从 80 年代末开始，山西经济开始落后于全国平均水平，直到今天山西还是我国经济发展水平较低的省份之一。

根据《中国省域生态文明建设评价报告》，山西生态活力、环境质量、社会发展、协调程度四大类指标得分均较低，导致综合生态文明指数得分较低，比如从 2006—2010 年山西生态文明指数分别是 56.92、59.68、62.06、80.66、80.66，在全国各省域的排名分别是 31 位、29 位、29 位、25 位、24 位，从中可以看出山西生态文明建设整体水平与其经济发展水平基本呈现相对应的排序。

目前，环境问题大多是与经济建设相伴相生的。山西生态文明建设整体水平的滞后性与其独特的经济建设历程是密切相关的，笔者将通过总结山西建设历程来阐述其生态环境问题和现状。

（一）从能源基地建设到能源革命排头兵

为了发挥山西在实现现代化建设中的动力作用，改革开放之初，国家提出要把山西打造成为一个强大的能源基地，但在充分利用当地资源优势的过程中却带来严重的产业结构失衡和生态环境问题；进入 20 世纪 90 年代尤其是 21 世纪之后，在中央宏观政策指引下，山西开始全面调整产业结构和治理环境，但收效一般；随着生态文明上升为国家战略，能源革命是构建人与自然和谐共生的根本之策，山西成为全国能源革命的综合改革试点。

1. 能源基地建设

从改革开放之初到 20 世纪末，山西主要处于全国能源基地建设时期。

1978 年 3 月中共山西省委第四次代表大会工作报告决议中，正式提出要建设两个基地，其中之一就是建设自身特点的工业基地。在随后中央提出的《关于加快工业发展若干问题决议》中，强调要把燃料动力等工业发展放在重要位置，此规定给山西能源建设注入了强心剂。1979 年薄一波到山西视察，明确提出"尽快地把山西建设成为一个强大的能源（煤和电）基地，这不仅对山西而且对全国实现四个现代化有重要的意义"①。之后山西省委就向国务院报送了《关于把山西建设成为全国煤炭能源基地的报告》，经过一番系统阐述、论证调查后，1981年召开的全国人大五届四次会议提出"要把开发山西的煤炭作为重点来抓"，1982年国务院成立了专门办公室负责推进山西能源基地建设。

把山西打造成一个强大的能源基地，既是加快四个现代化建设的战略部署，又可以充分利用该地区独特的资源优势。山西具有丰富的地下资源，煤炭储备量占全国总储备量的1/3；煤田遍布大小各县，全省含煤面积占全省总面积的37%；煤质品种优良，其中主焦煤、无烟煤等储备占全国的50%左右；煤层结构简单、开采较为方便，这些特点为煤炭能源基地建设提供了极为有利的条件。煤炭产业的大力发展会为电力发展提供十分便利的客观条件，因为可以在大、小煤矿的周边建设一些发电站。新建电站不仅可以节约煤炭外运成本，而且还可以将廉价电力输送到全国各地，解决当时全国严重缺电问题。改革开放之初，各地都在增强优先发展的先机，对煤炭、电力资源有着极高的需求量，再加上国际市场对煤炭资源的需求也十分旺盛，所以当时党中央做出的把山西打造成为一个强大的能源基地战略部署是符合时代要求的。

能源基地建设虽然符合经济地域分工理论和国家产业政策的需要，但也产生了一系列问题。比如产业结构的失衡，国家强有力的产业布局政策决定并影响了山西长期产业结构的性质和特征，煤炭产业占有绝对主导地位；国家投资占基地总投资2/3，客观上指引着山西地方有限资金投资方向的也是能源产业，与国家投资趋同的方向，使该地区其他产业发展严重滞后。又如环境问题突出，在煤炭等能源大规模的挖掘、运输、加工等过程中，像煤灰、烟尘、废水、废气等有害物质大量排出，不仅对环境造成了污染，还对工人身体带来了巨大伤害；与此相伴随的是能源开采区地表塌陷严重、许多良田被毁、周边群众生活条件恶劣等问题。由于当时的环保意识并不强，虽然采取了一些措施，但环境治理效果并不明显，结果严重污染的环境大大恶化了山西的生存空间，并对以后经济发展埋下了深深隐患。

2. 产业结构调整

在20世纪90年代后，山西经济开始落后于全国平均发展水平，尤其是产业结构失衡问题越来越严重，省委和省政府高度重视并提出了结构调整等意见，

---

① 薄一波：《尽快地把山西建设成为一个强大的能源基地》，晋阳学刊1980（3），第2页。

如《关于调整产业结构的实施意见》（1996 年）、《关于培育"一增三优"发展潜力产品推进产业优化升级的实施意见》（1999 年）。这些意见的提出尽管力度有限，但还是迈出了进行产业结构调整的步伐。进入 21 世纪后，山西经济进入全面调整时期。

随着我国市场经济体制的逐步建立和完善，进入 21 世纪，国家投资改革出现了重大突破。国务院 2004 年出台的《关于投资体制改革的决定》中，在肯定以往改革成绩的同时，提出了打破计划经济体制下高度集中的投资管理模式，初步建立市场化的投资格局。之后国家发改委等部门颁布了一系列办法或意见来规范政府投资管理。在此背景下，山西开始全面调整产业结构，建设新型能源和工业基地、开展基础设施和生态环境建设、大力发展文化产业等。具体来讲：一是引导优势产业发展，加强对煤炭、焦炭、电力、冶金四个传统支柱产业项目的发展指导，在避免低水平重复建设的同时进行升级改造；二是推进新型工业基地建设，发展具有山西特色的医药、材料、农副产品加工业、旅游等产业；三是农村、交通等基础设施建设得以较快发展，尤其是农村水利建设，植树造林建设，国干、省干建设等发展迅速；四是在环保领域的投资增加、发展循环经济改造传统产业，推进产业可持续发展。

经济结构的大幅调整虽然在一定程度上刺激了山西经济的发展，但其自身优势仍在资源，要想在产业结构上进行根本性调整，承接产业转移是促进其发展转型的主要动力。21 世纪之初，我国出现了大规模的产业从东部转向中西部的趋势，尤其是外商投资的服务业和高新技术产业。随着山西各地开发区和工业园的不断涌现，招商引资、聚集产业转移效果逐渐提升，但与其他省份相比，优势并不十分明显。一是地域优势不足。因为山西与其他中部地区资源及发展状况的趋同性，再加上较小的市场规模，所以无法吸引更多的转移产业。二是配套优势不足。当时承接产业转移的，除了中西部地区，还有东部城市的周边地区。虽然中部崛起战略的提出，山西也出台了招商引资的优惠政策，但在金融支持、交通物流、配套服务等方面无法与后者相比。第三，发展环境优势不足。虽然修建了开发区、工业园等，但山西各地并没有形成产业链、物流链，导致企业运行成本增加；还有领导思想落后、管理不完善、缺乏发展高新技术产业、服务业的人才队伍等；这些软、硬环境也成为山西产业调整的制约因素。

3. 能源革命排头兵

随着生态文明建设上升为国家战略，党中央提出节约资源才是保护环境的根本之策，推动能源生产和消费革命是全面促进资源节约的重要途径。为了落实党的十八大提出的能源政策，2016 年国家发改委联合国家能源局下发了《能源生产和消费革命战略（2016—2030）》。该战略指出在全球应对气候变暖的大背景下，能源清洁低碳发展已成为大势，为了落实绿色等发展理念，需要坚决控制能源消费总量，彻底改变粗放型能源消费方式，尤其是进一步降低煤炭消费比重，大幅提高能源开发利用效率，到 2020 年基本形成比较完善的能源安全保障体系，2030 年初步构建现代能源体系，2050 年建成现代能源体系。

十九大再次重申能源生产和消费革命对推进绿色发展的重要性。能源革命也是解决突出大气问题的工作重点，在《打赢蓝天保卫战三年行动计划》中，明确提出"加快调整能源结构，构建清洁低碳高效能源体系"。2019 年中央全面深化改革委员会第八次会议上，习近平强调推动能源生产和消费革命是保障能源安全、促进人与自然和谐共生的治本之策，并通过了《关于在山西开展能源革命综合改革试点的意见》。该意见提出通过山西试点，努力在能源供给体系、清洁用能模式、能源科技创新、能源体制改革及能源对外合作等方面取得重大突破。

为贯彻中央精神，争当能源革命排头兵，山西省委专门成立了能源革命综合改革试点工作领导小组，出台了《山西能源革命综合改革试点行动方案》和《山西能源革命综合改革试点 2019—2020 年工作任务清单》，并推出了 15 项变革性、牵引性、标志性重大举措和细化了 85 项任务举措。为了扛起能源革命大任，山西于 2019 年 9 月召开了"全省能源革命综合改革试点动员部署大会"，省委书记骆惠宁在讲话中不仅强调能源革命对山西经济转型、我国能源安全的意义，而且提出通过"八个变革、一个合作"的策略，加强思想解放、组织领导等方式来实现"能源革命、牵引转型、国内示范、全球影响"战略目标。

（二）山西生态文明建设政策及现状

在经济发展与产业结构调整中，山西省制定并实施了一系列关于环境保护的地方法规和规范性文件。十八大以来，在省委省政府决策部署下，以改善全省环境质量为核心，不断强化措施，节能减排、污染防治等生态文明建设取得了良好成效。

1. 山西生态文明主要政策及成效

为了改善地方生态环境，山西制定了一些地方法规，如《山西省汾河流域水污染防治条例》（1989 年）、《山西省农业环境保护条例》（1991 年）、《山西省实施〈中华人民共和国野生动物保护法〉办法》（1992 年）、《山西省林木种子条例》（2003 年）、《山西省重点工业污染监督条例》（2007 年）、山西省减少污染物排放条例（2011年）、《关于促进农作物秸秆综合利用和禁止露天焚烧的决定》（2018年），并随着经济社会发展的需要和国家相关法律法规的调整对有些法规进行了修订。修订后的条例或办法更细、更严、更贴近实际，如在2018年修订的《山西省汾河流域水污染防治条例》中，通过建立排污许可制度、排污项目依法进行环境影响评价、增加禁排种类和方式及增加处罚额度四方面的规定，强化对汾河流域的水污染防治。制定的《关于促进农作物秸秆综合利用和禁止露天焚烧的决定》对于山西改善空气质量、打赢蓝天保卫战具有重要意义，该决定提出通过明确各级人民政府责任、建立健全区域联动机制、政府工作考核评价与奖惩机制、加强公益宣传等措施开展工作并取得成效。

在进行经济结构的调整时，省委、省政府开始把生态文明建设纳入山西经济发展规划中。"九五"计划时期，面对日益严峻的生态环境，如植被遭到严重破坏、水土流失和严重的沙漠化、大气河流的高污染现象，还有地下水位的下降，开始把生态环境建设放在重要位置来抓。在制定《关于加快全省生态环境建设的意见》（1998年）的基础上，结合实际确定了当时生态文明建设的目标，主要开展了关停"五小"活动、工业企业排污达标活动、河流污染治理、城市大气污染治理、绿化工作尤其是退耕还林工作。进入21世纪，党中央做出了在黄河中上游地区进行退耕还林试点的重大决策，山西16个县被国家列入首批退耕还林还草试点县。山西省政府在成立了退耕还林还草工作领导组后迅速展开工作，并取得了较好成效。

"十五"计划期间，在经济结构调整深入推进，煤炭行业向集团化、洁净化、新型化发展的过程中，生态环境保护得到加强。具体来讲，实施造林绿化工程，森林覆盖率达到了14%；实施了"蓝天碧水"工程，大气污染和水域污染得到了有效治理；生产中SO_2排放量、化学需氧量大大降低，多个城市的空气质量明显好转，被国家重点监测的5个城市全部退出了十大污染最严重的城市之列；积极节能减排，产品生产能耗、水耗等指标均有下降。

"十一五"计划期间，山西被确定为生态试点省，为落实并加快试点建设，编制了《生态省建设规划纲要》。该纲要以科学发展观为指导，从山西实际出发，因地制宜、统筹规划、转型发展、加强环保，实施可持续发展战略，努力建设山西；该纲要制定目的在于通过山西经济增长方式的根本转变，发展生态、循环、低碳、绿色经济，推进生态产业体系建设、资源保障体系建设、污染防控体系建设、生态人居体系建设、生态文化体系建设等来促进山西社会、经济与生态环境的协调发展，推动整个山西走生产发展、生活富裕、生态良好的文明发展道路。

"十二五"规划期间,积极推进节能减排和改造项目,继续降低生产能耗;继续加强水污染治理,全面推行河长制,实施饮用水、流域水、地下水、黑臭水、污废水"五水同治";改革重点行业,电力、钢铁、水泥等重点行业脱硫、脱硝、除尘改造任务全部完成;太化等一批重污染企业关闭搬迁、加快改造;植树造林、生态修复,右玉获批国家级生态示范县,长治、晋城荣获"国家森林城市"称号等。

2. 山西生态文明建设现状

主要依据第一节阐述的"2019 年国家生态文明建设示范市县建设指标",参考依据"中国省域生态文明建设评价指标体系",选取其中的环境空气质量、地表水水质、环保资金投入、三次产业比例、自然生态环境、森林覆盖率、水土流失率、单位 GDP 能耗及排放等多项具体指标分析十八大以来山西省生态文明建设现状及趋势。

(1) 环境空气质量

环境空气质量最能直接反映一个地区的生态文明建设情况,十八大以来,山西 11 个地级市空气质量保持较好的地区是大同,较差的地区是临汾。总体来看,全省空气质量每年达标平均天数呈现出图 6 - 2 - 1 的发展变化趋势:2013—2015 年空气质量达标状况逐年递增,2016 年与 2015 年空气质量达标状况基本持平,2017 年比 2016 年空气质量下滑明显。

(2) 地表水水质

从地表水水质来看,全省属中度污染,在每年监测的 100 个水体断面中,优良水质Ⅰ—Ⅲ类呈现出图 6 - 2 - 2 的状态和趋势:总体变化趋势不是特别明显,其中的变化主要为 2017 年、2016 年同比分别提升 8%、4%,2015 年比上一年度下降 4%。

图 6 - 2 - 1　2013—2017 年山西省
环境空气质量变化趋势

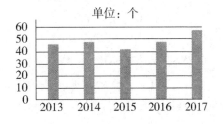

图 6 - 2 - 2　2013—2017 年山西省
地表水水质Ⅰ—Ⅲ类变化趋势

（3）环保资金投入

资金投入从一定程度上决定着项目建设情况和水平，环境保护与建设也需要投入大量资金。从 2013 年到 2017 年，山西省投入大量资金用于大气、水、土壤污染防治、农村环境综合整治，以及本省环境信息、监控、综合管理等方面的能力建设和各市、困难县（市、区）环境监察、环境监测标准化能力建设。其环保资金投入呈现图 6 - 2 - 3 变化趋势：2013—2014 年没有明显变化，2015 年比 2014 年增长 297%，2016 年同比有所下降，2017 年比 2016 年增长 242%。

（4）三次产业比例

在山西经济发展的同时，产业结构也不断优化。2013—2017 年三产比例发展变化趋势（图 6 - 2 - 4）：第一产业农业占比基本保持在 5%—6%；第二产业工业占比基本呈现逐年下降的趋势，2013—2016 年每年分别降低 4%、8%、3%，2017 年比上一年度提高了 6%；第三产业主要是服务业占比基本呈现逐年提高的趋势，2013—2016 年每年分别提高 4%、8%、3%，2017 年比上一年度降低了 5%。

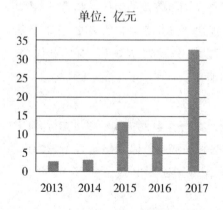

图 6 - 2 - 3　2013—2017 年山西省环保
资金投入变化趋势

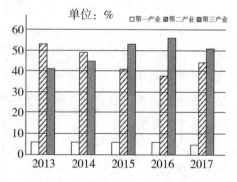

图 6 - 2 - 4　2013—2017 年三产比例
发展变化趋势

（5）自然生态环境

十八大以来，全省共建成自然保护区 46 个，其中国家级 7 个，省级 39 个。自然保护区面积达 110 万公顷，占全省国土面积的 7.4%。共有国家级生态示范区 16 个，省级生态功能保护区 2 个；国家级生态乡镇 8 个，国家级生态村 3 个；省级生态县 2 个，省级生态乡镇从 2013 年的 239 个发展到 2017 年的 257 个，增幅约 7.5%；省级生态村也从 1300 个发展到 2017 年的 1454 个，增幅约 11.8%。

（6）森林覆盖率

山西地处黄土高原，本身生态脆弱、缺林少绿，中华人民共和国成立之初时森林覆盖率占比仅有 2.4%，经过 60 年的建设，到 2010 年森林覆盖率达到 18.03%。十八大以来，山西开展了大规模的绿化活动，主要修复了吕梁山生态脆弱区、环京津冀生态屏障区等，并且每年以 400 万亩以上的速度植树造林，2016—2019 年三年累计造林 1378 万余亩，森林覆盖率达到 20.5%。

（7）水土流失率

处于黄河中游、海河上游的山西，是全国水土流失最严重的省份之一。水土流失面积 10.8 万平方公里，占总土地面积的 69%，在省委、省政府的领导下，全山西社会力量共同努力下，经过多年治理，截至 2017 年底，山西全省共治理水土流失面积 6.53 万平方公里，建成大中小型淤地坝 18161 座，水土流失治理度达到 60%，水土流失面积减少了，强度减轻了，全省生态环境有了明显改善。

（8）单位 GDP 能耗

与全国各省单位 GDP 能耗的下降同步，山西省的能耗水平也在不断下降。2013—2017 年单位 GDP 能耗分别下降 3.8%、4.18%、5.31%、3.83%、3.37%，全国排名保持在第 17 位到 25 位之间。虽然山西省的生产能耗水平仍居高不下，但值得强调的是，在整体经济结构、产业结构不理想的情况下，能够持续不断地降低单位 GDP 能耗，将为山西经济的整体转型、能源革命目标的实现奠定良好基础。

（9）单位 GDP 排放

十八大以来，全国各省对空气污染物排放都给予很大关注，单位 GDP 排放呈现不断下降趋势，山西省的减排工作也取得了较大成效。其中化学需氧量、氨氮、二氧化硫、氮氧化物四种排放物 2015 年较 2010 年分别下降了 20%、16%、22%、25%；2017 年较 2015 年分别下降了 11.99%、9.68%、10.9%、10.4%。

除以上指标外，近些年山西还在加强环境影响评级制度执行、建设项目环保"三同时"管理、排污许可证核发与管理、危险废物管理、环境监察、环保督察、环境监测、环保科技研制与开发、环保信息管理、环境宣传教育、环保队伍建设、环境对外交流与合作等方面积极开展生态文明建设，所以，尽管目前山西整体生态文明建设状况较为落后，但以现在的重视程度、建设速度、强化力度等角度进行分析，未来山西也会探索出具有自身特色的生态文明建设道路。

（三）山西生态文明建设挑战和对策

尽管山西生态文明建设已经取得了一些成效，但与浙江、江苏等东部沿海地区相比还具有较大差距，与贵州、云南等西部地区相比还存在较大差异性。详尽分析山西生态文明建设面临的现实问题和挑战，才能探索到适合自身需要的解决对策。

1. 山西生态文明建设的挑战

山西生态文明建设探索中，最大的挑战来自怎么处理好经济发展与环境保护的关系。作为全国发展较为落后的内陆省份，山西还存在生态意识、生态规划、制度建设、管理监督等方面的滞后现象。

（1）发展经济与保护环境之间的矛盾

进入新时代，社会主要矛盾已转变为人民日益增长的美好生活需要和不平衡不充分的发展之间的矛盾，平衡发展、充分发展是解决矛盾的根本途径。但山西在长期的发展中，与东部地区之间的发展差距一直比较大，还有山西发展的不充分从一定程度上也加剧了全国发展的不平衡性。比如2013—2018年山西GDP在全国31个省（自治区/直辖市，除港澳台）中排名分别位于23位、24位、26位、27位、24位、23位；人均GDP在全国31个省（自治区/直辖市，除港澳台）中排名分别位于22位、23位、24位、28位、26位、25位。从上述数据可以看出，山西GDP、人均GDP都远远落后于其他地区尤其是东部地区。减少差距、充分发展、满足山西人民的美好生活需要，山西必须以大力发展经济为前提。虽然山西不断在探索更加绿色的发展道路，但以煤炭资源为绝对优势的大省，加快经济发展，就意味着要增加要素投入、能源消耗、污染排放，给原本脆弱的生态环境带来较大的负面影响。

（2）全省生态意识薄弱与国家生态建设要求之间的矛盾

随着中央绿色政治话语体系在全国的广泛传播，生态文明建设已在各省得到了加强，山西也越来越重视环境治理和生态保护。但山西一些地方领导干部对习近平生态文明思想、中央生态文明政策的理解还不透彻，对山西进行绿水青山建设、能源革命试点改革领悟还不深，尚存在以牺牲环境利益换取经济发展的一些现象；一些能源、资源性企业环保责任意识还不强，存在违法开采、非法排污、偷排超排等现象；山西人民的生态文明理念尚未根植，生活方式还较传统，绿色消费与出行尚未成为自觉遵循的日常规则。这些表现与国家对生态文明建设的要求：加快经济发展方式的转变、企业生产方式的转变、生活消费方式的转变还存在较大差距。

（3）生态规划、制度建设、管理监督机制滞后

十九大中央制定了生态文明建设的三步走战略规划，2020 年打赢污染防治攻坚战、2035 年生态环境根本好转、2050 年美丽中国建立。山西虽也依据战略规划制定了《山西省打赢蓝天保卫战三年行动计划》，但并未做出更长远的战略安排；十八大以来，国家层面的生态文明更加侧重制度建设，即通过制度推进生态文明建设，随着中央基本制度如国土空间开发保护制度、自然资源资产产权制度、资源环境生态红线管控制度，具体制度如资源有偿使用制度、排污权交易制度、环境保护责任追究制度等建立和健全，山西在部署落实上较为滞后；中央在加强生态治理中，为解决多头治理、相互推诿等现象，成立了生态环境部"大部制"，现已基本完成部门的整合和融合，但山西相应的整合改革还较为缓慢；还有环境行政执法难以到位、环境司法监督较为缺乏，环境维权难以推进。

2. 山西生态文明建设的对策

探寻适合山西的生态文明建设对策，最为关键的是做好山西经济建设的转型和升级。当前中央在山西进行的能源改革试点，是山西转型升级的重大契机。谨慎思考、动员全省力量、做好顶层设计、领会中央精神、加强制度建设和宣传教育，才能取得生态文明建设的更好成效。

（1）做好能源革命改革试点

作为资源大省的山西，应该充分抓住，并利用好中央在该地区进行能源革命综合改革试点的战略机遇，真正探索出一条既能发挥地区优势，又能实现转型发展的独特路径。为当好能源革命排头兵，需要从以下方面下功夫：一是做好山西能源革命的顶层设计，全省"一盘棋"，坚决抵制一哄而上的低水平重复建设；二是根据山西能源建设历史和现状，研究山西能源发展规律，依据规律制订具体的改革措施；三是在打造现代能源系统和构建现代能源治理体系的基础上，促进能源高质量发展；四是通过逐渐降低生产能耗、淘汰"三高"能源产业、加强生态修复等带动山西绿色发展；五是坚持能源革命与政治体制改革相结合，打造一支高素质的能源革命队伍。

（2）领会精神做好规划

地方领导干部的生态意识觉悟、水平直接决定着当地生态文明建设的进度

和水平。山西生态文明建设整体成效落后虽有地域、资源等客观因素，但也有领导干部主观因素的影响。表现为虽然有些领导干部学习了新时代习近平生态文明思想，但并没有领会其精神内涵；或者虽然有些党员干部对中央生态环境部署也进行了学习和领会，但并没有根据中央部署，结合地方实践，深度思考在本地怎么开展和落实。习近平生态文明思想是全国生态文明建设实践的指导思想，不仅要学，而且要学透，怎么才能吃透呢？地方领导干部可以邀请中央习近平思想研究专家进行深度解读，也可以组织与生态文明建设相关联的党员干部进行集体学习，边学习边讨论，结合自己了解的建设实际、提出建设困境，群策解决思路和途径，结合中央生态文明建设规划和部署，制定山西省的生态文明建设蓝图，各地市再根据省规划制定建设目和时间规划路线图。按照规划和部署，美丽山西建设目标也会逐渐实现。

（3）加强制度建设和宣传教育

国家各方面建设能力和水平的提高根本上依靠的是制度。十八大以来，随着中央生态文明制度建设的加强，山西也应该尽快制定相应制度。相关制度的制定绝不是把中央制度冠以山西名称即可，而是由负责制定制度的相关部门做到吃透"两头"：一头是吃透中央制度精神实质和制定根本目的，一头是吃透山西地方生态文明建设实践。山西国土空间开发制度、生态红线划定制度等的落实都需要根据地方实践因地制宜地进行，这样既能够保障制度切实有效落实，又能为全国国土空间开发、生态红线保护做出山西贡献。除此之外，还应尽快落实生态监察巡视、生态绩效考核、生态损害追责等制度。提高山西生态文明建设效果，还需要加强生态文明教育，增强人民生态意识、提升生态参与素质和能力，让山西人民群众积极参与到生态文明建设实践中。

三、生态系统视角下的山西农业生态安全评价

改革开放以来，经济高速发展伴随着人口迅速发展，粮食需求不断增大，为了维持经济发展以及维护社会稳定，引入农药及过度开垦土地现象频发，农业生态系统遭到前所未有的破坏。虽然短期内保持了经济的迅速发展和粮食供需平衡，但由此引发了水土流失、农药化肥过度使用、农业污染等多种问题，从长远看，以破坏农业生态安全为代价以维持经济社会稳定的方式是不可取的。据国土资源部相关数据可知，截至 2015 年，我国有 386.3 万 hm^2 耕地受到中、重度污染，农业生产及农业可持续发展饱受威胁，而农业生态安全一直是农业可持续发展的核心和基础，与此同时，由于经济不断发展，我国人口、资源、环境矛盾日益突出，农业生态安全建设及发展模式也备受关注，而科学评价农业生态安全能够为正确选择农业发展模式提供理论依据，且为其他农业发展典型区域的生态安全动态研究提供借鉴。

近年来，农业生态问题一直是各相关领域学者研究的重中之重。从农业生态安全评价现有文献来看，多数学者集中于分析农业生态安全指数、指标体系、障碍因子、对策建议等，如邓楚雄、谢炳庚①等认为上海市农业生态安全指数总体上呈波浪式交替增减，其中，农业经济社会发展指数较快，农业环境安全指数发展较慢；刘畅、方长明②运用 P－S－R 模型确定农业生态安全的评价指标体系；王军、何玲③等认为河北省农业生态安全障碍因子为农药使用强度、单位农业产值消耗、化肥使用强度 3 方面；赵宏博④等以河南省为研究区，分析其研究现状、并提出了要健全我国生态农业保障制度等 5 条相对性建议。总体来看，各学者从多方面分析了农业生态安全，但缺少等级分区划分研究，而等级分区是农业生态安全空间差异的直观体现，它不仅能展示农业生态安全现状，同时也能表明研究区内部差异。

生态—经济—社会系统理论又被称为"生态系统理论"，是生态系统、经济系统、社会系统的总称，多被用于评价类指标选取问题研究当中。2007 年山西省被国家环保局批准为生态省建设试点，2015 年农业生产科技贡献率达 60%，是我国重要的生态农业基地，研究其农业生态安全状况具有典型性与代表性，但分析山西省农业生态安全的文章极少，仅有的文章是以山西省农业生态安全为研究背景分析其土地流转概况，并未定量地分析其农业生态安全，基于此，笔者选取山西省为研究区，分别从生态系统、经济系统、社会系统 3 方面选取 12 个指标，以离差最大化法确定权重，计算生态农业安全指数，在此基础上，分析其农业生态安全空间分区，并有针对性地提出减少生态压力并提高农业生态建设能力的相应对策，以期为山西省在提高农业生态安全度的工作中提供借鉴。

---

①　邓楚雄、谢炳庚、吴永兴等：《上海都市农业生态安全定量综合评价》，地理研究 2011（4），第 645—654 页。

②　刘畅、方长明：《上海市南汇东滩滩涂围垦区农业生态安全评价》，生态科学 2014（3），553—558 页。

③　王军、何玲、董谦等：《河北省农业生态安全障碍度评价与对策研究》，农业现代化研究 2010（1），第 81—85 页。

④　赵宏博：《河南省生态农业发展现状与对策研究》，河南农业大学 2014 年硕士论文。

（一）研究区概况及研究方法

1. 研究区概况

山西东依太行山，西、南依吕梁山、黄河，北依长城，北纬 34°34′—40° 44′，东经 110°14′—114°33′，与河北、河南、陕西等地接壤，属温带大陆性季风气候，夏季雨水集中，冬季寒冷干燥，地势东北高西南低，是典型的山地高原区。山西共辖 11 个地级市，分别为太原市、大同市、朔州市、忻州市、阳泉市、吕梁市、晋中市、长治市、晋城市、临汾市、运城市。2015 年山西耕地面积为 480.3 万 hm^2，粮食产量为 1259.6 万吨，农业人口为 1648 万人。近年来，山西农业生态安全问题突出，农业面源污染问题逐渐显现，农膜回收率不足 1/ 3，畜禽粪类有效处理率不到一半，与此同时，煤炭开采给农业生态环境带来严重破坏，虽然山西通过植树造林、农田水利建设等提高了其农业生态安全，并取得了显著成效，但其农业生态安全问题依旧相对严重，因此，研究其农业生态安全状况具有一定区域代表性及典型性。

2. 研究方法与指标体系选择

（1）离差最大化法

在多种属性决策中，有多种效益方案，而效益评估是对比 n 种指标和方案，并依据其大小选择最大效益指标。当每种提案不一样时，对比同一指标，其差别之处能够决定整个提案。如果某一属性 r 对所有的方案而言没差别，则表明该属性对提案决策和排序不起作用，则其权系数为 0；反之，应赋予其较大系数。因此，从方案排序的角度来思考，差异较大的指标赋予较大权重。离差最大化法以各提案下的最终值的距离来建立提案的求解模型，以便求出各单一评价方案的权重。离差最大化法的优势在其能够客观地评价各属性值，假设 n 个方案的 m 个评价指标的初始数据矩阵为 $X = \{x_{ji}\}\ n \times m$，各指标的权重计算式为

$$W_i = \frac{\sum\limits_{j=1}^{m}\sum\limits_{k=1}^{m}\left|x_{j,i} - x_{k,i}\right|}{\sum\limits_{i=1}^{m}\sum\limits_{j=1}^{m}\sum\limits_{k=1}^{m}\left|x_{j,i} - x_{k,i}\right|} \tag{1}$$

式（1）中，$x_{j,i}$ 标志第 j 个评估对象标准化后的第 i 个指标值。

利用离差最大化计算出来的指标和标准化后的数值进行累乘相加，得出生态安全农业指数，计算公式为

$$S = W_i * x_{j,i} \tag{2}$$

式（2）中，W_i 为指标权重，$x_{j,i}$ 为标准化后的指标值，S 为农业生态安全指数。

（2）指标体系

生态—经济—社会理论系统是综合性系统，参考赵宏博等学者文献，并遵循代表性、科学性、整体性等原则，笔者从生态系统、经济系统、社会系统3方面选取12项单项指标以组成生态农业发展水平评价指标体系（表6-3-1），将其分为目标层、准则层和指标层，目标层是以生态安全综合指数为总目标，以此来表示山西生态安全的总发展态势。准则层分别是生态、经济、社会系统，主要是其农业生态安全可持续发展能力，因此，必须充分考虑其生态、经济、社会系统发展规律。指标层则是根据数据的可获性及可度量性构成，是最基本的评价指标，生态系统的指标层包括农药施用强度、水土流失治理率、化肥施用强度、受灾面积4个指标，主要表示农业生产的生态概况；经济系统的指标包括农业占GDP的比重、农民人均纯收入、农业总产值及粮食产量4个指标，主要表示农业生产的经济状况；社会系统只要包括人口自然增长率、每十万人初中教育人口数及非农业人口比重和农业机械总动力4个指标进行分析，主要涉及农业发展中社会指标的贡献率。

表6-3-1　农业生态安全评价指标选取

目标层	准则层	权重	指标层
农业生态安全评价综合指标体系（A）	生态系统（B_1）	0.3329	农药施用强度（C_1）
			水土流失治理率（C_2）
			化肥施用强度（C_3）
			受灾面积（C_4）
	经济系统（B_2）	0.3546	农业占GDP的比重（C_5）
			农民人均纯收入（C_6）
			农业总产值（C_7）
			粮食产量（C_8）
	社会系统（B_3）	0.3125	人口自然增长率（C_9）
			每十万人初中教育人口数（C_{10}）
			非农业人口比重（C_{11}）
			农业机械总动力（C_{12}）

（二）结果与分析

1. 山西农业生态安全评价

由图 6 - 3 - 1 可以看出，2007—2016 年山西农业生态安全综合指数呈现波折上升的趋势，其间部分阶段有短暂下降过程，整体变化区间为 0.30—0.75，山西农业生态安全状况整体表现出良好发展态势。从生态系统指数值变化过程来看，经历了缓慢上升的过程，其间 2009—2010 年及 2013—2014 年存在下降的过程。进入 21 世纪初期，在山西社会经济高速发展的背景下，农民对农业生态效益重视程度不够，大量侵占林业用地开垦农田，农田过度利用，不利于农业的可持续发展，同时山西农业生态发展初期基础较为薄弱，之后随着国家、地方政府相关政策的出台以及农户农业生态意识的提高，例如 2005 年实施的《山西省生态省建设标准》《山西省全面建设小康社会纲要》等，该类政策的实施促进了山西省农业安全水平的上升，生态系统指数值后期逐渐升高。从经济系统指数值变化过程来看，经历了 2007—2008 年下降，2008—2016 年不断上升的过程，后期变化趋于缓和。随着工业化及新型城镇化的不断推进，山西经济得到不断发展，在此过程中，对农业发展也有一定的积极影响，促进山西农业经济的不断增长。从社会系统指数值变化过程来看，经历了不断下降的过程，变化区间为 0.3—0.0。山西农业生态社会系统指数值不断下降的主要原因是近年来山西人口的不断迁出及出生率的不断下降，与此同时，大量农业从业人员从农村进入城市务工，第一产业从业人员不断减少，农业现代化、产业化及规模化不断发展，农业生态安全社会系统指数值不断降低。

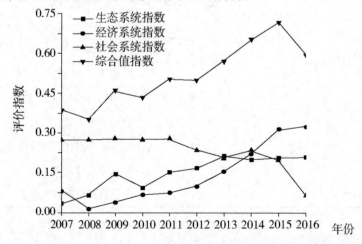

图 6 - 3 - 1　2007—2016 年山西省农业生态安全指数动态变化

2. 山西农业生态安全分区评价

根据前述农业生态安全评价方法，结合 2016 年山西各市农业发展特点计算山西各市农业生态安全指数，包括生态系统指数、经济系统指数、社会系统指数及综合值指数（表6-3-2）。由表6-3-2可知，山西各市农业生态安全综合指数均处于较高水平，其中经济系统指数值较生态系统指数及社会系统指数高，与山西整体生态安全评价结果相符。从生态系统指数评价结果中可以看出，山西生态安全系统指数整体差异性较小，其中晋中及运城两市评价值较高，生态系统评价值均高于0.2，其森林覆盖率及有效灌溉率水平较大，其他城市生态安全评价系统指数值均较低。从经济系统指数评价结果中可以看出，山西各地市经济系统指数值均处于 0.2—0.3，其中晋城及朔州市评价结果较高，均高于0.3，该两市近年来农业总产值及农民人均纯收入均处于山西农业发展较高水平。从社会系统指数评价结果中可以看出，山西各地市社会系统指数值相差较大，其中太原市评价结果较高，高于0.2，太原市作为山西省会城市，其城镇化水平及社会经济发展状况均居于全省首位，非农人口比重较大，人口自然增长率也较高，故社会系统评价结果较高。

表6-3-2　2016年山西省11个地市农业生态安全评价结果

地级市	生态系统指数	经济系统指数	社会系统指数	综合值指数
太原	0.1610	0.2045	0.2060	0.5715
大同	0.1458	0.2933	0.1731	0.6122
阳泉	0.1640	0.2456	0.1517	0.5613
长治	0.1938	0.2991	0.1568	0.6497
晋城	0.1712	0.3113	0.1557	0.6382
朔州	0.1587	0.3028	0.1896	0.6511
晋中	0.2047	0.2944	0.1870	0.6861
运城	0.2449	0.2443	0.1634	0.6526
忻州	0.1618	0.2814	0.1647	0.6079
临汾	0.1837	0.2755	0.1718	0.6310
吕梁	0.1597	0.2701	0.1639	0.5937

因山西各市农业生产自然社会经济的差异，无法用相对一致的评价标准去显示，参考相关文献分类标准，并根据山西各市农业生态安全指数综合值排序

特点及山西农业发展的区域特性对各市农业生态安全状况进行分级，共划分为4个等级，即不安全级、较不安全级、较安全级及安全级。不安全级：$S \leqslant 0.59$，农业生态系统恢复能力差，资源无法有效利用，生态环境遭受破坏，结构不完整，功能损耗较严重，产出持续能力较低，农业生态安全发展得不到保障。较不安全级：$0.59 < S \leqslant 0.63$，农业产出持续能力相对较低，能持续利用资源较少，生态环境破坏明显，系统结构及功能发生变化，只能维持基本功能，系统恢复能力较弱，只足以保障较低的农业发展。较安全级：$0.61 < S \leqslant 0.65$，农业产出持续性较好，资源供应状态相对较好，系统结构尚完整，功能尚好，系统恢复能力较强，农业保障体系基本形成，但不完善。安全级：$S > 0.65$，农业产出持续性非常好，资源得以持续利用，且生态系统结构相对完整，农业生态系统恢复能力强，农业发展保障体系好。

（1）不安全级

山西农业生态不安全级地市分别为吕梁市、太原市和阳泉市。其农业生态安全综合评价结果分别为 0.5937、0.5715 和 0.5613。太原市作为山西省会城市，其人口基数较大，同时土地承载压力也相应增大，土地安全风险加剧，太原市近年来对土地资源经济系统投入过大，进一步导致农业生态安全性降低。阳泉市由于其自身耕地面积严重不足，耕地负荷过重，导致农业生态系统较为脆弱，安全性较低。吕梁市人均拥有耕地面积较低且土地质量较差，其农业生态系统指数值处全省较低水平，生态系统脆弱，故农业生态安全性较低。

（2）较不安全级

山西农业生态较不安全级地市为大同市、忻州市及临汾市。其农业生态安全综合评价结果分别为 0.6122、0.6079 及 0.6310。大同市经济发展水平处于全省前列，主要依赖于工业发展，对农业安全危害较大，土地质量较差。同时，大同市属于农牧交错带且拥有较多旅游景观，发展农业较不适合，故农业生态较不安全。忻州市土地资源条件良好，但由于其经济发展水平较低，故农业发展水平还有待进一步提升。临汾市矿产资源丰富，工业污染较为严重，其农业生态安全受此影响处于较不安全状况。

（3）较安全级

山西农业生态较安全级地市为朔州市、长治市及晋城市。其农业生态安全综合评价结果分别为 0.6511、0.6497 及 0.6382。朔州市土地资源禀赋较好，农业发展水平较高，土地受污染程度较低，故其农业生态较为安全。长治市位于山西东南地区，与外省接壤，其经济发展水平较高，故对环境治理投资力度较大，农业生态较为安全。晋城市自然资源禀赋较好，土地质量较高，农业基础设施建设水平也较高，故农业生态较为安全。

(4) 安全级

山西农业生态安全级地市为晋中市和运城市。其农业生态安全综合评价结果分别为 0.6861 和 0.6526。晋中市土地较少受到污染，农业附属设施完备，同时人均耕地面积和产出均较高，故农业生态安全风险性极低。运城市煤矿产业较不发展，土地受到污染程度较低，同时该地区土地经济投入力度较大，导致运城市农业生态安全性较高。

(三) 结论与建议

1. 结论

笔者基于生态—经济—社会系统理论视角下，构建农业生态安全评价指标体系，结合相关数学模型与方法对山西农业生态安全状况进行评价，并对山西11 个地市安全等级进行划分。

2007—2016 年山西农业生态安全综合指数呈现波折上升的过程，其间出现短暂下降过程。其中生态系统及经济系统指数值均呈现不断上升的过程，而社会系统指数值表现出不断下降，后期下降趋势减缓。

山西各区域的农业生态安全综合指数较高，其中，经济系统指数最高。在对各市进行等级分区划分后，得出吕梁市、太原市和阳泉市为不安全级；大同市、忻州市及临汾市为较不安全级；朔州市、长治市及晋城市为较安全级；晋中市和运城市为安全级。

2. 建议

针对不安全级别的吕梁、太原、阳泉市应该控制人口增长，构建绿色农业，提高农业生态安全。上述 3 市共同的特点是人口基数大，粮食需求较高，农业生产压力使得各地区大量投入农药化肥，农业用地质量下降，降低了农业生态安全性，因此，只有控制人口增长，降低化肥和农药使用量，推行清洁能源，加速农业机械研究，以高环保、高效率提高农业生态安全。

针对较不安全级别的大同、临汾、忻州应该实施生态补偿政策，提高农业生态安全度。上述 3 市传统工业发展较快，工业所排出的污水废水较多，造成生态环境质量下降，间接地降低了农业生态环境，针对此典型区域，应该实行生态补偿政策，如按照"谁污染、谁补偿"的原则，使工业发展所带来的灾害不影响农业的发展，从而提高大同市等地的农业生态质量。

针对较安全级别的朔州市、长治市及晋城市应在继续维持其良好土地质量的前提下加大农业基础设施投入，以期向科技农业模式转变。上述 3 市农业资源丰富，农业用地受污染程度低，但从农业可持续发展角度来看，应该加大农业基础设施的投入，以现有资源为依托发展科技农业。

针对安全级别的晋中市和运城市应该通过吸引外资，学习其他地区创新农业模式，为山西农业生态发展提供持续发展模式。上述 2 市是山西农业生态安全性较好的地区，因此，在把握地区农业特色的同时，应该积极吸引外资，并定期向其他省份学习新的农业生态模式，探索属于山西的农业生态安全发展模式。

四、协同推进右玉生态文明示范区建设

右玉位于山西西北边陲，隶属朔州地区管辖。从秦开始设县至唐，经过明洪武置定边卫，后清雍正定置右玉县至今，是个历史悠久的边塞小城。它北临内蒙古，东接大同，是通往塞外的交通要道。2000 年国家环保部依据《全国生态示范区建设规划纲要（1996—2050 年)》，对在生态示范区建设过程中工作成绩突出的单位开始命名和表彰，山西右玉成为第四批国家级生态示范区的县级单位。

（一）生态县的建设机理

我国新时代的生态文明建设从两方面持续推进：一方面通过加快生态文明体制改革，为其提供制度性保障；另一方面通过生态示范区、主体功能区及国家公园的多层级、整体性建设不断将国家生态治理推向深入。生态县是生态文明建设的基本载体和基层方式，对于市域、省域、跨省及国家经济与生态的良性循环和协调发展具有典型的示范意义。提升生态县的现代化治理水平，探索长效性的建设路径，就成为推进国家治理体系和治理能力现代化的基本内容。

随着现代化进程的不断推进，生态环境问题凸显，在借鉴其他国家经验和总结自身发展实践的基础上，我国于 20 世纪 90 年代中期，开展了生态县建设。其目的在于积极探索一条"生产发展、生活富裕、生态良好"的有效发展路径，这种探索是随着生态县建设政策的逐步完善而形成的。

1. 生态县建设的政策背景

生态县建设的探索随着我国生态环境政策的推演，经历了三个阶段。

（1）初步提出阶段

20 世纪六七十年代，西方国家工业化过程中的生态破坏和环境污染问题不断显现，为了促使各国政府关注这一问题，联合国于 1972 年在斯德哥尔摩召开

了第一次人类环境会议。会议后，我国开始以国际性视野关注现代化建设与生态环境之间的关系。为了全面审视斯德哥尔摩会议成果在各国贯彻落实的实际成效，联合国于1992年在里约热内卢召开了环境与发展大会，会议通过了全球可持续发展战略的《21世纪议程》。会后，各国根据本国国情，纷纷制定了落实可持续发展战略议程，我国于1994年发布了实施这一战略的《中国21世纪人口、环境与发展白皮书》。

在积极落实白皮书，进一步探索经济发展与环境保护相协调的过程中，国家环境保护局于1995年制定了《全国生态示范区建设规划纲要（1996—2050年)》。纲要除对生态示范区建设意义等进行原则性规定外，还对战略目标、具体推进进行了详尽安排。生态示范区大体包括生态省、市、县、乡镇、村及工业园六个层级，其中生态县建设具有承上启下的重要意义。1995年绍兴县、磐安县和临安县被国家环境保护局列为首批国家级建设试点，从此开启了全国生态县建设的序幕。

（2）重点推广阶段

2002年举行的十六大在阐述全面建设小康社会的奋斗目标时，明确指出"生态环境、自然资源和经济社会发展的矛盾日益突出"，解决这一突出问题，需要不断创新、深化改革、开拓新的发展途径。会议倡导的发展新思路既是对可持续发展战略的升级，又是2004年"科学发展观"提出的基础。科学发展观的提出，表明党已经深刻认识到以高污染高消耗的传统方式追求的现代化是非科学和非持续的，需要在发展中辩证处理经济建设与环境保护的关系，需要探索一条更为科学合理的发展道路。

在探索科学发展路径中，规范并进一步发展生态示范区建设就具有更为重要的现实意义。国家环境保护总局于2003年发布了《生态县、生态市、生态省建设指标（试行）》，文件首先规定了生态县建设指标，其中不仅明确了生态县含义、基本建设条件，而且制定了包括经济发展、环境保护和社会进步三大考核内容的36项建设指标。指标的构建不仅为之前的生态县（试点）探索性建设提供了较为科学的考量标准，更为重要的是为这一探索加强了顶层设计，减少了摸索性。自此，生态县建设在重点省域、较大范围推广。

（3）普遍推广阶段

十八大把"建设生态文明"放在"关系人民福祉、关乎民族未来的长远大计"的新视野下进行阐释，说明生态环境就像基本物质对满足人民生活的重要性一样，具有不可被剥夺的特性，任何与之相违的破坏性生产和行为，都是应该改正和消除的；还有在"发展"意识裹挟下的经济增长，虽带给我国世界经济总体规模第二的荣耀，但由此遭受的自然资源和生态环境的压力将直接影响民族的存续发展。反思数十年的传统现代化道路，造就的是物质财富聚集的超大规模城市和城市群，超负荷的活动使这些地区承受着巨大的生态压力，与此相对的是具有生态天赋或潜力的地区在很大程度上被淡化。为了解决区域、城乡等非均衡发展问题，逐渐形成生态保护的空间格局，国家提出了"优化国土空间开发"战略。

围绕优化国土空间开发格局的战略部署，促进绿色发展方式和生活方式的形成，在03指标的基础上，经过多次修订完善后，环境保护部于2016年发布了《国家生态文明建设示范县、市指标（试行）》。文件为生态县设置了生态空间、生态经济、生态环境、生态生活、生态制度、生态文化六大考核内容的38项建设指标，16指标较03指标而言，不仅反映了建设的综合性，更突出了"生态"的核心性，为生态县建设的普遍推广提供了科学依据和参考指标。

2. 生态县长效运作模式

十九大在专篇论述建设社会主义生态文明时，强调了"加快生态文明体制改革"的重要性，不仅提出加强建设的组织领导和总体设计，还提出积极利用市场手段推进绿色发展。生态县的建设也应该在加强党的领导下，充分发挥政府和市场两种机制的作用。

通过梳理我国生态环境政策及生态县建设的渐进探索，笔者尝试从理论上建构促进生态县长效运作模式（图6-4-1）。模式围绕我国正在探索的"三生"共赢（生产发展、生活富裕、生态良好）的绿色发展路径而展开；党的领导既是生态建设顶层设计的规划者，也是协调各方凝聚力量的统领者，直接关系到建设的成效和延续；建设过程的运行需要充分发挥政府和市场两种调节机制，两种手段的相互配合、优劣互补，在完成现代化的过程中建设美丽中国，在建设美丽中国的过程中完成现代化；产业发展是现代化的支撑，特色产业尤其是绿色产业和现代服务就成为绿色现代化的有效支撑；建设目标的规划、建设战略的制定和建设路径的选择都是建设文化的体现，或者说文化是建设的智力基础和精神支撑。通过理论建构的模式分析研究山西右玉生态示范县的建设成效、成功经验，并发现建设中存在的问题，探寻解决性的对策是本书研究的目的。

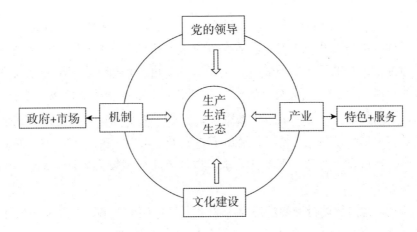

图6-4-1　生态县长效运作模式

(二) 右玉县生态建设实践探索成效

1. 生态建设的探索

右玉的生态建设之路可以追溯至中华人民共和国成立之初，但因为受地理环境、地域条件等因素制约，大大影响了其建设速度。一是生态环境恶劣。"右玉县地处亚欧大陆腹地的高原地带，是典型的干旱、半干旱黄土高原丘陵区，土地贫瘠，土壤条件差，结构松散、干旱，很容易被风蚀和吹扬，水土流失较为严重。"① 中华人民共和国成立之初群众传唱的当地民谣就是最真实的写照："一年一场风，从春刮到冬，黑夜土堵门，白天点油灯。""风起黄沙扬，雨落洪成灾。立夏不起风，起风活埋人。"二是生产能力差。恶劣的自然条件，再加上受地理位置所限，右玉长期以来没有形成良好的植被系统，植被的多样性及存活性一直处于较低水平，导致群众长期以来的生活条件相当艰苦："山岭和尚头，十年九不收；男人走口外，女人挖苦菜。""春种一坡，秋收一瓮；除去籽种，吃上一顿。"三是交通闭塞。右玉虽是连接关内与塞外的交通要道，但因为四面环山，很长时间以来沿用的都是清朝中期山西、陕西等地群众走西口趟出来的土路，交通十分不便利，不仅限制了与外界的交流，还失去了更多发展的机会。

虽然受到诸多条件的限制，但右玉的生态建设之路从未中断过。其大致可

---

① 杨锋梅、曹明明、邢兰芹：《生态脆弱区旅游景观格局研究及案例分析——以山西右玉县为例》，西北大学学报（自然科学版）2012（3），第495页。

以分为四个时期：

第一，为生存进行的探索（20 世纪 40 年代末—60 年代末）。面对恶劣的生存条件，中华人民共和国成立前夕到右玉上任的第一任县委书记经过多月的实地考察，提出了"要想风沙住，就得多栽树"的理念，从此拉开了绿化右玉的序幕；50 年代当地政府针对实际提出了"哪里能栽哪里栽，先让局部绿起来"的思路，经过年复一年的苦干，实现了局部绿起来的愿望；进入 60 年代后，根据绿化的实际情况，提出了"哪里有风哪里栽，要把风沙锁起来"的思想，经过多年苦战，黄沙洼、杀虎口、老虎坪等较大风口沙丘，全部得到控制。

第二，为脱贫进行的初步建设（20 世纪 70 年代初—90 年代末）。我国于 1972 年参加第一次世界环境大会后，开始关注经济建设与环境保护的关系。右玉县政府在响应国家号召的过程中于 70—80 年代提出了"种草种树与农田建设、发展畜牧"相结合的思路，在绿化的过程中解决当地群众生活贫困问题；90 年代，政府提出"上规划、调结构、抓改造、重科技、严管护、创效益"的林业发展方针，在实现绿化达标的基础上注重经济效益的提高，这一时期全国沙棘工作会议在右玉召开，右玉被确定为全国十一个沙棘资源建设示范县之一。

第三，为品牌进行的规模建设（21 世纪初—2011 年）。为响应国家提出的探索科学合理的发展道路，右玉县政府在"移民并村撤乡，退耕还林还草还牧，种植业结构调整"三大战略的基础上，提出打造新型煤电能源、绿色生态畜牧及特色生态旅游"三大"品牌，为右玉的脱贫致富及长远建设开创了良好的规模化道路。

第四，为富裕进行的示范建设（2012 年—至今）。在国家大力推进生态文明建设的过程中，右玉县政府在"生态建设产业化、产业发展生态化"的基础上，提出以弘扬"右玉精神"为主旋律，全面打造"生态右玉、西口新城"的形象，成为践行"绿水青山就是金山银山"的国家级示范区。

2. 生态建设的成效

经过 70 年的探索，右玉早已摘除了曾被国际环境专家列为人类最不宜生存地区之一的帽子，创造了把一个风沙肆虐的"不毛之地"变成生态良好的"塞上绿洲"的奇迹。中华人民共和国成立之初，土地沙化面积高达 76%，现在 90% 以上的沙化土地得到了有效治理；森林覆盖率从最初的不足 0.3% 发展到了 54%，大大高出全国平均水平。在不断改善生存条件的过程中，右玉结合当地优势，探索出了特色畜牧养殖、特色杂粮生产、清洁能源工业、绿色生产旅游等发展路径。在近些年的脱贫攻坚中，逐渐探索出了种养、旅游、光伏、电商及金融等产业扶贫路径，在提升地方 GDP 的同时，逐渐增加了当地居民的可支配收入。仅以 2017 年为例，全县全年 GDP 同比增长 9.1%，居民人均可支配收入同比增长 8.6%。该县在接受了国务院第三方评估检查后，已于 2018 年完全脱贫。

（三）右玉县生态长效建设优势

70 年生态建设之路的探索，右玉不仅取得了显著效果，而且积累了丰富经验。

1. 党员干部的科学领导

为了生存，为了致富，右玉 20 任县委书记和县长一张蓝图绘到底，坚持带领当地群众种树种草，持续探索科学建设之路，不仅为干旱半干旱地区减少沙漠化寻找到了一条切实可行的道路，而且为如何解决人与自然和谐共生提供了宝贵经验。

右玉党员干部逐渐形成了建设的正确理念、制定了合理的规划、采取了科学有效的方法和充分依靠了当地群众的力量。右玉最初的探索就体现出对大自然掠夺成性行为的强烈批判，始终秉承认识自然、尊重自然、改变自然的理念，逐渐探索出符合当地实际的"要生存，先绿化；边生态，边发展"的建设之路。多年的建设，党员干部始终保持清醒头脑、统筹兼顾、合理规划，根据形势、实事求是，采用不同的建设策略："绿局部—控风沙—补窟窿—促农副—创效益—调结构—打品牌"（20 世纪 50 年代末至今）。面对"风起黄沙扬，雨落洪成灾"的恶劣条件，党员干部决定采取"锁风沙—治洪水"的统筹治理办法，在植树造林的过程中开发治理了马营河、苍头河等，昔日的灾河如今两岸植被郁郁葱葱，已经形成了北方黄土高原独特的田园景观。多年来，右玉探索出了一套因地制宜的科学合理并行之有效的营林思路"林草间作、林粮间作、乔灌混交、针阔结合"，营林措施"元宝坑压条"，营林方法"穿鞋、戴帽、扎腰带、贴封条、铺毯子"[①]。右玉的党员干部认识到了群众参与的重要性，采用宣传、组织、动员等方式来调动群众的积极性，让群众充分参与到建设—管理—受益的全过程。正是因为调动了群众的力量，右玉的生态建设才能持久地在更

---

① 右玉干部学院编著：《干部党性修养案例读本——右玉精神的时代价值》，中共中央党校出版社 2018 年版，第 46—47 页。

大范围开展，也才能取得如此有效的成果。

2. 生态产业的经济支撑

产业是地方财政的支撑和当地百姓收入的主要来源。右玉在最初的为生存进行的摸索性建设中，依据当地环境，形成了半农半牧的产业布局。作为全国小杂粮生产基地，具有生产优质燕麦、杂豆、荞麦等独特的地域和气候优势，全辖区共有 8 个乡镇已成为小杂粮产业特色专业地，成为增加乡镇收入和群众收入的主渠道。从 20 世纪 70 年代开始，在种草种树和发展畜牧相结合的建设思路下，形成了与农业并行发展的畜牧产业。经过多年的探索，积累了许多利用当地优势发展产业的成功经验，风力、光伏发电就是最好的例证，与此同时也在积极发展新型清洁煤炭产业；从"不毛之地"到"塞上绿洲"，右玉逐渐打造了独具特色的绿色生态旅游产业，随着产业链的发展，旅游产业已成为当地 GDP 提升的优势产业。

3. 右玉精神的动力支撑

文化是建设的基础，可为后者提供强大的精神动力。生态文化是生态建设的重要组成部分，可为后者的勇敢开启和持续推进提供强有力的精神支撑。右玉几十年如一日的生态建设，形成了独具特色的生态文化，集中体现为"右玉精神"。习近平多次讲话提及"右玉精神"，并把它凝结为"全心全意为人民服务，是迎难而上、艰苦奋斗，是久久为功、利在长远"。

全心全意为人民服务一定要"抓住人民最关心最现实的利益问题，既尽力而为，又量力而行，一件事情接着一件事情办，一年接着一年干"[1]。为了改变恶劣的自然环境，从第一任县委书记开始，就带领党员干部实地考察、请教群众、思考对策，"要想富，风沙住；风沙住，多栽树"的思路获得了当地人的广泛认同，由此形成了凝聚起来的一支人民力量；为了改变贫穷落后的面貌，历届县委书记带领党员干部牢记使命、考察调研、细致分析，提出"促农副—创效益—调结构—打品牌"的与时俱进发展策略，造福于民。

"剪刀、卷尺、铁锹被认为是右玉人植树造林的三件传家宝，至今，右玉县的领导干部办公室里都会准备一把铁锹，这个细节生动地再现了右玉人真抓实干、艰苦奋斗的秉性和品格。"[2] 右玉毗连毛乌素沙漠边缘，是天然的大风口，风沙不断，气候恶劣。年平均气温 3.6 摄氏度，年降水量 440 毫米。一年中六级

---

[1] 《中国共产党第十九次全国代表大会文件汇编》，人民出版社 2017 年版，第 36 页。

[2] 牛芳、赵丽娜：《右玉生态建设的实践与启示》，理论探索 2014（5），第 105 页。

以上大风天气占三季，最大风速达到 24 米/秒，春季最大风力可达九级。虽然自然条件恶劣，但右玉党员干部与当地人民以迎难而上、愚公移山的精神开始了有意义的历史性"绿色长征"。曾经的"三战黄沙洼"仍让当地人铭记在心，"一战黄沙洼"时种了两年的树仅存活了几棵，一场风沙全军覆没；尽管如此，党员干部与当地人民没有灰心，吃住在黄沙洼，后来经过"二战""三战"，终于使黄沙洼变成了绿山岗。正是在这种难以想象的毅力和耐力的支撑下，才在极端恶劣的条件下创造了生态奇迹。

70 年来，右玉党员干部顶住了各种经济排名的诱惑，始终坚持"生态立县"，长久不懈地坚持咬定绿化不放松、植树造林育未来。右玉地下储藏有丰富的煤炭、硅石、铁矿石等矿藏资源，其中煤炭的储量高达 34 亿吨。在改革之初唯 GDP 至上的时候，作为资源大省的山西，处处开矿，私挖乱采的现象成风。在右玉也有些群众跃跃欲试，当时政府也可以采用这种急功近利、立竿见影的方式，但在县委书记领导下的政府顶住压力，认为右玉生态脆弱，一时的破坏会造成难以修复的后果，义无反顾选择了艰苦而漫长的生态接力。

（四）右玉县生态长效建设问题及解决策略

1. 政府与市场协同发力

生态县建设积极探索的是"生产发展、生活富裕、生态良好"有效发展路径，这也是新时代生态建设的正确方向。"生产发展、生活富裕、生态良好"三者相互依赖相互影响，其中生产发展是物质基础，生活富裕是理想目标，生态良好是必要条件。马克思主义唯物史观告诉我们"历史过程中的决定性因素归根到底是现实生活的生产和再生产"[1]，"经济发展对这些领域的最终的支配作用，在我看来是确定无疑的"[2]。生态县的建设依然需要经济发展来推动。

按照经济学的基本理论，政府和市场是推动生产发展的两大源泉。十八届三中全会通过的《中共中央关于全面深化改革若干重大问题的决定》指出"使市场在资源配置中起决定性作用和更好发挥政府的作用"。十九大再次强调两种手段都要用，都要硬。政府可以利用自身的优势发挥统筹规划、集中力量、规模建设、加强管理、弥补市场失灵等积极作用。但在缺乏有效监督机制下，当政府利用权力影响和干预经济时，会增加权力寻租和贪污腐败发

---

① 《马克思恩格斯文集》第 10 卷，人民出版社 2009 年版，第 591 页。

② 同上书，第 600 页。

生的风险；在政府权力膨胀时，会导致官僚主义和人浮于事等问题的出现，直接影响资源的配置和生产的发展。解决政府配置资源中的弊端，需要遵循价值规律，充分发挥价格、供求、竞争等市场机制的作用。但市场也并非万能，其所导致的经济结构失衡和资源环境破坏等问题，需要更好发挥政府的作用。

罗斯托教授将一国的经济成长分为五个阶段，每一阶段的关键问题就是如何发挥政府和市场的作用①：第一阶段是传统社会，农业主导，基本没有科学技术，消费水平极低；第二阶段是奠定基础，农业得到了一定发展，为工业发展提供了前提条件；第三阶段是工业起飞，需要较高积累、主导部门及制度保障三个条件；第四阶段是发展成熟，产业多样、技术应用及生产活力等充分体现；第五阶段生活富裕，在生产充分发展的基础上社会福利增加，消费水平大幅提高。在这五个阶段中，前三个阶段因为发展缓慢，政府应起主导作用；第四阶段为了有效激发活力，需要政府为市场作用的发挥创造条件；在最高阶段中因为社会空前得到发展，需要政府和市场优势互补协同发力。

虽然罗教授的"五阶段说"是针对一国经济发展而言的，但其中的一些阐述也同样适合于对生态县的发展研究。右玉经过多年的生态建设，虽然未曾有过工业的起飞，但已从农业主导的阶段过渡到了独具特色的打造品牌阶段，发展已呈现相对成熟的态势——产业多样、特色经营、技术应用，需要充分发挥市场作用为发展激发更多活力。在特色生态旅游品牌的打造上，虽曾成功承揽了特色性的国家级马术赛事、举办了多届生态旅游节等规模活动提升了旅游品位、吸引了游客，但在政府主导外，并未持续挖掘市场资源形成长效的市场活力；在绿色生态畜牧品牌的打造上，虽也有企业通过了 ISO 质量体系认证，有些产品被评为山西省名牌产品，但并未形成规模化生产及市场化影响；新型煤电能源品牌的打造，在政府的资金技术引进下，虽已有多家企业投入生产，但其辐射性影响及市场占有额显然还不足。

因为特殊的地域环境，右玉政府在生态建设、品牌打造上发挥了重要作用，但随着规模化建设的加深，政府应该通过改革，减少对市场的干预，给企业尤其是民营企业更多的发展机会。政府除了主要在地方发展规划、决策运行、宏观管理等方面发力外，还应积极为当地企业打造发展平台或为引进全球全国等

---

① 华尔特·罗斯托著，国际关系研究所编译室译：《经济成长的阶段——非共产党宣言》，商务印书馆 1962 年版，第 89 页。

优势企业提供更加畅通的市场环境；企业在政府的科学规划、有序管理下积极运用市场机制在提升自身活力的同时为生态长效建设增添持续动力。

2. 特色生产和产业链的配套发展

马克思的唯物史观详细分析了"生产"对于人类社会的生存、发展的重要性，同时指出生产是分配、交换及消费的前提和基础。人类社会的持续存在和不断发展则需要社会生产过程的反复进行——再生产。

当生产条件较差、技术水平较低时，原有基础上的简单再生产是主要形式，但随着生产能力的提高、相关技术的成熟，投入更多资本的扩大再生产就逐渐取代简单再生产成为社会主要的生产形式。在此基础上随着社会分工的细化，具有专业性独立性的生产产业形成。越来越细化的产业布局，不仅有利于提高劳动者的专业技能和素质，而且可以有效降低生产成本、提高产品质量和经济效益，还为特色产业链的形成提供了充足条件。

右玉逐渐探索出的半农半牧及特色品牌发展的产业路径虽为地方财政和当地群众带来了一定收益，但还未形成规模性、持续性的优势，究其原因主要在于产业化的分工不细、规划化的培育不够、市场化的运行欠缺。比如，半农半牧的产业更多依靠的是当地群众迫于生活的自发行为，政府并未充分进行前瞻性的产业布局和思考，也并未充分采取市场化的手段进行产业运行。解决之策在于政府应充分发掘并利用各管辖区的地域优势发展特色产业，在合理规划的基础上积极引入市场化的策略和方法，在减少群众单打独斗的过程中进行规模化的生产，在保障群众基本收益的过程中进行专业化产业化生产。

3. 时代精神与传统文化的传承弘扬

文化是人生产生活方式的现实反映，是人的精神家园和力量支撑，从这种意义上讲，任何道路的选择和逐渐形成都离不开文化的影响，皆是文化内容的表象。右玉独特的生态建设之路的选择和较为成熟的模式及路径的形成都离不开右玉独特的文化，皆是右玉特有文化的产物。多年生态建设之路的探索，形成了独具特色的以人民为中心，迎难而上、艰苦奋斗、久久为功、利在长远的右玉精神。政府和群众皆从右玉的时代精神中获得了自信，现在这种自信已成为当地特有优势，转化为地方持续发展的力量。在大力宣传右玉精神的号召下，2017 年成立的右玉干部学院成为提高全国党员干部党性修养的特色基地，不仅宣传了右玉多年的生态建设成果，而且为其他地区开拓"绿水青山就是金山银山"建设提供丰富经验。

通过实地考察县境地域和梳理地方文化可知，右玉具有源远流长的历史和特有的文化底蕴，比如右卫、杀虎口等古城文化，明长城等遗迹文化，走西口等迁移文化，苍头河等流域文化，宝宁寺等宗教文化。从现有情况来看，右玉对传统文化的挖掘还未取得较好进展。在大力弘扬右玉时代精神的过程中，通过挖掘历史踪迹获得传统文化的自信，会为右玉的长效生态建设增添更为强大的力量。

参考文献

1. 《马克思恩格斯全集》，人民出版社中文第 1 版。

2. 《马克思恩格斯全集》，人民出版社中文第 2 版。

3. 《马克思恩格斯选集》，人民出版社 1995 年版。

4. 马克思：《1844 年经济学哲学手稿》，人民出版社 2014 年版。

5. 马克思：《资本论》，人民出版社 1975 年版。

6. 《习近平谈治国理政》（第二卷），外文出版社 2017 年版。

7. 《毛泽东论林业》（新编本），中央文献出版社 2003 年版。

8. 《毛泽东文集》，人民出版社 1993 年版。

9. 《毛泽东选集》，人民出版社 1999 年版。

10. 《毛泽东早期文稿》，湖南人民出版社 1990 年版。

11. 《邓小平文选》，人民出版社 1993 年版。

12. 《江泽民文选》，人民出版社 2006 年版。

13. 习近平：《决胜全面建成小康社会 夺取新时代中国特色社会主义伟大胜利——在中国共产党第十九次全国代表大会上的报告》，人民出版社 2017 年版。

14. 胡锦涛：《高举中国特色社会主义的伟大旗帜为夺取全面建设小康社会的新胜利而奋斗》（十七大报告辅导读本），人民出版社 2007 年版。

15. 胡锦涛：《坚定不移沿着中国特色社会主义道路前进 为全面建成小康社会而奋斗——在中国共产党第十八次全国代表大会上的报告》，人民出版社 2012 年版。

16. 《十八大以来重要文献选编》（上），中央文献出版社 2014 年版。

17. 中共中央党史研究室：《中国共产党的九十年》，中共党史出版社2016年版。

18. 中共中央文献研究室：《十六大以来重要文献选编》（上），中央文献出版社2005年版。

19. 中共中央文献研究室：《十六大以来重要文献选编》（下），中央文献出版社2008年版。

20. 中共中央文献研究室：《十七大以来重要文献选编》（上），中央文献出版社2009年版。

21. 中共中央文献研究室：《十四大以来重要文献选编》（上），人民出版社1996年版。

22. 中共中央文献研究室：《十四大以来重要文献选编》（中），人民出版社1997年版。

23. 中共中央文献研究室：《习近平关于社会主义生态文明建设论述摘编》，中央文献出版社2017年版。

24. 《费尔巴哈哲学著作选集》上卷，商务印书馆1984年版。

25. 何宁：《淮南子集释》，中华书局1998年版。

26. 张载：《张载集》，中华书局1978年版。

27. 董仲舒：《春秋繁露·王道通三》，上海古籍出版社1989年版。

28. 苗力田、李毓章主编：《西方哲学史新编》，人民出版社1990年版。

29. 冯友兰：《中国哲学史》（两卷本）上册，中华书局1961年版。

30. 陈晓红等：《生态文明制度建设研究》，经济科学出版社2018年版。

31. 陈学明：《谁是罪魁祸首——追寻生态危机的根源》，人民出版社2012年版。

32. 郇庆治、高兴武、仲亚东：《绿色发展与生态文明建设》，湖南人民出版社2013版。

33. 郇庆治、李宏伟、林震：《生态文明建设十讲》，商务印书馆2014年版。

34. 林水波、李长晏：《跨域治理》，五南图书出版股份有限公司2005年版。

35．刘思华：《理论生态经济学若干问题研究》，广西人民出版社 1989 年版。

36．任玲、张云飞：《改革开放 40 年的中国生态文明建设》，中共党史出版社 2018 年。

37．宋宗水：《生态文明与循环经济》，中国水利水电出版社 2009 年版。

38．王学俭、宫长瑞：《生态文明与公民意识》，人民出版社 2011 年版。

39．王雨辰：《生态批判与绿色乌托邦——生态学马克思主义理论研究》，人民出版社 2009 年版。

40．王志芳：《中国环境治理体系和能力现代化的实现路径》，时事出版社 2017 年版。

41．右玉干部学院编著：《干部党性修养案例读本——右玉精神的时代价值》，中共中央党校出版社 2018 年版。

42．张立文：《天人之辨——儒学与生态文明》，人民出版社 2013 年版。

43．张世英：《羁鸟恋旧林》，首都师范大学出版社 2008 年版。

44．赵凌云、张连辉、易杏花、朱建中等著：《中国特色生态文明建设道路》，中国财政经济出版社 2014 年版。

45．周庆智：《中国县级行政结构及其运行——对 W 县的社会学考察》，贵州人民出版社 2004 年版。

46．约翰·贝拉米·福斯特：《马克思的生态学：唯物主义与自然》，高等教育出版社 2006 年版。

47．詹姆斯·奥康纳：《自然的理由——生态学马克思主义研究》，南京大学出版社 2003 年版。

48．[美] 约·贝·福斯特著，刘仁胜、李晶、董慧译：《生态革命——与地球和平相处》，人民出版社 2015 年版。

49．华尔特·罗斯托著，国际关系研究所编译室译：《经济成长的阶段——非共产党宣言》，商务印书馆 1962 年版。

50．《打赢蓝天保卫战三年行动计划》，http：//zfs．mee．gov．cn/gz/bm-hb/gwygf/201807/t20180705_446146．shtml。

51．《关于推进实施钢铁行业超低排放的意见》，http：//www．mee．gov．

cn/xxgk2018/xxgk/xxgk03/201904/t20190429_ 701463. html。

52. 《建立国家公园体制总体案》，http：//legal. people. com. cn/n1/ 2017/0927/c42510—29561826. html，2018 - 01 - 21。

53. 生态环境部：《国家生态文明建设试点示范区指标（试行）》，http：// www. mee. gov. cn/gkml/hbb/bwj/201306/t20130603_ 253114. htm。

54. 生态环境部：《2018 年中国生态环境状况公报》，http：//www. mee. gov. cn/。

55. 《十六部门关于利用综合标准依法依规推动落后产能退出的指导意见》， http：//www. miit. gov. cn/n1146295/n1652858/n1652930/n3757016/c5527916/ content. html。

56. 包庆德、艳红：《马克思对资本主义劳动异化的深层生态批判——纪念 卡尔·马克思诞辰 200 周年》，河北大学学报（哲学社会科学版）2018（4）。

57. 别智：《发展循环经济 促进节能减排——〈循环经济促进法〉规定的 管理制度和经济措施分析》，环境保护 2008（21）。

58. 曹倩：《我国绿色金融体系创新路径探析》，金融发展研究 2019（3）。

59. 曹堂哲：《政府跨域治理的缘起、系统属性和协同评价》，经济社会体 制比较 2013（5）。

60. 程娟、关欣：《中国耕地数量变化及其影响因素分析》，农技服务 2015 （9）。

61. 邓楚雄、谢炳庚、吴永兴等：《上海都市农业生态安全定量综合评价》， 地理研究 2011（4）。

62. 杜家廷、倪志安：《关于我国绿色产业发展现状及对策研究》，重庆工 学院学报 2001（3）。

63. 方世南：《习近平生态文明思想的生态安全观研究》，河南师范大学学 报（哲学社会科学版）2019（4）。

64. 高世楫、王海芹、李维明：《改革开放 40 年生态文明体制改革历程与 取向观察》，改革 2018（8）。

65. 耿云：《新区域主义视角下的京津冀都市圈治理结构研究》，城市发展 研究 2015（8）。

66. 郇庆治：《改革开放四十年中国共产党绿色现代化话语的嬗变》，云梦学刊 2019（1）。

67. 郇庆治：《社会主义生态文明观与"绿水青山就是金山银山"》，学习论坛 2016（5）。

68. 郇庆治：《生态文明概念的四重意蕴：一种术语学阐释》，江汉论坛 2014（11）。

69. 黄艳茹、孟凡蓉、陈子韬、刘佳：《政府环境信息公开的影响因素——基于中国城市 PITI 指数的实证研究》，情报杂志 2017（7）。

70. 姜玲、乔亚丽：《区域大气污染合作治理政府间责任分担机制研究——以京津冀地区为例》，中国行政管理 2016（6）。

71. 李维明：《中国水治理的形势、目标与任务》，重庆理工大学学报（社会科学）2019（6）。

72. 李有学：《反科层治理：机制、效用及其演变》，河海大学学报（社会科学版）2014（1）。

73. 林坚、刘松雪、刘诗毅：《区域—要素统筹：构建国土空间开发保护制度的关键》，中国土地科学 2018（6）。

74. 刘畅、方长明：《上海市南汇东滩滩涂围垦区农业生态安全评价》，生态科学 2014（3）。

75. 刘景林、隋舵：《绿色产业：第四产业论》，生产力研究 2002（6）。

76. 刘龙：《董仲舒对荀子天论的继承与改造》，重庆社会科学 2018（2）。

77. 刘璐琳：《武陵山区扶贫开发的制约因素与政策建议》，宏观经济管理 2012（6）。

78. 刘平辉、熊国保、邹晓明：《绿色产业规划与设计中的产业选择原则》，企业经济 2004（6）。

79. 刘泉：《有别·交胜·合一：张载天人思想的结构特质》，深圳大学学报（人文社会科学版）2018（4）。

80. 刘伟：《GDP 与发展观——从改革开放以来对 GDP 的认识看发展观的变化》，经济科学 2018（2）。

81. 吕忠梅：《〈环境保护法〉的前世今生》，政法论丛 2014（5）。

82. ［美］小约翰·柯布著，王俊译：《走向共同体经济学》，武汉理工大学学报（社会科学版）2011（6）。

83. 牛芳、赵丽娜：《右玉生态建设的实践与启示》，理论探索2014（5）。

84. 潘照新：《国家治理现代化中的政府责任：基本结构与保障机制》，上海行政学院学报2018（3）。

85. 裴庆冰、谷立静、白泉：《绿色发展背景下绿色产业内涵探析》，环境保护2018（21）

86. 彭中遥：《论生态环境损害赔偿诉讼与环境公益诉讼之衔接》，重庆大学学报（社会科学版）2019（5）。

87. 强以华：《绿色经济与美好生活》，伦理学研究2019（3）。

88. 曲格平：《从斯德哥尔摩到约翰内斯堡——人类环境保护史上的三个路标》，环境保护2002（6）。

89. 曲格平：《中国环境保护四十年回顾及思考（回顾篇)》，环境保护2013（10）。

90. 饶常林、黄祖海：《论公共事务跨域治理中的行政协调——基于深惠和北基垃圾治理的案例比较》，华中师范大学学报（人文社会科学版）2018（3）。

91. 唐绍均、蒋云飞：《论环境保护"三同时"义务的履行障碍与相对豁免》，现代法学2018（2）。

92. 王灿发、陈世寅：《中国环境法法典化的证成与构想》，中国人民大学学报2019（2）。

93. 王超奕：《"打赢蓝天保卫战"与大气污染的区域联防联治机制创新》，改革2018（1）。

94. 王佃利、杨妮：《跨域治理在区域发展中的适用性及局限》，南开学报（哲学社会科学版）2014（2）。

95. 王健、鲍静、刘小康、王佃利：《"复合行政"的提出——解决当代中国区域经济一体化与行政区划冲突的新思路》，中国行政管理2004（3）。

96. 王军、何玲、董谦等：《河北省农业生态安全障碍度评价与对策研究》，农业现代化研究2010（1）。

97. 王熹等：《中国水资源现状及其未来发展方向展望》，环境工程2014

（7）。

98．王喜军、姬翠梅：《马克思生态思想发展轨迹初探》，经济与社会发展2015（6）。

99．王雨辰：《人类命运共同体与全球环境治理的中国方案》，中国人民大学学报2018（4）。

100．肖红军、徐英杰：《企业社会责任评价模式的反思与重构》，经济管理2014（9）。

101．杨锋梅、曹明明、邢兰芹：《生态脆弱区旅游景观格局研究及案例分析——以山西右玉县为例》，西北大学学报（自然科学版）2012（3）。

102．杨力：《企业社会责任的制度化》，法学研究2014（5）。

103．张彪：《从合法性到正当性——地方政府跨域合作的合宪性演绎》，南京社会科学2017（11）。

104．张成福、李昊城、边晓慧：《跨域治理：模式、机制与困境》，中国行政管理2012（3）。

105．张琨、林乃峰、徐德琳、于丹丹、邹长新：《中国生态安全研究进展：评估模型与管理措施》，生态与农村环境学报2018（12）。

106．赵宏博：《河南省生态农业发展现状与对策研究》，河南农业大学2014年硕士论文。

107．姬翠梅：《高校生态文明教育的时代价值》，山西高等学校社会科学学报2014（3）。

108．姬翠梅：《高校思想政治教育生态价值探究》，山西大同大学学报（社会科学版）2014（2）。

109．姬翠梅：《高校生态文明教育的现状与路径》，山西大同大学学报（社会科学版）2016（4）。

110．姬翠梅、李金凤：《高校生态文明教育制度化建设研究》，知与行2017（5）。

111．姬翠梅、李娟：《资本逻辑下的我国生态文明建设》，西安石油大学学报（社会科学版）2017（3）。

112．姬翠梅、王喜军：《多主体协同框架下环境治理体系建设》，知与行

2018（6）。

113. 姬翠梅:《协同学视野下环境治理主体建设》，山西大同大学学报（社会科学版）2018（3）。

114. 姬翠梅:《生态—经济—社会系统视角下的山西省农业生态安全评价》，中国农业资源与区划2019（5）。

105. 姬翠梅:《大气污染跨域治理府际契约构建及其组织运行》，天津行政学院学报2019（3）。